浙江海洋经济高质量发展研究

基于生产要素创新性配置视角

孙建军 全永波 易传剑 著

知识产权出版社
全国百佳图书出版单位
—北 京—

图书在版编目（CIP）数据

浙江海洋经济高质量发展研究：基于生产要素创新性配置视角 / 孙建军，全永波，易传剑著 . — 北京：知识产权出版社，2024. 12. — ISBN 978-7-5130-9675-1

Ⅰ. P74

中国国家版本馆 CIP 数据核字第 2024AX5629 号

内容提要

本书着眼于海洋经济高质量发展，从构建与新质生产力相适应的新型生产关系这一目标出发，以生产要素创新性配置为视角，结合浙江政务服务增值化改革实践，创新构建全要素增值服务理论分析模型，系统提出生产要素统筹配置、集约配置、高效配置、精准配置、智能配置五条路径。基于理论创新，又在实践层面提出了浙江海洋经济高质量发展的路径建议，聚焦浙江舟山群岛新区开展了实证分析，构建了全市九大产业链全要素增值服务体系，并在研究应用层面扩展到全国，提出了我国海洋经济高质量发展的目标任务、重要基础、关键环节和直接发力点，是新质生产力理论在指导海洋经济高质量发展中的应用创新和实践探索。

本书适合海洋经济领域的专家学者、党政决策管理者以及企业界人士阅读。

责任编辑：王　辉　　　　　　　　　　　　　责任印制：孙婷婷

浙江海洋经济高质量发展研究——基于生产要素创新性配置视角
ZHEJIANG HAIYANG JINGJI GAOZHILIANG FAZHAN YANJIU——JIYU SHENGCHAN YAOSU CHUANGXINXING PEIZHI SHIJIAO

孙建军　　全永波　　易传剑　　著

出版发行：知识产权出版社有限责任公司	网　　址：http: // www.ipph.cn
电　话：010—82004826	http: // www.laichushu.com
社　　址：北京市海淀区气象路50号院	邮　　编：100081
责编电话：010—82000860转8381	责编邮箱：laichushu@cnipr.com
发行电话：010—82000860转8101	发行传真：010—82000893
印　　刷：北京中献拓方科技发展有限公司	经　　销：新华书店、各大网上书店及相关专业书店
开　　本：720mm×1000mm　1/16	印　　张：16.25
版　　次：2024年12月第1版	印　　次：2024年12月第1次印刷
字　　数：275千字	定　　价：96.00元

ISBN 978-7-5130-9675-1

前　言

海洋,作为生命的摇篮,自古以来就是人类探索未知、寻求发展的重要领域。海洋孕育了生命、联通了世界、促进了发展,以海洋为载体和纽带的市场、技术、信息、文化等合作日益紧密,海洋经济的发展关系民族生存发展状态,关乎国家的兴衰与安危。

近年来,随着"海洋强国"战略的深入实施,海洋经济已经成为我国经济发展的新引擎。在当前国内外形势复杂多变的大背景下,海洋经济高质量发展面临着前所未有的机遇与挑战。浙江作为我国东部沿海的重要省份,拥有得天独厚的海洋资源优势和深厚的海洋文化底蕴,探索出一条具有典型示范意义的海洋经济高质量发展之路,对推动浙江乃至全国经济社会发展都具有重要意义。因此,以浙江海洋经济发展为研究对象,提出加快发展海洋新质生产力的实践路径,切实推动海洋经济高质量发展,是摆在我们面前的重要课题。

《浙江海洋经济高质量发展研究——基于生产要素创新性配置视角》一书,正是在这样的背景下应运而生的。本书在理论框架方面,以新质生产力理论为指引,结合浙江政务服务增值化改革实践,以生产要素创新性配置为视角切入,构建全要素增值服务理论模型,聚焦要素配置的关键点提出加快浙江海洋经济高质量发展的路径建议。在实证分析层面,本书以全国首个海洋经济为主题的国家级新区——舟山海洋群岛新区为例,聚焦九大产业链,从每条产业链的要素需求出发,构建全要素增值服务体系,总结提炼一批产业链全要素增值服务典型案例。在研究应用层面,本书将研究对象扩展至全国海洋经济发展,提出我国海洋经济高质量发展的目标任务、重要基础、关键环节和直接发力点。

本书在三个方面进行了尝试性的创新:一是遵循海洋经济高质量发展的内在要求,着眼于发展海洋新质生产力,聚焦"生产要素创新性配置"这一催生因素,准确把握生产要素在海洋经济中的特殊性和演化过程,提出将土地、劳动力、知识、资本、技术、数据、管理七大生产要素转化为资源、人力、资本、技术、数据、制度六大海洋新质生产要素。同时,创新性地提出"生产要素创新性配置"的五条路径,即统筹配置、集约配置、高效配置、精准配置、智能配置,加速推动形成海洋新质生产力,赋能海洋经济高质量发展,这丰富了新质生产力实践理论。二是从构建与新质生产力相适应的新型生产关系这一目标出发,把握政务服务增值化改革的发展趋势,以产业链作为增值服务对象,创新性地构建全要素增值服务体系,围绕产业链各细分领域,分别对要素的敏感性、充分性进行分析,紧扣需求精准匹配增值服务举措,推动海洋生产要素创新性配置,这拓展了海洋经济发展的研究方法和实践路径。三是将全要素增值服务体系应用于浙江舟山群岛新区的海洋经济发展实证研究,创新性地提炼总结出一批有可复制推广意义的典型案例,这提升了研究的应用价值。

希望本书的出版能够为海洋经济领域的专家学者、政府决策者以及企业界人士提供思路借鉴和现实应用参考,为其他沿海省份乃至全国海洋经济的高质量发展提供有益的借鉴,共同推动海洋经济实现高质量发展。

本书在编写过程中得到了多位领导的肯定和鼓励,得到了浙江海洋大学和舟山市社会科学界联合会的出版经费资助,得到了上海福睿智库的全力支持,以及舟山现代海洋城市建设"985"行动(着力构建九大现代海洋产业链、做强八大高能级发展平台、抓好五个重要方面工作)相关牵头单位的鼎力支持,也得到了易龙飞、叶芳、何涛、贺义雄、蒋奇华、俞丰麟等课题组成员和胡烈、支璐洁、王炳路等多位同事的鼎力相助,在此一并表示感谢!

囿于研究能力水平和时间仓促,以及海洋经济数据可获得性限制,书中难免存在疏漏和不足之处,敬请各位读者不吝赐教、批评指正。

目　录

第一章　研究背景和问题的提出

海洋是高质量发展战略要地、潜力所在,发达的海洋经济是建设海洋强国的重要支撑。党的二十大报告作出"发展海洋经济,保护海洋生态环境,加快建设海洋强国"的战略部署。2023 年,我国海洋生产总值达到 9.9 万亿元,海洋经济正在成为我国国民经济发展的重要增长极。伴随着海洋经济的飞速发展,当前我国海洋经济正处于向质量效益转变的关键阶段,海洋经济能级提升、海洋产业链补链强链、海洋资源要素配置效率、海洋生态环境治理等方面存在的问题与挑战,不仅需要在理论层面和实践层面给出明确的回答,更需要从加快培育海洋新质生产力、推进生产要素创新性配置、提升全要素生产率的角度开展理论和实证研究。因此,本书所探讨的问题既是一个重要的理论问题,也是一个重大的现实问题,具有重要的理论价值和现实意义。

第一节　理论研究所盼

纵观世界经济发展史,一个基本经验就是产业发展逐步由内陆走向沿海,由海洋走向世界,经济强国必定是海洋强国。自 20 世纪 60 年代起,海洋开发逐渐受到全球关注,开发广度和深度迅速拓展,海洋经济地位大幅提升。1978 年,著名经济学家于光远、许涤新在全国哲学社会科学规划会议上提出建立"海洋经济学"新学科及专门的研究所,拉开了国内海洋经济研究的序幕。自改革开放特别是党的十八大以来,海洋经济以其在培育新动能、拓展新空间、引领新发展等方面的重要作用,成为沿海各省(区、市)增强经济发展活力和动力的重要源泉。海洋经济高质量发展受到社会各界高度关注,围绕其概念内涵、实践路径、比较分析、影响因素、评价体系等维度的研究不断深化拓展,取得了较丰硕的理论成果。

一、海洋经济高质量发展概念内涵研究

20 世纪 70 年代初,美国学者曼贡(G. J. Mangone)在《美国海洋政策》一书中最早提出了"海洋经济"(Ocean Economy)的概念。经过了半个世纪的发展,虽然学界对

于海洋经济以及海洋经济高质量发展的研究取得了诸多共识,但其具体定义、内涵和外延界定未实现统一认知,相关理解随着时代的发展处于调整、修正过程中。目前,关于海洋经济高质量发展内涵方面的研究主要集中在以下三个方面:一是关于海洋经济的定义。从国外来看,"海洋经济"这一术语,只是在少数涉海经济研究中偶尔出现(董伟,2005)[1],通常以微观概念存在(李俊葶,2020)[2]。国外有学者认为要素投入的全部或部分来自海洋的经济活动称为海洋经济(Colgan,2013)[3];海洋经济为海岸带与海洋密切相关的活动(Pontecorvo,1988)[4]。目前,国际上还没有统一的关于海洋经济的定义或术语标准,各国对海洋经济的理解也不尽相同,亚洲地区主要基于产业链延伸来界定海洋经济;欧盟将海洋经济称为蓝色经济;在澳大利亚,海洋产业是指利用海洋资源进行的生产活动,或是将海洋资源作为主要投入的生产活动;在美国,海洋经济是指利用来自海洋(或五大湖)及其资源为某种经济直接或间接地提供产品或服务的活动(林香红,2020)[5]。从国内来看,官方层面权威的定义来自2003年5月国务院发布的《全国海洋经济发展规划纲要》(国发〔2003〕13号),具体表述为"海洋经济是开发利用海洋的各类产业及相关经济活动的总和",在《海洋及相关产业分类》(GB/T 20794—2021)中,也有类似的定义,指出海洋经济是开发、利用和保护海洋的各类产业活动,并将海洋经济分为海洋经济核心层、海洋经济支持层、海洋经济外围层,分别对应5个产业类别。[6]《海洋经济学教程》将海洋经济定义为,"海洋经济是活动场所、资源依托、销售和服务对象、区位选择和初级产品原料对海洋有特定依存关系的各种经济的总称"。[7]《海洋经济学(第二版)》系统梳理了世界海洋经济发展三次浪潮、海洋经济的理论基础和现阶段中

---

[1] 董伟. 美国海洋经济相关理论和方法[J]. 海洋信息,2005(4):11-13.

[2] 李俊葶. 中国海洋经济战略探索——基于马克思主义政治经济学视角[D]. 北京:中共中央党校(国家行政学院),2020.

[3] COLGAN C S. The ocean economy of the United States:Measurement,distribution,& trends[J]. Ocean Coastal Management,2013(71):334-343.

[4] PONTECORVO G. Contribution of the ocean sector to the US economy[J]. Marine Technology Society Joural,1988,23(2):7-14.

[5] 林香红. 面向2030:全球海洋经济发展的影响因素、趋势及对策建议[J]. 太平洋学报,2020,28(1):50-63.

[6] 中华人民共和国自然资源部. 海洋及相关产业分类(GB/T 20794—2021)[S]. 国家标准全文公开系统. https://openstd.samr.gov.cn/bzgk/gb/newGbInfo?hcno=CD643A1B2C7D9F56285AE6A526D8BBB3.

[7] 徐质斌,牛福增. 海洋经济学教程[M]. 北京:经济科学出版社,2003.

国海洋经济发展概况。❶二是关于海洋经济主要内容的研究。学者从各个角度进行了探讨,认为海洋经济包括人类在海洋活动中对海洋资源的开发、应用、保护、服务及进行的所有经济活动(徐质斌,1995)❷。从对海洋产业的论述来看,有学者认为,海洋资源具有鲜明的特点,产业是连接宏观经济和微观经济的中观层次,因此,对"海洋经济"的研究,最终要落到对"海洋产业"的界定和研究上(徐敬俊、韩立民,2007)❸。三是关于海洋经济高质量发展内涵的研究。有学者指出,海洋经济高质量发展是指海洋经济的量增长到一定阶段,海洋综合实力提高、海洋产业结构优化、海洋社会福利分配改善、海洋生态环境和谐,从而使人海"经济—社会—资源环境"系统达到动态平衡状态,实现海洋经济提质增效,具备稳定性、可持续性、协调性、长期性的特点(韩增林、李博,2019)❹。高质量的海洋经济发展,是要素投入产出比高、资源配置效率高、科技含量高、区域与产业发展充分、市场供给需求平衡、产品服务质量高的可持续发展(鲁亚运等,2019)❺,应是以人民为中心、创新驱动、更高经济结构水平和更加绿色的发展(刘俐娜,2019)❻,是具有时代特性,达到实现海洋经济数量与质量相统一的海洋经济发展状态(狄乾斌等,2022)❼。

二、海洋经济高质量发展对策路径研究

随着海洋经济发展持续推进,学术界对海洋经济高质量发展路径的研究方兴未艾,力图寻找最佳解决方案,助推海洋经济高质量发展。其主要集中在以下几个方面:一是关于推动海洋经济发展宏观路径方面的研究。孙才志等著的《中国海洋经济可持续发展基础理论与实证研究》一书对我国海洋经济可持续发展进行了系统研究,探讨了海洋经济政策的演进过程以及海洋经济政策对海洋经济发展的影响机理和关键路径。❽傅倩等结合我国海洋经济发展示范区的规划设计,提出加强

❶ 朱坚真.海洋经济学[M].二版.北京:高等教育出版社,2016.

❷ 徐质斌.海洋经济与海洋经济科学[J].海洋科学,1995(2):21-23.

❸ 徐敬俊,韩立民."海洋经济"基本概念解析[J].太平洋学报,2007(11):79-85.

❹ 韩增林,李博.海洋经济高质量发展的意涵及对策探讨[J].中国海洋大学学报(社会科学版),2019(5):13-15.

❺ 鲁亚运,原峰,李杏筠.我国海洋经济高质量发展评价指标体系构建及应用研究——基于五大发展理念的视角[J].企业经济,2019(12):122-130.

❻ 刘俐娜.海洋经济发展质量评价指标体系构建及实证分析[J].中共青岛市委党校学报,2019(5):49-54.

❼ 狄乾斌,高广悦,於哲.中国海洋经济高质量发展评价与影响因素研究[J].地理科学,2022(4):650-661.

❽ 孙才志,王泽宇,李博.中国海洋经济可持续发展基础理论与实证研究[M].北京:科学出版社,2022.

政策引导作用、完善行政配套机制,推动金融服务创新、拓宽多层次投融资渠道,提高海洋科技贡献率、缩短产学研转化链条三方面发展路径(傅倩、邱力生,2020)[1]。陈明宝归纳了海洋经济高质量发展的基础性制度、要素配置制度、约束性制度等方面的制度供给内容,提出在制度创新时设计差异化的制度,摒弃原有的粗放式发展思维,将海洋生态环境保护纳入高质量发展的考量(陈明宝,2019)[2]。谢宝剑等提出充分促进新质生产力与海洋产业融合,提高海洋领域新质生产力的科技创新能力,突破关键技术,推动海洋全产业链协同创新,推进数字海洋高水平建设(谢宝剑、李庆雯,2024)[3]。二是关于海洋产业、海洋科技及可持续发展方面的研究。马苹等关注到构建海洋科技创新体系、加大金融资金支持力度方面的路径选择(马苹等,2014)[4]。李大海探讨了以科技创新推动海洋经济高质量发展的具体路径,提出推动海洋创新链与海洋产业链的深度融合,以科技创新促进海洋新兴产业培育(李大海,2019)[5]。马仁峰等所著的《中国沿海地区海洋产业结构演进及其增长效应》一书系统提出促进中国沿海地区海洋经济高质量发展产业调控政策。[6]林香红聚焦海洋经济可持续发展提出了系统对策(林香红,2020)[7]。徐胜等学者从海洋经济与海洋蓝碳协同发展的角度提出海洋经济发展的政策建议,认为要不断优化海洋产业结构,既要培育海洋新兴产业,又要优化升级传统产业,加快海洋关键核心科技创新,构建科研创新平台,提高科研成果转化率,推动海洋经济绿色发展(徐胜、施嘉镘,2024)[8]。三是关于地方实践发展及经验启示方面的研究。2003年以来,浙江在"八八战略"的指引下持续推进海洋经济发展,呈现陆海一体化经济、全域陆海

[1] 傅倩,邱力生.我国海洋经济发展示范区规划设计与发展路径[J].社会科学家,2020(4):43-47.

[2] 陈明宝.海洋经济高质量发展的制度创新逻辑[J].中国海洋大学学报(社会科学版),2019(5):15-18.

[3] 谢宝剑,李庆雯.新质生产力驱动海洋经济高质量发展的逻辑与路径[J].东南学术,2024(3):107-118,247.

[4] 马苹,李靖宇.中国海洋经济创新发展路径研究[J].学术交流,2014(6):106-111.

[5] 李大海.以科技创新推动海洋经济高质量发展[J].中国海洋大学学报(社会科学版),2019(5):18-21.

[6] 马仁锋,张悦,王江,等.中国沿海地区海洋产业结构演进及其增长效应[M].北京:经济科学出版社,2023.

[7] 林香红.面向2030:全球海洋经济发展的影响因素、趋势及对策建议[J].太平洋学报,2020,28(1):50-63.

[8] 徐胜,施嘉镘.海洋蓝碳与海洋经济高质量发展耦合协调研究[J].中国海洋大学学报(社会科学版),2024(3):1-11.

统筹经济再到全省域海洋经济的梯度演进历程(叶芳等,2023)❶。叶芳等学者深入阐释了浙江建设国家经略海洋实践先行区的战略意义与基本思路,提出在陆海联动、港口整合、海洋产业、海洋开发等方面先行示范,并从统筹陆海、产业强海、科技兴海、开放活海、生态护海五个方面提出先行先试策略(叶芳、石媛媛,2023)❷。此外,众多学者们结合各地实践,从不同角度对大连、天津、厦门、青岛、汕尾、泉州等海洋城市如何推动海洋经济高质量发展进行了专题研究,提出了针对性意见建议(姜文彬,2024)❸(许爱萍、成文,2024)❹(林晓、施晓丽,2024)❺(李大海等,2018)❻(王迪、陈松洲,2023)❼(陈建业,2023)❽。

三、海洋经济高质量发展多维比较研究

针对海洋经济高质量发展这一议题,学界聚焦区域之间、地区内部、地方实践、产业承载力等多个维度开展了比较研究。一是区域海洋经济发展比较研究。沿海省份海洋经济发展差异极其显著且层次分明,全国各省(区、市)依据海洋生产总值规模可大体划分为三个梯队(洪伟东,2016)❾。三大海洋经济圈海洋经济发展区域间差异呈现出不同类型的演化趋势,海洋经济发展水平"极化效应"显著,呈现不同极化特征和分布延展性(李旭辉等,2022)❿。陈烨针对沿海三大经济区分析其海洋产业与区域经济间联动关系的异同之处,定量揭示三大经济区海洋开发活动与区

---

❶ 叶芳,曹猛,高鹏.陆海统筹:"八八战略"引领浙江海洋经济发展的历程、成就与经验[J].浙江海洋大学学报(人文科学版),2023(6):23-30.

❷ 叶芳,石媛媛.国家经略海洋实践先行区建设的战略思路与路径选择———以浙江为例[J].长春师范大学学报,2023(11):32-36.

❸ 姜文彬."两先区"建设背景下大连沿海经济高质量发展对策研究[J].中国集体经济,2024(9):45-48.

❹ 许爱萍,成文.天津海洋经济高质量发展路径研究[J].环渤海经济瞭望,2024(3):45-47.

❺ 林晓,施晓丽.海洋经济高质量发展的动力机制与实现路径——基于厦门市的研究[J].集美大学学报(哲社版),2024(1):41-50.

❻ 李大海,等.以海洋新旧动能转换推动海洋经济高质量发展研究——以山东省青岛市为例[J].海洋经济,2018,8(3):20-29.

❼ 王迪,陈松洲.汕尾发展海洋经济的现状、问题和对策[J].特区经济,2023(12):66-70.

❽ 陈建业.泉州市海洋经济发展现状、问题与对策[J].海峡科学,2023(12):117-120.

❾ 洪伟东.促进我国海洋经济绿色发展[J].宏观经济管理,2016(1):64-66.

❿ 李旭辉,何金玉,严晗.中国三大海洋经济圈海洋经济发展区域差异与分布动态及影响因素[J].自然资源学报,2022(4):966-984.

域经济发展间的联动特征(陈烨,2014)❶;向晓梅、张拴虎等从发展基础、发展空间、创新能力和管理能力四个方面横向比较了广东与其他省(区、市)的海洋经济发展情况(向晓梅、张拴虎等,2017)❷。陶贵丹以15个国家海洋经济创新发展示范城市为研究对象,构建了包括经济水平、产业结构、对外开放水平、政府管理水平等7个维度33个指标的评价体系,采用主成分分析法对15个城市2016—2018年的城市竞争力进行研究分析(陶贵丹,2020)❸。二是地区内部海洋经济发展比较研究。有学者对山东海洋经济及其相关产业的总量规模、内部结构、就业拉动、科技人力资源等方面的动态演化特征及现状进行了分析(张丽淑,2018)❹。刘丹丹运用变异系数、标准差和泰尔指数对1996—2015年环渤海地区三省一市海洋经济发展水平差异问题进行研究(刘丹丹,2018)❺。刘万辉等分析了山东"蓝色经济区"背景下烟台、青岛、威海三地海洋经济发展比较情况(刘万辉、李爱,2014)❻。三是海洋经济发展地方实践比较研究。陆根尧等基于2001—2013年的海洋统计数据,从海洋经济规模、海洋产业结构、海洋科技进步贡献率、海洋经济增长对地区经济增长贡献率等方面,运用多种方法对我国沿海各省(区、市)的海洋经济发展作出比较分析(陆根尧、曹林红,2017)❼。四是海洋产业承载力比较研究。一些学者基于熵权TOPSIS模型,分别对广东湛江市、山东青岛市与天津市进行了海洋资源环境承载力的评价研究(曹阳春,2019)❽(苟露峰,2018)❾(崔文婧,2020)❿。盖美等以时空演变

❶ 陈烨.沿海三大经济区海洋产业与区域经济联动关系比较研究[D].青岛:中国海洋大学,2014.

❷ 向晓梅,张拴虎.广东海洋经济发展水平省际比较及可持续发展的政策建议[J].改革与战略,2017(4):113-115,121.

❸ 陶贵丹.国家海洋经济创新发展示范城市竞争力比较研究[J].山西农经,2020(13):38-39,107.

❹ 张丽淑.山东海洋经济演化发展的区域比较分析[J].山东工商学院学报,2018(6):37-45.

❺ 刘丹丹.环渤海地区海洋经济发展比较研究[D].大连:辽宁师范大学,2018.

❻ 刘万辉,李爱.山东省"蓝色经济区"背景下,胶东半岛海洋经济发展比较分析——以烟台、青岛、威海三地区为例[J].科技经济市场,2014(10):35-37.

❼ 陆根尧,曹林红.沿海省域海洋经济发展及其对经济增长贡献的比较研究[J].浙江理工大学学报(社会科学版),2017(2):91-97.

❽ 曹阳春.基于熵权TOPSIS模型的海洋资源环境承载力评价研究——以湛江市为例[J].海洋通报,2019,38(3):266-272.

❾ 苟露峰.基于熵权TOPSIS模型的青岛市海洋资源环境承载力评价研究[J].海洋环境科学,2018,37(4):586-594.

❿ 崔文婧.基于熵权TOPSIS模型的天津市海洋资源环境承载力评价[J].资源与产业,2020,22(6):9-17.

为切入点对辽宁、山东、江苏、浙江、福建、广东与广西等地区海洋资源环境承载力进行了比较研究(盖美等,2021)[1]。

四、海洋经济高质量发展影响因素研究

海洋经济已经成为21世纪经济增长的"蓝色引擎",从宏观层面来看,受多种因素的驱动和影响,包括全球海洋经济增长的大背景和大环境、科学技术创新水平、人口问题、世界能源结构变化、地缘政治因素、气候变化与海洋的相互作用、国际海洋经济政策等(林香红,2020)[2]。具体来看,海洋区位优势、城镇化水平、市场化水平、产业结构水平、陆域经济水平对高质量发展背景下海洋经济高质量发展产生正向促进作用,而海洋资源利用度、环境规制强度对海洋经济高质量发展产生负向抑制作用(盖美等,2022)[3]。学界结合沿海省(区、市)海洋经济发展实践,广泛分析了海洋经济高质量发展的影响因素,主要研究集中在以下几个方面:一是资源要素禀赋方面的影响。常玉苗建立了海洋经济发展因素的分析框架,选择相应指标,对我国11个沿海省市进行实证分析,得出我国海洋经济发展与海洋产业规模、港口、政策等因素紧密相关(常玉苗,2011)[4]。苑清敏等基于对我国2001—2011年的海洋经济发展的实证研究,发现海洋经济发展效率与海洋环境息息相关(苑清敏等,2016)[5];有学者对环渤海地区17个城市的海洋经济效率进行研究,得出区位优势是影响海洋经济效率因素之一的结论(邹玮、孙才志,2017)[6];还有的学者运用三阶段DEA测算海洋科技创新影响海洋经济增长的效率,运用空间计量模型,考察海洋经济增长影响因素空间外溢特征(吴梵等,2019)[7]。林香红等学者认为,经济发展前

[1] 盖美,韦文杰,郑秀霞.中国海洋资源环境压力空间演化及影响因素研究[J].海洋经济,2021,11(1):43-54.

[2] 林香红.面向2030:全球海洋经济发展的影响因素、趋势及对策建议[J].太平洋学报,2020,28(1):50-63.

[3] 盖美,何亚宁,柯丽娜.中国海洋经济发展质量研究[J].自然资源学报,2022(4):942-965.

[4] 常玉苗.我国海洋经济发展的影响因素——基于沿海省市面板数据的实证研究[J].资源与产业,2011,13(5):95-99.

[5] 苑清敏,等.资源环境约束下我国海洋经济效率变化及生产效率变化分析[J].经济经纬,2016,33(3):13-18.

[6] 邹玮,孙才志,覃雄合.基于Bootstrap-DEA模型环渤海地区海洋经济效率空间演化与影响因素分析[J].地理科学,2017(6):859-867.

[7] 吴梵,高强,刘韬.海洋科技创新对海洋经济增长的效率测度[J].统计与决策,2019(23):119-122.

景、人口、能源结构、地缘政治与气候变化均为影响海洋经济发展的因素(林香红,2020)[1]。同时,部分国外学者围绕生态影响因素进行了研究,指出海洋生态系统十分敏感(Peter Ehlers,2016)[2],海洋利用需要实现共同发展(Robert Costanza,1999)[3]。二是开放创新方面的影响。大量研究表明,创新是影响海洋经济发展的至关重要的因素。Brun 等对我国沿海地区和非沿海地区的技术创新进行了分析,发现海洋科技创新能够促进海洋经济发展(Brun,2002)[4]。李帅帅等从创新与海洋经济增长的关系入手进行研究,结果显示创新与海洋经济增长呈现倒"U"形关系(李帅帅、施晓铭,2019)[5]。海洋核心技术以及产业关键共性技术、产学研合作机制、基础领域的研究水平等方面的不足,对海洋经济高质量发展带来了较大的制约(赵昕,2022)[6]。另外,丁黎黎等学者则基于不同沿海地区比较,发现技术进步是驱动海洋经济绿色全要素生产率增长的重要因素(丁黎黎等,2019)[7]。三是产业结构方面的影响。总体来看,我国三大海洋经济圈产业结构合理化提升效果明显,产业结构优化升级对三大海洋经济圈外贸高质量发展具有显著影响,现阶段产业结构合理化表现为单一门槛效应的非线性影响,产业结构高级化门槛效应尚不明显(狄乾斌等,2023)[8]。海洋产业结构与管理制度也对海洋经济发展具有显著的正向影响(丁黎黎等,2015)[9]。四是政策制度方面的影响。自然资源部海洋发展战略研究所课题组汇总梳理了 2022 年山东、天津、福建、广东、浙江、辽宁等沿海省市出台的系列

❶ 林香红. 面向 2030:全球海洋经济发展的影响因素、趋势及对策建议[J]. 太平洋学报,2020,28(1):50-63.

❷ PETER EHLERS. Blue growth and ocean governance—how to balance the use and the protection of the seas[J]. WMU Journal of Maritime Affairs,2016(15):187-203.

❸ ROBERT COSTANZA. The ecological, economic, and social importance of the oceans[J]. Ecological Economics,1999,31(2):199-213.

❹ BRUN J F, COMBES J L, RENARD M F. Are there spillover effect between coastal and noncoastal regions in China?[J]. China Economic Review,2002,13(2-3):161-169.

❺ 李帅帅,施晓铭. 海洋经济系统构建与蓝色经济空间拓展路径研究[J]. 海洋经济,2019,9(1):3-7.

❻ 赵昕. 海洋经济发展现状、挑战及趋势[J]. 人民论坛,2022(18):80-83.

❼ 丁黎黎,等. 偏向性技术进步与海洋经济绿色全要素生产率研究[J]. 海洋经济,2019,9(4):12-19.

❽ 狄乾斌,张买玲,王敏. 中国三大海洋经济圈产业结构升级与外贸高质量发展研究[J]. 海洋开发与管理,2023(2):18-28.

❾ 丁黎黎,朱琳,何广顺. 中国海洋经济绿色全要素生产率测度及影响因素[J]. 中国科技论坛,2015(2):72-78.

政策,分析了政策推动海洋产业提质增效、促进海洋经济高质量发展的着力点❶。一些学者运用空间杜宾模型分别剖析南部海洋经济圈海洋经济增长质量驱动因素及中国海洋经济高质量发展动力机制(杨程玲,2020)❷(李博等,2021)❸。徐文玉则认为,实现海洋环境规制是比科技创新更加重要的影响因素(徐文玉,2022)❹。

五、海洋经济高质量发展核算评估研究

对海洋经济发展质量进行评估是促进海洋经济高质量发展的重要抓手,在这一领域,学界的研究主要集中在以下几个方面:一是海洋生产总值核算研究。2020年4月,国家统计局发布《海洋生产总值核算制度》。何广顺重点研究并建立了海洋生产总值核算方法(何广顺,2006)❺。洪伟东提出将环境与经济综合核算体系与我国海洋产业发展相结合,构建绿色海洋生产总值核算体系(洪伟东,2016)❻。郭越等则从统计角度构建了现代海洋经济统计调查方法体系(郭越、王悦,2022)❼。二是评估指标体系构建研究。学术界对于衡量海洋经济高质量发展的方法复杂且多样化,但是在总体上可以将其分为基于单一指标的海洋经济高质量发展测算和依托多维指标的海洋经济高质量发展综合评估两种类型。在单一指标评估方面,有些研究学者选择以海洋生产总值来评价不同区域海洋经济的高质量发展水平(杜军、鄢波,2021)❽;有些学者则更加关注各海洋经济相关产业之间的关联度情况(郑鹏、胡亚琼,2020)❾。与前者思路不同,赵晖等从海洋资源禀赋、海洋产业结构、海洋生态文明、海洋科技创新、海洋开放共享五个子系统出发,研究构建海洋经济

---

❶ 自然资源部海洋发展战略研究所课题组.中国海洋发展报告(2023)[M].北京:海洋出版社,2023.

❷ 杨程玲.海洋经济增长质量时空特征及驱动因素研究——以南部海洋经济圈为例[J].经济视角,2020(5):45-55.

❸ 李博,等.中国海洋经济高质量发展的类型识别及动力机制[J].海洋经济,2021,11(1):30-42.

❹ 徐文玉.环境规制、科技创新与海洋经济高质量发展[J].统计与决策,2022,38(16):87-93.

❺ 何广顺.海洋经济核算体系与核算方法研究[D].青岛:中国海洋大学,2006.

❻ 洪伟东.促进我国海洋经济绿色发展[J].宏观经济管理,2016(1):64-66.

❼ 郭越,王悦.构建海洋经济统计调查方法体系的思考[J].统计与决策,2022,38(2):179-183.

❽ 杜君,鄢波.基于PVAR模型的我国海洋经济高质量发展的动力因素研究[J].中国海洋大学学报(社会科学版),2021(4):46-58.

❾ 郑鹏,胡亚琼.海陆经济一体化对海洋产业高质量发展影响研究[J].中国国土资源经济,2020,33(6):18-24.

高质量发展指标体系(赵晖等,2020)[1];还有一些研究基于五大发展理念构建相应的指标体系,分别对海洋经济高质量发展水平以及风险预警进行研究(鲁亚运等,2019)[2](闫晓露、魏彩霞,2021)[3]。徐从春等构建了由海洋经济实力、海洋科技教育、海洋资源潜力、海洋生态环境、沿海腹地支撑五个方面组成的沿海地区海洋经济综合竞争力评价指标体系(徐从春等,2021)[4]。Porter Hoagland 建立指标体系用以测量海洋生态系统的活动强度及其对海洋经济产生的影响(Porter Hoagland,2008)[5]。三是海洋经济发展评估实证研究。覃雄合等以代谢循环能力作为研究的切入点,建立海洋经济可持续发展测度指标体系,构建包含发展度、协调度、代谢循环度的量化模型,对2000—2011年环渤海地区17个沿海城市的海洋经济可持续发展状况进行测算(覃雄合、孙才志,2014)[6]。一些学者运用各自构建的海洋经济发展质量评价指标体系,对地方海洋经济发展水平进行评价(刘茗沁,2024)[7](赖美玲等,2023)[8](简逸晨等,2019)[9](李佩瑾、栾维新,2005)[10]。

总之,海洋经济高质量发展是当前学术界关注的重要课题。对于海洋经济高质量发展的理论和实践,目前我国理论界已经进行了深入的研究,取得了不少成果。但目前的研究主要侧重于横向的、分散的领域,缺乏从全要素保障出发进行的实证性、系统性研究,特别是基于新质生产力背景,对现代海洋产业发展全要素保障等方面的研究相对不足。具体来说:一是基于新质生产力背景下对海洋经济高

❶ 赵晖,等.天津海洋经济高质量发展内涵与指标体系研究[J].中国国土资源经济,2020,33(6):34-42,62.

❷ 鲁亚运,等.我国海洋经济高质量发展评价指标体系构建及应用研究——基于五大发展理念的视角[J].企业经济,2019(12):122-130.

❸ 闫晓露,魏彩霞.中国海洋经济高质量发展风险预警研究[J].海洋经济,2021,11(1):55-67.

❹ 徐从春,等.沿海地区海洋经济综合竞争力评价研究[J].海洋经济,2021,11(3):95-102.

❺ PORTER HOAGLAND,DI JIN. Accounting for marine economic activities in large marine ecosystems[J]. Ocean and Coastal Management,2008,51(3):246-258.

❻ 覃雄合,孙才志,王泽宇.代谢循环视角下的环渤海地区海洋经济可持续发展测度[J].资源科学,2014(12):2647-1656.

❼ 刘茗沁.湛江县域经济高质量发展评价分析[J].南方论刊,2024(4):31-33,46.

❽ 赖美玲,等.江苏省海洋经济发展质量研究:指标构建、熵权评价及提升建议[J].中国集体经济,2023(35):17-21.

❾ 简逸晨,等.我国大陆沿海地区海洋经济发展水平测评[J].集美大学学报(哲学社会科学版),2019,22(2):82-90.

❿ 李佩瑾,栾维新.我国沿海地区海洋经济发展水平初步研究[J].海洋开发与管理,2005(2):26-30.

质量发展的研究不足,尤其是聚焦产业链高质量发展,从推进生产要素创新性配置、提升全要素生产率这个角度来研究海洋经济高质量发展,国内几乎是空白。二是当前对海洋经济高质量发展宏观层面的研究较多,但从实践路径层面的深度研究较为薄弱,对海洋经济高质量发展深层次影响因素挖掘得不够深入,定量和定性相结合的综合性研究并不多见。三是对省域海洋经济发展专题研究有待加强,特别是关于浙江海洋经济高质量发展的成体系研究还较为缺乏。四是海洋经济发展比较研究方面还存在一些不足,尤其是基于新的发展形势下的研究不够系统,对于区域海洋经济高质量发展缺乏深入、细致的探讨。本书将研究背景置于新质生产力之下,从生产要素创新性配置的视角切入,构建海洋经济高质量发展产业链全要素增值服务体系,开展相关实证研究、案例分析,有利于厘清海洋产业链增值服务对海洋经济高质量发展的作用机制,具有较大的理论创新价值。

第二节 党政决策所系

海洋是我国经济社会发展重要的战略空间,是孕育新产业、支撑未来发展的重要领域。世界海洋资源开发潜力巨大。中国是海洋大国,拥有漫长的海岸线、广袤的管辖海域和丰富的海洋资源,发展海洋经济将为海洋强国建设提供强大的支撑,至关重要。

一、海洋经济发展的历史脉络

我国海洋经济发展历史久远,可以追溯到春秋战国时期。当时,齐国通过渔盐之利充实国库,为海洋经济的发展奠定了基础。秦汉时期,"海上丝绸之路"初步形成,进一步促进了海洋经济的发展。唐宋时期,对外交往频繁,丝绸、茶叶、瓷器等商品经由"海上丝绸之路"大规模出口,推动了中国造船技术和航海水平的进步,使其达到世界领先地位。以郑和下西洋为标志的中国航海独领世界风骚,但受制于明清时期闭关锁国和"海禁"政策制约,中华民族错失了走向海洋、实现崛起的重大历史性机遇。近现代尤其是中华人民共和国成立以来,走向海洋逐渐成为共识。中华人民共和国成立以来,我国海洋经济发展基本可以分为以下四个阶段。

（一）相对滞后阶段（1949—1977年）

中华人民共和国成立伊始,国内百废待兴,此时的海洋战略侧重于军事防御,以积极的海上防御为主要原则,主要是从主权独立、建设强大海军队伍的角度来规划当时的海洋战略,这个时期的重大成果是形成了一个以"独立的海洋主权"为一体、以"强大的人民海军"和"强大的海洋经济"为两翼的战略格局,为我国后续海洋思想的继承和发展奠定了坚实的基础。1963年3月,国家科学技术委员会海洋专业组在青岛召开会议,讨论和研究我国海洋科学十年发展规划草案,建议成立国家海洋局统一管理国家的海洋工作。❶1964年2月,中共中央正式批准在国务院下设立国家海洋局。1964年7月,国家海洋局正式成立。这一阶段,人们对海洋的了解主要集中在军事和政治方面,而对海洋经济的关注相对较少,海洋经济意识薄弱。因此,海洋产业的发展进展缓慢,产业结构过于单一,主要的海洋经济活动集中在渔业和海运业。

(二)初步发展阶段(1978—2000年)

改革开放后,我国制定了以经济建设为中心,实行改革开放的发展方略。党中央从发展经济、改革开放的角度思考海洋问题,提出了经略海洋的相关政策和思路,海洋战略的重心从维护海洋安全转向发展海洋经济,在加快推进海军建设、维护海洋权益的同时,我国注重发展海洋渔业、交通运输业,推动沿海城市开放,沿海地区海洋经济发展布局逐步优化。1979年7月,中共中央和国务院同意在广东的深圳、珠海、汕头三市和福建的厦门市试办出口特区;当年,国家进一步开放天津、大连等14个沿海港口城市,接着开辟"长三角""珠三角"和福建"厦漳泉"3个沿海经济开放区。1980年5月16日,中共中央和国务院批准广东、福建两省会议纪要。"出口特区"被正式改名为"经济特区"。同年8月,五届全国人大常委会第十五次会议审议批准在深圳、珠海、汕头、厦门设置经济特区,并通过了《广东省经济特区条例》。这标志着中国的经济特区正式诞生。1988年增设海南经济特区。1990年4月,中共中央、国务院作出开发上海浦东的重大决策。这一系列重大决策,将我国的发展推向海洋。在此基础上,我国出台了一系列海洋事业发展的纲领性文件,进一步推动海洋经济发展。1991年1月,首届全国海洋工作会议通过的《90年代我国海洋政策和工作纲要》,充分论述了现代海洋开发与管理对于维护国家海洋权益、发展海洋经济的重要性。1994年11月16日,《联合国海洋法公约》生效,约定一国可对距其海岸线200海里(约370千米)的海域拥有经济专属权,有力推动了海洋及其资源开发、利用、管理与保护的国际合作。"1995年,国家计委、国家海洋局等联合

---

❶ 王刚. 中国海洋治理体系建设的发展历程与内在逻辑[J]. 人民论坛·学术前沿,2022(17):42-50.

发布《全国海洋开发规划》，提出实施海陆一体化开发，提高海洋开发综合效益，推行科技兴海，推进开发和保护同步发展。"❶1996年，《中国海洋21世纪议程》发布，阐明了海洋可持续发展的基本战略、战略目标、基本对策以及主要行动领域。1996年，海洋高技术被列为国家高技术研究发展计划（简称"863计划"）的第八个领域，成为我国发展高科技的重点。这个阶段，国家和地方海洋行政机构不断健全。20世纪80年代初，"海岸带调查办公室"作为一个临时性机构，成为沿海地方海洋行政机构的雏形，后改为沿海各省（区、市）科委下面管理地方海洋工作的海洋局（处、室）等机构。1989年，国家海洋局确定了其直属的北海、东海和南海分局，以及10个海洋管区、50个海洋监察站的相关职责。❷1998年，当时的国家海洋局整合为隶属国土资源部（现为中华人民共和国自然资源部）的国家局。这一阶段，我国逐渐形成了"经济特区—沿海开放城市—沿海经济开放区—内地"的对外开放新格局，海洋产业门类不断增加、成熟。海洋交通、船舶制造和海洋旅游等服务行业迅速发展，海洋油气行业从试点阶段过渡到规模化生产，新兴领域开始崭露头角，海洋资源开发、海洋科技向深海、极地领域挺进。尽管如此，部分海洋产业仍然高度依赖国外技术，特别是技术密集的海洋二次产业发展缓慢，且缺少统一的行业规划，导致各个海洋产业之间缺乏有效的协同作用。"1978年，我国海洋产业总产值只有60多亿元，以海洋捕捞、盐业、交通运输、造船业为主，1990年，主要海洋产业总产值达438亿元"❸，与之相对，1996年、2000年分别增长到2855.2亿元、4133.5亿元。2000年，以海洋经济为依托的沿海市、县国内生产总值占整个沿海地区国内生产总值的60.1%，占全国国内生产总值的37.1%。❹

（三）探索转型阶段（2001—2011年）

经过二十余年的发展，我国海洋经济初具规模，现代海洋产业体系基本建立，综合经济实力显著增强，海洋科技自主创新能力大幅提升，海洋经济对外开放格局不断完善。2003年5月，国务院印发《全国海洋经济发展规划纲要》，这是我国制定的第一个指导全国海洋经济发展的宏伟蓝图和纲领性文件。党的十六大后，党中央提出"建设和谐海洋"理念，为中国发展海洋事业搭建了和平友好的外交环境，将

---

❶ 兰圣伟. 中国海洋事业改革开放40年系列报道之规划篇[N]. 人民日报，2018-04-18.

❷ 王刚. 中国海洋治理体系建设的发展历程与内在逻辑[J]. 人民论坛·学术前沿，2022（17）：42-50.

❸ 金昶. 托起蓝色的希望——我国海洋事业改革发展40年综述[N]. 中国自然资源报，2018-12-18.

❹ 2000年我国海洋经济发展综述[EB/OL].（2018-06-19）[2020-10-18]. http://gc.mnr.gov.cn/201806/t20180619_1798477.html.

互利互惠、共同繁荣的和谐理念推向了全球，为下一阶段海洋事业发展和海洋强国战略奠定了良好的基础。"十一五"期间，海洋发展战略逐渐明显，我国海洋经济年均增长13.5%，持续高于同期国民经济增速，对国民经济发展的拉动作用明显增强，2010年，海洋生产总值近4万亿元，比"十五"期末翻了一番多，海洋经济已经成为拉动国民经济发展的有力引擎；沿海地区产业集聚水平显著提高，一大批海洋经济发展示范区如雨后春笋般涌现，海洋经济的规模效益明显提升，环渤海、长江三角洲和珠江三角洲地区海洋经济规模不断扩大，2011年三大区域海洋生产总值占全国海洋生产总值的比重达87.7%；海洋科学技术取得了重大突破，具有标志性的深海勘探等技术达到或接近世界先进水平，领海、专属经济区和国际海域资源环境与科学调查广泛展开；全民海洋意识显著增强，认识海洋、保护海洋、经略海洋逐渐深入人心。

（四）快速发展阶段（2012年至今）

2012年，党的十八大作出建设海洋强国的战略部署，以习近平同志为核心的党中央将海洋作为重要领域纳入"五位一体"总体布局和"四个全面"战略布局，为海洋强国建设指明了前进方向。❶党的二十大报告进一步提出，发展海洋经济，保护海洋生态环境，加快建设海洋强国。海洋强国战略是对于我们党长期以来海洋战略思想的继承和发展，从更高战略层次对海洋经济发展进行了部署。"海洋强国战略是一个战略体系，包括推动海洋经济转型和陆海经济一体化高质量发展的海洋经济战略，以建设与我国国家安全和发展利益相适应的现代海上军事力量为核心的海洋安全战略，'人海和谐'的海洋生态战略，以'海上丝绸之路'建设、发展全球蓝色伙伴关系、推动构建海洋命运共同体为重点的深度参与全球海洋治理战略。"❷根据党的十八大的部署，2012年，国土资源部、国家海洋局等联合印发实施《国家海洋事业发展"十二五"规划》，对海洋事业发展进行全面深入部署。同年，国务院批准《全国海洋功能区划（2011—2020年）》，这也成为合理开发利用海洋资源、有效保护海洋生态环境的法定依据。2013年10月，"21世纪海上丝绸之路"战略构想首次提出，倡导推动世界各国在海洋领域的交流合作。2014年1月，第一次全国范围的

---

❶ 兰圣伟.中国海洋事业改革开放40年系列报道之规划篇[N].人民日报,2018-04-18.

❷ 王琪,等.新中国成立以来中国海洋战略的制度轨迹及变迁形态:海洋战略的"变"与"不变"[EB/OL].（2023-03-03）[2024-05-12].中国海洋大学中国海洋发展研究中心,http://aoc.ouc.edu.cn/2023/0303/c9821a424921/page.htm.

海洋经济调查正式启动。2015年3月,国家发展和改革委员会、外交部、商务部联合发布《推动共建丝绸之路经济带和21世纪海上丝绸之路的愿景与行动》,提出以海洋经济为突破口,积极发展海洋合作伙伴关系。2015年8月,国务院印发实施《全国海洋主体功能区规划》,强调海洋是国家战略资源的重要基地,要坚持海洋空间格局与陆域发展布局,统筹沿海地区经济社会发展与海洋空间开发利用,加快转变海洋经济发展方式,优化海洋经济布局和产业结构,对海洋空间进行功能分区,标志着我国主体功能区战略和规划实现了陆域国土空间和海洋国土空间的全覆盖。这一阶段,我国海洋经济保持持续增长势头,总体实力不断提升,海洋产业结构进一步优化,海洋科技创新能力大大增强,海洋可持续发展能力逐步提高,海洋综合开发管理体系不断完善,海洋经济已成为拉动国民经济发展的有力引擎。

与此同时,我国海洋管理的体制机制也在实践中不断优化完善,更好地履行推进海洋经济发展、海洋权益维护和海洋生态环境保护等职责。2012年下半年,成立了中央海洋权益工作领导小组办公室这一高层次协调机构,海洋管理体制得以进一步理顺,为推进我国从海洋大国向海洋强国的转变提供了重要保障。2013年,国务院机构改革中,设立国家海洋委员会,主要负责研究制定国家海洋发展战略,统筹协调海洋重大事项等,同时重新组建国家海洋局。2018年国务院新一轮机构改革中,自然资源部(对外保留国家海洋局牌子)取代原国家海洋局,成为海洋行政主管部门。

"2012—2022年,海洋经济总产出从5万亿元增长到9.5万亿元,占国内生产总值的比重保持在9%左右,在国民经济稳增长和保障经济安全方面发挥了重要作用。海洋传统产业转型升级加速,海产品产量多年位居世界第一,海运量超过全球三分之一,海上油气成为国家能源重要增长极。海洋新兴产业增加值年均增速超过10%,海洋工程装备总装建造能力进入世界第一方阵。海水淡化工程规模已超过200万吨/日,为沿海缺水城市和海岛水资源安全提供了重要保障。"❶海洋经济布局进一步优化,环渤海、长江三角洲和珠江三角洲的引领作用得到有效发挥,北部、东部和南部三个海洋经济圈基本形成。山东、浙江、广东、福建、天津等全国海洋经济发展试点地区工作取得显著成效,重点领域先行先试取得良好效果,海洋经济辐射带动能力进一步增强。一些内陆省份海洋经济逐步发展,一批跨海桥梁和海底隧道等重大基础设施相继建设和投入使用,促进了沿海区域间的融合发展。蛟龙、海龙、潜龙等深海装备应用跻身世界前列,兆瓦级海洋潮流能装备正式并网发电,

---

❶ 王宏. 以建设海洋强国新作为推进中国式现代化[N]. 学习时报, 2023-09-22.

200千瓦波浪能装备初步具备远海岛礁应用能力。首次全国海洋经济调查全面完成,海洋生态环境保护与修复取得明显成效。海域使用管理深入推进,海域空间资源全面保障沿海地区经济社会发展。2023年,全国海洋生产总值99 097亿元,占国内生产总值比重为7.9%,比上年增长6.0%,增速比内生产总值高0.8个百分点。

二、海洋经济发展的重大考量

海洋是我国经济社会发展的重要战略空间,是孕育新产业、引领新增长的重要领域,在国家经济社会发展全局中的地位和作用日益突出。党的十八大以来,党中央在重大会议、领导编制五年发展规划、倡导推进"一带一路"、推进长江经济带等战略谋划和顶层设计中,围绕海洋强国建设的重大理论和实践问题,从历史与现实、理论与实践、国际与国内等多个维度提出了一系列新理念、新思想、新战略,为我们推动海洋经济高质量发展指明了前进方向,也为我们提供了根本遵循。

(一)海洋经济发展的重要地位

海洋经济是国民经济的重要组成部分。大力发展海洋经济,进一步提高海洋经济的质量和效益,不仅有利于我国经济社会的可持续发展,对提高国民经济综合竞争力和维护国家主权、安全、发展利益也具有重要战略意义。党的十八大作出建设海洋强国的战略抉择,提出要顺应国际海洋事务发展潮流,着眼于中国特色社会主义事业发展全局,统筹国内和国际两个大局,坚持陆海统筹,扎实推进海洋强国建设,坚持走依海富国、以海强国、人海和谐、合作共赢的发展道路。习近平总书记在主持十八届中央政治局第八次集体学习时强调,"发达的海洋经济是建设海洋强国的重要支撑,海洋经济已经成为临海国家经济增长最具活力和前景的领域之一"。❶2018年6月,习近平总书记在山东考察时再次强调,"海洋经济发展前途无量"。❷《全国海洋经济发展规划纲要》指出,海洋蕴藏着丰富的生物、油气和矿产资源,发展海洋经济对于促进沿海地区经济合理布局和产业结构调整,保持我国国民经济持续健康快速发展具有重要意义。《中共中央国务院关于建立更加有效的区域协调发展新机制的意见》中将海洋经济置于推动陆海统筹发展的重要位置,提出"加强海洋经济发展顶层设计,完善规划体系和管理机制,研究制定陆海统筹政策

---

❶ 习近平总书记2013年7月30日在十八届中央政治局第八次集体学习时的讲话。

❷ 习近平总书记2018年6月12日至14日在山东考察时的讲话。

措施,推动建设一批海洋经济示范区"。❶《中华人民共和国国民经济和社会发展第十四个五年规划和2035年远景目标纲要》明确提出"积极拓展海洋经济发展空间""协同推进海洋生态保护、海洋经济发展和海洋权益维护,加快建设海洋强国"。《"十四五"海洋经济发展规划》明确提出优化海洋经济空间布局,加快构建现代海洋产业体系,协调推进海洋资源保护与开发,畅通陆海联接,加快建设中国特色海洋强国。2023年12月召开的中央经济工作会议要求大力发展海洋经济,建设海洋强国,将发展海洋经济作为海洋强国的有机组成和重要任务,这是党中央对海洋经济发展作出的新的战略要求。这些重要论述、重要文件内容揭示了向海则兴、弃海则衰的历史规律,为立足全局、放眼长远看海洋,更好地在推进强国复兴的宏图伟业中加快海洋经济发展提供了重要指引。

(二)海洋经济发展的重点任务

当前和今后一个时期,是我国海洋经济结构深度调整、实现高质量发展的关键时期。纵观我国海洋发展有关规划和部署精神,当前海洋经济发展面临着几项重点任务。一是优化海洋经济空间布局。按照全国海洋主体功能区规划,根据不同地区和海域的自然资源禀赋、生态环境容量、海洋产业基础和发展潜力,以区域发展总体战略和"一带一路"建设、京津冀协同发展、长江经济带发展等重大战略为引领,进一步优化我国北部、东部和南部三个海洋经济圈布局,培育一批重要的海洋经济增长极,积极优化海洋经济总体布局,形成层次清晰、定位准确、特色鲜明的海洋经济空间开发格局。加大海岛及邻近海域的保护力度,合理开发重要海岛,推进深远海区域布局,加快拓展蓝色经济空间,实现海洋资源的优化配置,形成海洋经济全球布局的新格局。二是加快构建现代海洋产业体系。建设现代海洋产业体系是促进海洋经济高质量发展的重要抓手,是促进海洋产业新旧动能转换、实现海洋产业转型升级的必然要求。深化海洋领域供给侧结构性改革,探索海洋产业发展新路径、新空间与新模式,推进海洋传统产业转型升级,调整优化海洋渔业、海洋油气业、海洋船舶工业、海洋交通运输业、海洋盐业及化工业等海洋传统产业,促成高端生产要素向海洋高科技产业集聚。抓住新一轮科技革命和产业变革的浪潮正席卷全球带来的海洋服务重塑机遇,大力提升海洋服务业发展水平。培育壮大一批海洋特色鲜明、区域品牌形象突出、产业链协同高效、核心竞争力强的优势海洋产

---

❶ 中共中央　国务院关于建立更加有效的区域协调发展新机制的意见[J]. 中华人民共和国国务院公报,2018(35):11-17.

业集群和特色产业链。三是提升海洋科技自主创新能力。海洋经济的发展高度依赖技术的革新,尤其是高质量成长阶段,更加需要高新技术的驱动。把握产业革命的主流趋势,围绕海洋产业链积极布局创新链条,确保科技创新深植于产业发展之中。强化海洋重大关键技术创新,促进科技成果转化,提升海洋科技创新支撑能力和国际竞争力,深化海洋经济创新发展试点,推动海洋人才体制机制创新,打通"产学研用"全过程创新生态链,抢占全球海洋前沿科技制高点,培育国家级海洋科技创新服务力量。四是深化海洋经济体制机制改革。推动海洋经济重点领域与关键环节改革,形成有利于海洋经济发展的体制机制。加快形成统一开放、竞争有序的现代海洋经济市场体系,促进海洋经济要素自由有序流动。建立归属清晰、权责明确、保护严格、流转顺畅的海洋产权制度。理顺海洋产业发展体制机制,加快海洋经济投融资体制改革,推动海洋信息资源共享。

(三)海洋经济发展的总体原则

根据相关部署精神,海洋经济高质量发展应该遵循以下总体原则。其一,坚持系统观念,推动陆海统筹。《中共中央国务院关于建立更加有效的区域协调发展新机制的意见》明确提出,"促进陆海在空间布局、产业发展、基础设施建设、资源开发、环境保护等方面全方位协同发展"[1]。要统筹陆海资源配置和沿海各区域间海洋产业分工与布局协调发展,将陆地经济与海洋经济紧密结合起来,实现陆海经济的互补和协同发展,协调推进海洋资源保护与开发,形成陆海统筹、人海和谐的海洋发展新格局。其二,坚持生态优先,统筹考虑海洋生态环境保护与陆源污染防治。把海洋生态文明建设纳入海洋开发总布局之中,坚持开发与保护并重,加强海洋资源集约节约利用,强化海洋环境污染源头控制,切实保护海洋生态环境。推进海洋经济朝向绿色、低碳、循环的新模式转变,构成高品质海洋经济发展的核心。坚持以节约优先、保护优先、自然恢复为主方针,加大海洋环境保护与生态修复力度,推进海洋资源集约节约利用与产业低碳发展。其三,坚持科技引领,促进海洋科技资源优化整合、协同创新。把海洋科技作为重要主攻方向来谋划和推动,明确建设海洋强国必须大力发展海洋高新技术,要依靠科技进步和创新,坚持有所为有所不为,重点在深水、绿色、安全的海洋高技术领域取得突破,尤其要推进海洋经济转型过程中急需的核心技术和关键共性技术的研究开发,努力突破制约海洋经济

---

[1] 中共中央　国务院关于建立更加有效的区域协调发展新机制的意见[J]. 中华人民共和国国务院公报,2018(35):11-17.

发展和海洋生态保护的科技瓶颈。其四,坚持共建共享,主动参与国际海洋经济合作。构建利益共同体,逐步提升我国海洋产业在全球价值链中的地位与作用。以增进人民福祉为目的,共享海洋经济发展成果。

三、海洋经济发展的重要部署

自海洋强国战略提出以来,国家层面聚焦海洋经济发展,陆续出台相关专项规划和政策意见,持续做好海洋经济发展顶层设计和具体实施。其一,出台重大规划。2003 年 5 月 9 日,国务院发布《全国海洋经济发展规划纲要》(国发〔2003〕13号),对全国海洋经济发展作出十年规划。2008 年,国务院批准印发《国家海洋事业发展规划纲要》,这是我国首次发布海洋领域总体规划。2017 年 5 月,国家发展和改革委员会、国家海洋局出台《全国海洋经济发展"十三五"规划》,提出优化海洋经济发展布局、推进海洋产业结构优化升级、加快海洋经济创新发展、拓展海洋经济合作发展空间和深化海洋经济体制改革等方面重点任务。《中华人民共和国国民经济和社会发展第十四个五年规划和 2035 年远景目标纲要》制定海洋专章——"积极拓展海洋经济发展空间",提出建设现代海洋产业体系,建设一批高质量海洋经济发展示范区和特色化海洋产业集群,全面提高北部、东部、南部三大海洋经济圈❶发展水平。2021 年 12 月,国家发展和改革委员会、自然资源部出台《"十四五"海洋经济发展规划》,对海洋经济高质量发展作出权威规划。其二,实施专项政策。2014年 11 月,国家海洋局与国家开发银行联合印发《关于开展开发性金融促进海洋经济发展试点工作的实施意见》。2016 年 12 月,国家海洋局印发《全国科技兴海规划(2016—2020)》《关于促进海洋经济发展示范区建设发展的指导意见》。2017 年 5月,科技部、国土资源部、国家海洋局联合印发《"十三五"海洋领域科技创新专项规划》,提出海洋领域科技创新重点任务,包括深海探测技术研究、海洋环境安全保障、深水能源和矿产资源勘探与开发、海洋生物资源可持续开发利用、极地科学技术研究、开展海洋国际科技合作、基地平台建设和人才培养。2018 年 1 月,中国人民银行、财政部等联合印发《关于改进和加强海洋经济发展金融服务的指导意见》。2018 年 9 月,自然资源部、中国工商银行联合印发《关于促进海洋经济高质量发展

---

❶ 北部海洋经济圈是由辽东半岛、渤海湾和山东半岛沿岸地区所组成的经济区域,主要包括辽宁省、河北省、天津市和山东省的海域与陆域。东部海洋经济圈是由长江三角洲沿岸地区所组成的经济区域,主要包括江苏省、上海市和浙江省的海域与陆域。南部海洋经济圈是由福建、珠江口及其两翼、北部湾、海南岛沿岸地区所组成的经济区域,主要包括福建省、广东省、广西壮族自治区和海南省的海域与陆域。

的实施意见》，明确重点支持海洋产业改造升级、海洋新兴产业培育壮大、海洋服务业提升、重大涉海基础设施建设、海洋经济绿色发展等重点领域，并加大对北部海洋经济圈、东部海洋经济圈、南部海洋经济圈、"一带一路"海上合作的金融支持。其三，完善区域布局。在"海洋强国"战略引导下，沿海地区依托自由贸易试验区、国家级新区等国家战略优势，将海洋经济与区域协调发展、"一带一路"倡议紧密整合，北部、东部、南部三大海洋经济圈建设取得突破性进展。国务院先后批复山东半岛蓝色经济区、浙江海洋经济发展示范区、广东海洋经济综合试验区和福建海峡蓝色经济试验区等海洋区域经济规划。上海、天津、广东、福建、辽宁、浙江、海南、山东、江苏、广西等沿海自由贸易试验区以及海南自由贸易港相继设立。浙江舟山群岛、广州南沙、大连金普、青岛西海岸等国家级新区以及福建平潭、珠海横琴、深圳前海等重要涉海功能平台相继获批设立。2018年11月，国家发展和改革委员会、自然资源部联合印发《关于建设海洋经济示范区的通知》，支持山东威海、山东日照、江苏连云港、江苏盐城、浙江宁波、浙江温州、福建福州、福建厦门、广东深圳、广西北海10个市级以及天津临港、上海崇明、广东湛江、海南陵水4个园区海洋经济示范区建设，明确了每个示范区的总体目标和任务。2021年9月，国务院批复《辽宁沿海经济带高质量发展规划》。其四，加快地方探索。沿海各省（区、市）高度重视海洋在区域经济发展中的引擎作用，根据各地自然资源禀赋和发展中存在的不平衡不充分问题，相继提出了各有特色的海洋经济发展战略及建设海洋经济强省（区、市）目标，制定或调整海洋经济发展规划和实施计划，将海洋经济高质量发展纳入各自的"十四五"规划纲要，多地出台专门的海洋经济发展规划，出台相关政策措施。广东实施再造"海上新广东"；浙江成立海洋经济发展厅，启动海洋经济倍增行动计划；山东启动"透明海洋"计划，"蓝鲸1号""耕海1号"等国之重器表现突出，"蓝色药库"加速推进；福建加快"海上福建"崛起，聚焦"海上粮仓"建设，打造现代化"海上牧场"；江苏作出"全省都是沿海、沿海更要向海"决策部署。深圳、上海、天津、大连、青岛、广州、宁波、舟山等城市将建设全球海洋中心城市作为未来的发展目标，"全球海洋中心城市"在政策层面被确立为沿海城市新的战略方向。除此之外，上海、天津、青岛、厦门、南通、盐城、连云港、舟山等地均已提出建设现代海洋城市的目标定位。

第三节 实践发展所需

加快发展海洋经济,对进一步拓展国民经济发展空间、推进发展方式转变、促进资源持续利用、完善海洋综合管理体制具有重要意义。历史经验告诉我们,面向海洋则兴、放弃海洋则衰,国强则海权强、国弱则海权弱。改革开放尤其是党的十八大以来,海洋经济在培育新动能、拓展新空间、引领新发展等方面发挥了重要作用,海洋经济已成为我国经济发展的重要支柱。经过多年发展,海洋经济实力有了大幅提升,海洋产业体系比较完整,海洋科学技术水平不断提升,海洋资源开发能力持续增强,为建设海洋强国打下了坚实的基础,我国已进入由海洋大国向海洋强国转变的关键阶段。但与此同时,海洋经济发展与海洋强国战略和高质量发展的要求相比,也存在海洋经济区域发展不够平衡,海洋新兴产业规模偏小,海洋资源环境约束加剧等一些问题和短板,需要我们进一步明确发展思路,以改革创新为根本动力,强化系统思维,撬动海洋领域关键制度改革,推动海洋经济高质量发展。

一、推进陆海统筹,优化海洋经济布局的需要

纵观历史,大国发展莫不与海洋息息相关。强于天下者必胜于海,衰于天下者必弱于海。我国既是陆地大国,也是海洋大国,拥有广泛的海洋战略利益。近年来,我国陆海统筹扎实推进,海洋资源利用稳步提升,海洋经济布局进一步优化,但与发达国家相比,不仅规模偏小,而且海洋资源开发利用程度也不高,开发方式仍比较粗放。提高海洋开发能力,扩大海洋开发领域,让海洋经济成为新的增长点是当前重要的发展方向。第一,陆地经济发展空间逐渐受限。当前,全球经济已步入一个由资源和空间限制所致的发展困境,国际间的资源竞争已悄然从陆地延伸至海洋,海洋正日益成为推动世界经济发展的重要支撑。从国际情况来看,各国都在坚持和维护自身海洋权益,增强海洋力量,强化对海域资源的占有、控制和管理,海洋日益成为国际竞争的战略重点。从国内情况来看,我国海洋生产总值仅占国内生产总值的7.9%[1],亟需开拓海洋经济发展的空间。从沿海城市来看,陆域经济的发展已经有了相当大的规模、取得了重要进展,但普遍面临着陆地资源过度开发的困境。与此同时,海洋是一个蕴藏着巨大潜力的资源宝库,进一步开发利用的空间和潜力巨大。第二,我国海洋经济布局亟待优化。我国海陆一体化发展还没有形成有效良性互动、同频共振的局面,海洋经济空间布局还不均衡,区域分工体系仍

---

[1] 刘诗瑶. 去年海洋生产总值增长6.0% 我国海洋经济量质齐升[N]. 人民日报,2024-03-22.

不完善,协调配合仍不紧密,无序竞争仍然存在,海洋资源的立体化开发不足,海底、海床资源未能得到有效开发和利用,经略深蓝的步伐有待加快。海洋经济产业与陆地经济产业发展不协调,表现在海洋经济产业发展速度明显慢于陆地经济产业发展速度,并且海洋经济对陆地经济的贡献率较低。海洋经济区域发展不平衡,主要体现在沿海地区与内陆地区、东部地区与中部、西部地区的发展差距。第三,海洋生态承载压力不断增大。目前,我国近岸生态环境不容乐观,近海海洋产业可利用空间资源趋紧,个别沿海城市因海洋产业集聚、同质化竞争、粗放开发海岸线资源等行为,导致近海海洋生态空间严重受损。与此同时,"双碳"目标对海洋经济发展提出了新的要求和挑战,倒逼我们通过提高海洋资源利用效率、推动深远海开发、海洋可再生能源利用等,来增强海洋碳汇能力,增强海洋绿色发展创新能力。总之,在陆域经济发展空间收窄和"双碳"背景下,加快发展海洋经济,提高海洋资源开发能力,不仅可以为我国经济发展拓展新的领域空间,带来新的应用场景,也可以有效缓解陆域经济发展面临的资源、环境、人口的压力,为我国经济发展提供新的增长极。

二、调整产业结构,建设现代海洋产业体系的需要

改革开放以来,我国海洋经济发展取得了很大成绩,海洋产业的发展程度、规模取得重大突破,但海洋产业结构调整和转型升级压力加大、部分海洋产业存在产能过剩等问题依然严峻,亟需加快建设现代海洋产业体系。一是传统海洋产业转型升级压力仍然突出。传统海洋产业仍然处于初级发展阶段,所占比重过大,现代海洋产业发展不足。《中国海洋经济统计年鉴(2022)》数据显示,我国以海洋石油开采、海洋工程、海洋装备制造为代表的现代海洋产业占比不足30%。"海洋渔业等传统资源开发型产业增加值偏低的问题仍旧存在。港口产业规模较大,但国际竞争力有待提高。港口服务业以装卸型为主,综合物流服务水平与国际一流港口存在差距。"❶我国传统海洋产业脆弱性较强,协同程度低,缺乏产业集群优势,易受到外部干扰因素的影响,产业生产总值和增长率异变性较大。二是产业结构优化还有较大空间。从目前海洋经济发展情况来看,国内沿海城市海洋产业结构基本已经形成"三二一"结构,但产业内部结构不合理问题仍然较为突出,海洋经济以船舶修造、石油化工、水产品加工等传统产业为主,结构仍然比较单一,受到融资困难、外需不足、低端产能过剩、产业综合技术实力较弱、管理水平不高等因素影响,转型升

---

❶ 韩增林,等.我国海洋经济高质量发展的问题及调控路径探析[J].海洋经济,2021,11(3):13-19.

级缓慢,高新技术产业和高附加值产业不占优势。三是海洋未来产业未进行有效的布局。新兴产业占比不高,海洋工程装备产业关键配套设备生产依赖进口,海洋电子信息、海洋生物医药等海洋新兴产业培育进展缓慢。海洋绿氢产业全链条技术缺乏系统性、规模化实证,无法科学、高效引导海洋绿氢产业高质量发展。陆海产业衔接还不够,海洋生物医药、海洋新兴产品、核心零件、高端装备等基础关联产业严重滞后于海洋现代化发展需求。面向人工智能、第三代半导体、区块链、元宇宙等前沿领域,都还需要加快布局一批海洋战略性新兴产业和未来产业,聚力攻坚突破。总之,加快建设现代海洋产业体系是全球性的趋向,是推动海洋经济高质量发展的核心要义,需要我们不断优化配置海洋资源、资本与空间要素,提高海洋产业对经济增长的贡献率,推动海洋经济向质量效益型转变。

三、提升科技能力,更深层次参与国际竞争的需要

海洋经济发展离不开科技的研发与运用,海洋科技是海洋事业发展的核心竞争力。提升海洋科技创新能力,已成为沿海城市推动海洋经济发展的重要举措和途径。近年来,海洋科研成果不断增加,海洋科技创新能力显著增强,海洋科研平台载体不断完善,海洋产业创新能级不断壮大,推动了我国海洋科技创新综合实力的提升,有些研究成果在国际上产生了较大影响,但总的来看,海洋科技还是一条"短腿",海洋科技对海洋经济的贡献率多年来一直徘徊在30%左右,海洋科技创新引领和支撑能力相对不足。一是海洋科技规划引领作用有待提升。党的十八大以来,我国先后颁布了《国家海洋科学和技术发展规划纲要》《全国科技兴海规划纲要》《"十三五"海洋领域科技创新专项规划》和《海洋领域面向2035年的中长期科技发展规划》等海洋科技专项规划,对我国海洋科技发展进行系统部署。但海洋科技专项规划在引领和促进海洋科技发展中的作用还有待提升,尤其是在规划实施上,海洋科技重点任务布局同地方政府、涉海产业部门的现实需求结合程度还有待加强,央地协同的实施机制需逐步建立起来,企业创新主体作用有待进一步强化。二是全社会海洋科技投入仍然不足。海洋基础研究较为薄弱,海洋科技核心技术与关键共性技术自给率低,创新环境有待进一步优化。目前,我国海洋领域科研院所和涉海高等院校建设落后于海洋经济社会发展需要。海洋科技投入渠道较为单一,海洋科技经费来源主要依靠政府财政拨款,企业和社会资本层面对海洋领域的研发投入意愿和强度较低,投入总量与实际需求存在一定差距,难以支撑海洋经济社会发展对科技的迫切需求。特别是涉海领域的科技创新往往具有长期性、风险

性,与国内大部分金融资本的短期性、逐利性相悖。再加上海洋领域的自然属性,导致包括天使投资和保险行业等在内的金融资本投资积极性不高。三是海洋战略科技力量建设滞后。当前,美国、俄罗斯、日本、英国、法国和韩国等世界海洋强国已经构建起以综合性海洋科研中心、国家实验室、国家研究中心、国家研究院、联邦实验室、海洋科技企业等为主体的国家海洋战略科技力量,并依托这些战略科技力量引领全球海洋科技创新,而我国的海洋领域研发力量虽然很多,但达到世界一流水平的较少,海洋领域基础研究和原始创新还需加强,关键核心技术还受制于人。我国海洋战略科技资源分属不同业务部门和地区,彼此间关联程度较低,协同共享机制缺失,难以发挥整体效益。涉海科技型企业在海洋战略科技力量建设中的创新主体地位尚未凸显,特别在海洋高端设备设计、海工配套、防腐涂料、海洋工程装备等关键领域,企业储备不够、创新不足。四是海洋科技成果转化率有待提升。当前我国海洋科技对于海洋经济的贡献率不高,这主要是因为我国长期以来对海洋基础研究的投入不足,原创性理论方法研究、颠覆性技术开发等方面明显滞后。海洋类高校、科研院所数量不足,高水平海洋类企业研发机构缺乏。海洋科研机构以"纵向课题"为主的研究模式,导致大部分海洋科技成果与市场需求脱节。涉海企业整体数量偏少,并且规模较小,缺乏充足的中试资金支持及完善的中试条件,企业承接科技成果转化与产业开发的能力不强。"产学研"合作不够紧密,海洋科技成果转化率仍然较低。总之,我们必须依靠科技进步和创新,推动海洋开发方式向循环利用型转变,努力突破制约海洋经济发展和海洋生态保护的科技瓶颈,推动海洋科技向创新引领型转变。

四、扩大对外开放,增强国家能源资源安全的需要

从世界范围来看,当前地缘政治紧张局势加剧,贸易保护主义抬头,对全球贸易构成巨大挑战,逆向影响世界经济全球化、区域化、一体化的发展趋势。我国正处于加快形成以国内大循环为主体、国内国际双循环相互促进的新发展格局,生产要素在全球范围内重组和流动面临挑战。同时,大宗矿产品、粮食的贸易交易随着国际形势的恶化,会出现贸易交易、运输等供应链割裂的情况,这对我国保障战略性矿产资源等初级产品安全提出了更高要求。我国是粮食、能源和矿产等初级产品需求大国,铁矿石、铜、铝、镍等消费占全球一半以上,整体体量规模维持高位态势。石油、铜精矿等紧缺战略性矿产品长期依赖进口的格局难以改变,对外依存度高,极易受制于人。党的二十大报告明确提出"确保粮食、能源资源、重要产业链供

应链安全"等战略部署。从战略高度考虑,我们要充分应对世界经济周期性变化和国际大宗商品价格波动,有效利用国内国际两个市场、两种资源,稳定产业链供应链能力,需要从保障国家能源资源的战略高度推动海洋经济由近岸海域向深海远洋极地延伸,形成全球资源配置的新中心,进一步增强我国初级产品供给保障能力,提升在全球油气、金属矿石、粮油等战略资源产业链供应链中的国际地位,提高海洋经济对国民经济贡献率,提高国家能源资源战略储备和保障能力。

综上所述,海洋经济高质量发展是一项非常有价值的理论研究和现实实践课题。从理论研究所盼、党政决策所系、实践发展所需三个维度来看,成体系深入研究海洋经济高质量发展具有理论和现实紧迫性。本书基于新质生产力背景,以浙江海洋经济高质量发展为研究对象,聚焦资源、人力、资本、技术、数据、制度六大要素生产率提升,结合浙江政务服务增值化改革实践,创新产业链全要素增值服务体系理论分析模型,从新视角提出浙江海洋经济高质量发展、加快发展海洋新质生产力的实践路径,并以全国首个以海洋经济为主题的国家级新区为例开展实证研究,总结提炼经验启示,丰富了研究视角、开辟了研究领域、创新了研究模型,将为全国海洋经济发展提供普遍的理论参考价值和现实借鉴意义。

第二章 浙江海洋经济发展历程回顾

对于浙江而言,发展海洋经济是发挥山海资源优势,推进欠发达地区跨越式发展,形成浙江经济新增长点的重要举措。2003年以来,浙江海洋经济实现了从"陆海一体化经济""全域陆海统筹经济"到"全省域海洋经济"的空间拓展和产业延伸,取得令人瞩目的成绩。这一时期,浙江海洋产业结构进一步优化,港航强省建设加快推进,海洋科教支撑作用逐步增强,海洋生态环境持续改善,海洋经济示范作用更加突出,使浙江成为全国海洋经济发展的"先行者",成为新时代全面展示中国特色社会主义制度优越性重要窗口的海洋示范区。

第一节 浙江海洋经济发展的演进路程

2003年以来,浙江省委、省政府以"八八战略"为总纲,突出解决陆域资源小省的发展掣肘与海域资源大省的潜在优势间战略支撑不对称、不充分问题,由此浙江省海洋经济呈现陆海一体化经济、全域陆海统筹经济、全省域海洋经济的梯级演进路程,从而实现了由海洋经济强省向海洋强省的战略跃升,为新时代海洋强省建设提供了浙江方案。

一、2003—2007年:陆海一体化经济阶段

浙江是一个陆域资源小省,却也是一个海洋资源大省,如何利用海洋资源补足陆域发展的不足成为进入21世纪后摆在新一届浙江省委、省政府面前的一个时代课题。2002年,习近平同志来到浙江,他下海岛、进渔村、访渔家,考察浙江海洋经济社会发展、深水岸线资源开发和保护等情况。2003年8月18日召开的全省海洋经济工作会议上,时任浙江省委书记的习近平同志强调,加快发展海洋经济,建设海洋经济强省,是实施海陆联动的客观要求❶,并从七个方面阐述了发展海洋经济的战略任务和工作重点,即坚持把港口建设放在突出位置、把发展临港工业作为重

---

❶ 习近平.发挥海洋资源优势 建设海洋经济强省——在全省海洋经济工作会议上的讲话[J].浙江经济,2003(16):6—10.

中之重、深化海洋渔业结构调整、基础设施先行、科技兴海战略、海洋资源综合开发、走可持续发展的道路。同年,为系统部署浙江陆海一体化经济的空间布局和联动任务,制定出台了《关于建设海洋经济强省的若干意见》《浙江海洋经济强省建设规划纲要》等一系列政策举措,成为运用马克思主义基本原理解决海洋经济区域发展不平衡、海洋新兴产业规模偏小、海洋创新能力不够等突出矛盾问题的生动实践。

在海洋经济强省战略的布局下,习近平同志对推动陆海一体化经济作出更深的更富前瞻性的部署,他强调,要依托"山海并利"的自然条件,利用好"山海"两种优势资源,拓展海洋经济发展空间,通过实施"山海协作工程"和"欠发达乡镇奔小康工程",念好"山海经",推动海岛、山区、老区、少数民族地区等欠发达地区加快发展,走出一条具有浙江特色的海洋经济与陆域经济联动发展的路子❶。由此可知,习近平同志提出的"陆海一体化经济"更多强调的是在海洋经济强省建设的战略框架下,将海洋资源优势与陆域资源优势结合起来,推动陆海产业联动发展、生产力联动布局、基础设施联动建设、生态环境联动保护治理❷。这"四联动"深度破解了浙江产业发展资源瓶颈、空间布局紧缩、环境条件约束等难题,开启了以海带陆、向海发展的新世纪序幕。

这一阶段,浙江省委、省政府将实施海陆联动,建设海洋经济强省作为浙江发展海洋经济的重要举措,突出表现在两个方面:一是提出建设海洋经济强省的战略目标,并列入"八八战略"的重要内容,实现由海洋经济大省向海洋经济强省迈进,强调辩证性看待陆域资源小省与海洋资源大省的关系,强化认识优势论、理解优势论、用好优势论,利用好"港、渔、景、油、涂"资源,大力发展海洋经济。二是找到了一条海洋经济与陆域经济联动发展的新路子,充分利用山海资源优势,推动山海协作,带动山区与海岛两个欠发达地区的经济发展,着力将海洋经济培育成浙江经济发展新的增长点。

二、2008—2020年:全域陆海统筹经济阶段

在习近平同志提出的"陆海一体化经济"的战略思维基础上,浙江省委、省政府深入推进海洋经济强省建设,2007年6月,浙江省第十二次党代会深度提出"大力发展海洋经济",强调"海洋资源是我省的优势所在,海洋经济是我省新的经济增长

---

❶ 习近平.用"三个代表"重要思想指导新实践[N].人民日报,2003-08-25.

❷ 王东祥."十一五"浙江海洋经济发展思考[J].浙江经济,2005(16):21-24.

点,必须把发展海洋经济放在更加突出的位置"。2011年2月,国务院正式批复《浙江海洋经济发展示范区规划》,这是浙江第一个涉海国家战略,标志着浙江海洋经济发展正式上升为国家战略举措。《浙江海洋经济发展示范区规划》强调以海引陆、以陆促海、海陆联动、协调发展,充分发挥港口资源,勾画了以宁波—舟山港海域、海岛及其依托城市为核心,以环杭州湾产业带和温台沿海产业带及其附近海域为两翼的"一核两翼三圈九区多岛"海洋经济空间格局,这标志着浙江陆海统筹经济正式步入具体实施阶段。2012年6月召开的浙江省第十三次党代会进一步提出"建设浙江海洋经济发展示范区是我国建设海洋强国的重大战略举措",作为"建设物质富裕精神富有的现代化浙江的主要任务",并提出"促进山区经济与海洋经济联动发展"的战略部署。2012年发布的《浙江省海洋事业发展"十二五"规划》中也提出,围绕浙江海洋经济发展示范区和舟山群岛新区两大国家战略实施,统筹推进海洋经济发展。由此,浙江全面开启了全域陆海统筹经济发展新阶段。

此后,浙江省委、省政府利用自身海洋资源优势,发挥先行先试的作用,全面推进浙江舟山群岛新区、浙江自贸试验区等一大批国家涉海战略落地,将海洋资源优势转化为推动国家涉海战略浙江试点的制度成效。浙江省第十四次党代会报告提出,"深入推进浙江海洋经济发展示范区和舟山群岛新区建设",加速推进海岸带区域经济发展,形成了以海带陆、陆海互动的全域陆海统筹发展格局。2016年4月,浙江省政府常务会议审议通过了《浙江省海洋港口发展"十三五"规划》,这是浙江第一次将海洋经济和港口建设发展统筹考虑的规划,强调兼顾海洋经济与港口经济两个方面的内容,把主要内容放在港口建设与发展上,并以此来推动海洋经济的提升发展。2017年3月,国务院批复同意《中国(浙江)自由贸易试验区总体方案》,全域在舟山市,这也是全国唯一由陆域和海洋锚地组成的自贸试验区。2020年,为全方位发挥沿海地区对腹地的辐射带动作用,更好地服务陆海内外联动、东西双向互济的对外开放总体布局,浙江又成为全国首个明确扩展区域的自贸试验区,新设立宁波、杭州和金义片区,形成了"一区四片"的发展格局。浙江自贸试验区以"建设成为东部地区重要海上开放门户示范区、国际大宗商品贸易自由化先导区、具有国际影响力的资源配置基地"为战略定位,通过更高水平的开放,放大自贸试验区辐射带动作用,深化"一带一路"合作交流,成为"双循环"发展的重要引擎。

海洋经济迅速增长的同时,浙江出台了《浙江海洋资源保护与利用"十三五"规划》与《浙江省海洋生态环境保护"十三五"规划》,指出海洋的发展不是以破坏环境为代价,而是坚持生态保护优先,绿色发展。在海洋资源日趋紧张的条件下,要转变发展方式,提高海洋资源开发利用水平,打造"标准海",倡导集约发展。

这一阶段,浙江强化了陆海统筹的发展理念和行动步伐,以浙江海洋经济发展示范区建设为核心,以港口带动环杭州湾和温台海岸带两翼发展,突出发挥先行先试作用,进一步释放海洋资源优势,加快实施系列涉海国家战略,确立了陆海间资源互补、产业互动、布局互联的发展格局,从而推动浙江由海洋经济强省向海洋强省战略跃升。

三、2021年至今:浙江省域海洋经济阶段

为更深入利用海洋资源,实现最大限度的海陆联动发展,浙江省委、省政府进一步提出,强化全省域海洋意识、沿海意识、开放意识,坚持走人海和谐、合作共赢的海洋经济高质量发展之路。2021年5月出台的《浙江省海洋经济发展"十四五"规划》系统提出"全省域海洋经济"的发展概念,勾画了"全省全域陆海统筹发展"的新蓝图,为新时代海洋强省建设提供了创新性方案。2021年9月召开的海洋强省建设推进会进一步落实了"全省域海洋经济"的行动计划,提出建设"依海富民、向海图强、人海和谐、开放共赢"的新时代海洋强省的发展理念。2022年6月召开的浙江省第十五次党代会报告提出,"加快海洋强省建设","要努力建设国家经略海洋实践先行区","加快建设世界级大湾区",把杭州湾作为着力塑造引领未来的新增长极之首,提出构建"一湾引领、四极辐射、山海互济、全域美丽"空间格局。2022年9月,浙江省委、省政府召开的海洋强省建设推进会进一步强调,全省域、全方位、系统性推动浙江海洋经济发展,实施了海洋强省建设"八大行动"。2023年2月,浙江省海洋强省建设工作组印发《浙江海洋强省建设"833"行动方案》,招引落地海上风电零碳总部基地等一批重大项目,围绕打造世界级海洋产业集群,加快显现海洋产业新优势。2024年3月,浙江省委、省政府召开海洋强省建设推进会强调,坚定不移走依海富省、以海强省、人海和谐、开放共赢发展道路,以宁波舟山海洋经济核心区为引领,加快建设海洋经济发达、海洋科技先进、海洋生态健康、海洋治理有效、海洋文化繁荣的海洋强省,指出要以创新创造、勇闯新路的奋进姿态,一往无前打造海洋新质生产力,加快推动海洋经济高质量发展,培育未来发展新动能,构筑未来发展新引擎。

从浙江省域海洋意识到浙江省域海洋经济格局的形成,浙江正在将陆海统筹推进海洋经济发展模式转化为具体的战略行动,大湾区大花园大通道大都市区建

设是浙江创新性推动全省域海洋经济的关键举措。浙江大湾区建设突出环杭州湾经济区,联动发展甬台温临港产业带和义甬舟开放大通道,成为打通陆域货物出口难和海域港口好的"最优解"。建设大花园将浙江资源优势转化为经济优势,构建了全省域生态廊道,构筑了山海资源联动发展的新格局。大通道是浙江加快推进海港、陆港、空港、信息港四港联动发展,构建海陆空多元综合交通运输网络的关键举措。其中,义甬舟开放大通道建设是宁波舟山港与内陆经济紧密联系的桥梁,充分利用了浙江江、海、河、铁路、公路、航空六位一体的多式联运资源。大都市区建设主要依托杭州、宁波、温州、金义四大都市区,实现陆海区域城市联动发展。

这一阶段,浙江强化了沿海意识、海洋意识,强调既"立足浙江发展海洋"又"跳出浙江发展海洋",海洋经济发展方向进一步向内陆腹地延伸,实现陆海规划协同对接、基础设施互联互通、要素市场统一开放、生态环境联防联治,系统构建了"全省域、全方位、系统性"海洋经济发展体系,实现浙江经略海洋实践更加丰富、更加务实,海洋经济朝着更高质量发展、海洋生态文明朝着更高标准迈进,海洋强省朝着更高水平建设。

第二节 浙江海洋经济发展的主要成效

"要保持历史耐心和战略定力,一张蓝图绘到底,一茬接着一茬干"[1]。2003年以来,历届浙江省委、省政府始终坚定不移地沿着"八八战略"指引的路子走下去,从顶层设计到项目推进,从产业布局到创新试点,持续推动海洋经济发展,基本形成了以建设世界一流强港为引领、以构建现代海洋产业体系为驱动、以强化海洋科教和生态文明建设为支撑的全省域海洋经济发展格局,构筑了具有新时代中国特色的海洋强省建设体系。

一、海洋经济规模迅速壮大

浙江海洋经济总体规模呈快速增长态势,浙江海洋生产总值由2006年的1856.5亿元增加到2022年的10 499亿元,年均增速达到12.7%,高于同期浙江生产总值平均增速4个百分点。随着海洋经济的快速发展,其占浙江生产总值比重也呈上升趋势,从2006年的11.8%提升至2022年的13.3%,提升了1.5个百分点,高于全国平均水平4~5个百分点,海洋经济对陆域经济的辐射带动力明显增强。浙江海洋生产总

---

[1] 何聪,王汉超,尹晓宁,等.在率先实现社会主义现代化上走在前列[N].人民日报,2022-06-02.

值占全国的比重由 2006 年的 8.6% 提升至 2022 年的 11.1%，增加了 2.5 个百分点（见图 2-1）。

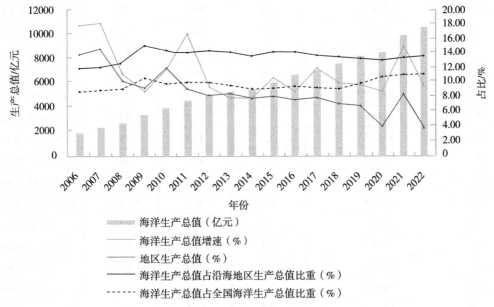

图 2-1　浙江海洋生产总值和增长率、浙江生产总值和增长率、

海洋生产总值占浙江生产总值的比重

数据来源：《中国海洋统计年鉴（2006—2017)》《中国海洋经济统计年鉴（2018—2023)》。

海洋产业结构趋优。由表 2-1 可知，2006 年浙江省海洋第一产业占比为 7.4%，到 2021 年第一产业比重仅占 5.3%。浙江省海洋第二产业整体呈现上升趋势，2006 年比重已达到 39.7%，2021 年比重为 38.0%。浙江省海洋第三产业占比呈逐年上升趋势，2006 年第三产业占比为 52.9%，至 2021 年第三产业占总产值比重达 56.7%。可见，浙江省以"三二一"为特征的海洋产业结构，符合海洋产业发展趋势。推动海洋传统产业转型升级，做大做强海洋渔业、船舶修造业、海洋旅游业等传统优势产业，推动船舶海工、海洋生物医药、港航物流、临港石化、海洋电子信息、海洋新能源新材料等新兴产业发展，不断提升其对浙江经济的贡献度。海洋优势产业逐步显现，2022 年临港石化产值达到 1.1 万亿元，海上风力发电装机总容量达到 311 万千瓦；2020 年海工装备及船舶工业产值达到 115 亿元，海洋经济企业数占全国的 9.40%。

表2-1 历年浙江海洋生产总值及三次海洋产业比重变化

年份	海洋生产总值/亿元	三次海洋产业比重/%			
		第一产业	第二产业	第三产业	三次产业之比
2006	1856.5	7.4	39.7	52.9	0.07∶0.4∶0.53
2007	2244.4	6.9	40.5	52.6	0.07∶0.41∶0.53
2008	2677.0	8.7	42.0	49.4	0.09∶0.42∶0.49
2009	3392.6	7.0	46.0	47.0	0.07∶0.46∶0.47
2010	3883.5	7.4	45.4	47.2	0.07∶0.45∶0.47
2011	4536.8	7.7	44.6	47.7	0.08∶0.45∶0.48
2012	4947.5	7.5	44.1	48.4	0.08∶0.44∶0.48
2013	5257.9	7.2	42.9	49.9	0.07∶0.43∶0.50
2014	5437.7	7.9	36.9	55.3	0.08∶0.37∶0.55
2015	6016.6	7.7	36.0	56.4	0.08∶0.36∶0.56
2016	6597.8	7.6	34.7	57.7	0.08∶0.35∶0.58
2017	7041.4	7.4	31.3	61.4	0.07∶0.31∶0.61
2018	7523.9	7.0	29.7	63.3	0.07∶0.30∶0.63
2019	8194.0	7.3	28.9	63.9	0.07∶0.29∶0.64
2020	8424.2	7.3	30.7	62.0	0.07∶0.31∶0.62
2021	9841.2	5.3	38.0	56.7	0.05∶0.38∶0.57

数据来源:《中国海洋统计年鉴(2006—2017)》《中国海洋经济统计年鉴(2018—2023)》。

从省域比较来看,浙江海洋生产总值在11个沿海省(区、市)中处于第五位,低于广东、山东、福建、上海,高于其他省(区、市)(见图2-2)。在2006—2021年16年间,浙江海洋生产总值增量处于第4位,增加值达到8105.5亿元,年均增长506.6亿元。

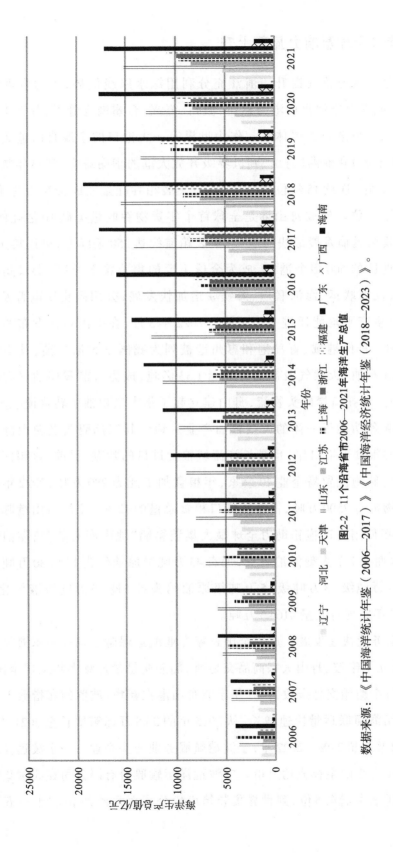

图2-2　11个沿海省市2006—2021年海洋生产总值

数据来源：《中国海洋统计年鉴（2006—2017）》《中国海洋经济统计年鉴（2018—2023）》。

二、港口全球影响力显著上升

港口运营能力持续提升。浙江充分利用深水岸线优势,大力发展港口物流业,初步形成了以宁波舟山港为枢纽,温州、嘉兴、台州港为骨干,各类中小港口为基础的浙江沿海港口发展体系。作为世界第一大港口的宁波舟山港实现了从区域性货港(宁波)和渔港(舟山)到世界级开放大港的华丽蜕变,2023年货物吞吐量完成13.24亿吨,连续15年位居全球第一;集装箱吞吐量完成3530万标准箱,稳居全球港口第三位。宁波舟山港是全球首个年货物吞吐量突破10亿吨的大港,也是世界集装箱运输发展最快的港口;集装箱航线达250条以上,可连接全球100多个国家和地区的600多个港口,成为全球主要的集装箱干线港;港口集疏运更加合理高效,江海联运、海河联运、海铁联运加快发展;公用码头岸电普及率达60%以上,港口生产平均能耗进一步下降。2022年3月,在中国石化发布的全国港口油气名单中,舟山港域、青岛港和惠州港被列为我国三大油气港,其中舟山港域2021年实现石油、天然气及制品吞吐量1.33亿吨,成为目前我国油气吞吐量第一大港。同时,依托口岸码头物流,舟山建立起了集大宗粮油中转物流、仓储加工交易等多种服务功能于一体的大型粮油产业基地。其三期码头老塘山港区是华东地区最大的粮食进境口岸,也是长江流域粮食进口的咽喉,目前,该园区集聚各类粮油加工仓储物流贸易企业40余家,年粮食加工能力280万吨,2022年实现进口粮食中转物流量2500万吨,占全国进口粮食总量的17%。宁波舟山港邮轮接驳基地在2023年使用自产拖轮助力全球最大集装箱船"地中海泰萨"轮靠泊宁波舟山港,该基地拥有7个大型停泊码头,拥有45万吨级原油码头1座,30万吨级原油码头2座,6.9万吨级、8万吨级、5万吨级原油码头各1座,5万吨级液体化工码头1座,在2022年实现吞吐量4164.5万吨。

港航服务业快速发展。成立全国首家专业航运保险公司——东海航运保险有限公司,成立了宁波、舟山大宗商品交易所,船舶交易量连续多年位居全国首位,发布了全国首个船舶交易指数,2022年宁波舟山港在新华·波罗的海指数中排名第10位。集装箱海河联运量快速增长,从2015年的36.5万标箱增长至2021年的122万标箱,年均增速超21%。2022年,宁波港航服务业龙头企业——宁波远洋运输股份有限公司在上交所主板成功上市。宁波远洋运输股份有限公司在我国集装箱班轮公司运力排名中居第5位,列世界集装箱班轮公司百强榜29位。"十三五"时期,宁波建立了全球首个防范商船和渔船碰撞的"港口国—船旗国"合作机制,并通过巴拿马、新加坡、利比里亚、马绍尔群岛、希腊、塞浦路斯等世界主要航运国家(地区)、中东欧国家主管机关发布安全通函,覆盖全球 2.3 万余艘船舶,占全球商船总吨位的 58%。国际船级社协会(IACS)11 家正式会员中,5 家会员在宁波驻点;世界前五大船旗国政府中,1 家在宁波驻点;全球第二大船旗国——利比里亚中国技术中心落户宁波,挪威船级社大中华南区检验中心也已入驻宁波。

三、海洋科技创新加快推进

海洋科技支撑不断提升。创新是海洋经济高质量发展的核心动能,科技创新平台是创新要素的集聚高地。浙江虽为海洋大省和科技强省,但是其海洋科技发展相对滞后,直接影响海洋强省建设。2003 年,浙江省海洋经济工作会议上,习近平同志指出,要深入实施"科技兴海"战略,加快人才培养和引进,大力推进海洋科技创新和进步,促进海洋开发由粗放型向集约型转变,不断提高海洋经济发展水平。2020 年浙江海洋科研经费达到 11.7 亿元,海洋研究与试验发展经费投入强度在 3% 左右,海洋科技贡献率达 70% 以上。海洋科技研发机构内部实力不断增强,从业人员数由 2011 年的 1614 人增加到 2019 年的 2494 人,科技活动人员数由 2011 年的 1336 人增加到 2019 年的 2138 人,R&D 人员数由 2011 年的 614 人增加到 2019 年的 1349 人(见表 2-2)。2021 年,浙江省海洋科研机构经费收入居全国第四位,海洋研究与开发经费占海洋生产总值比重约为 1.95%。目前浙江拥有自然资源部海洋第二研究所、浙江海洋科学院、东海实验室等涉海科研院所,拥有卫星海洋环境动力学国家重点实验室、国家海洋设施养殖工程技术研究中心等国家级海洋研发中心(重点实验室),相继成立了浙江省海上试验科技创新服务平台、国海舟山海洋科技研发基地等一大批海洋科技创新平台。

表 2-2　2011—2019 年浙江海洋科研机构基本情况

单位:人

名称	年份							
	2011	2012	2013	2014	2015	2016	2018	2019
海洋科研机构从业人员	1614	1695	1800	1914	2028	1839	2626	2494
海洋科研机构科技活动人员	1336	1407	1500	1638	1723	1560	2251	2138

续表

名称	年份							
	2011	2012	2013	2014	2015	2016	2018	2019
海洋科研机构R&D人员	614	610	642	723	818	898	1355	1349

数据来源:《中国海洋统计年鉴(2006—2017)》《中国海洋经济统计年鉴(2018—2023)》。

海洋产业与生产技术创新持续领先。浙江大力调整海洋产业结构,海洋经济保持持续、稳定、向远洋发展的新格局。通过对海洋生产技术的创新,进一步促进了"海洋强省"战略的实施。浙江是我国的海洋渔业生产大省,也是我国海洋捕捞力量强省,多年来浙江的海洋捕捞产量保持在300万吨以上,2020年达到414万吨,占我国海洋捕捞生产总量的1/4左右。为提高深海鱿鱼捕捞能力,浙江自主研发的智能鱿鱼钓在国产化上取得了较大的进展,性能指标达到国外同类产品水平,部分性能优于国外同类产品,具有低劳动强度和较高集控水平的特点,且已经在多家远洋企业的鱿钓渔船上进行了示范推广。该设备可以为远洋渔业企业节省大量成本,有利于打破国外鱿钓钓机在国内市场的垄断局面,加速鱿钓钓机及配件的国产化进程,有益于促进我国远洋鱿钓渔业的可持续发展。浙江积极研究深海渔业资源开发关键技术,远洋渔业物联网系统初具规模,资源监测和捕捞渔情预报逐步成熟,研发了深水拖网、双支架拖网、变水层拖网、围网等新型渔具。创建了高海况南极磷虾资源调查评估方法,成为国内外南极磷虾资源评估标准规范。创新了全天时南极磷虾拖网捕捞关键装备和技术,捕捞效率在同类作业方式中居国际领先水平。南极磷虾作为"国家经济战略资源",舟山本土制药、食品加工龙头企业浙江海力生集团有限公司创新性地提出了磷虾油提取以及虾粉饲料加工等方式,弥补了我国对磷虾产业利用的空白。2021年舟山国家远洋渔业基地的水产品现货在线交易服务平台——"远洋云+"交易系统结束试运行,正式投入使用。"远洋云+"是一个产业数字化平台,以现代金融为支撑,远洋水产品为核心,集线上交易、数字仓储、云上物流、数字金融等模块系统于一体的大宗农产品供应链集成服务平台,助推形成农产品"舟山价格"。

海洋教育基础不断夯实。为进一步发挥浙江的人文优势,积极推进科教兴省、人才强省,加快建设文化大省,持续加大海洋教育投入,2021年海洋科研教育投入约286.7亿元,位居全国第五。海洋高等教育机构由2006年的8所增加到2019年的24所,在校教职工数由2006年的16 562人增加到2019年的34 209人;海洋高等教育培养层次不断提升,海洋专业硕博士在校生人数由 2006 年的 210 人增加到 2019 年的 1104 人(见表 2-3)。

表 2-3　海洋专业高等院校基本情况

名称	年份							
	2006	2008	2010	2012	2014	2016	2018	2019
海洋专业硕博士在校生/人	210	303	521	522	772	1018	1133	1104
海洋专业高等院校机构数/个	8	8	19	20	23	29	24	24
海洋专业高等院校教职工数/人	16 562	16 831	23 723	25 246	29 464	34 936	33 693	34 209

数据来源:《中国海洋统计年鉴(2006—2017)》《中国海洋经济统计年鉴(2018—2023)》。

四、海洋生态环境持续改善

海域水质趋向良好。浙江是全国近岸海水水质较差的区域之一,来自陆源的氮、磷等污染物严重影响了近岸海域水质。2003 年 8 月,浙江省政府发布实施的《浙江生态省建设规划纲要》,为浙江省陆海协同保护生态环境、建设生态文明奠定了基础。浙江坚持陆海统筹、源头防控,高标准严要求推进海洋环境污染防治工作。一是以提升入海河流水质为基点。先后实施四轮"811"专项行动,深入推进"五水共治",全省城镇污水处理厂全部完成一级 A 提标改造工作,并加快向清洁排放标准提升,省级以上工业集聚片区全面建成污水集中处理设施。2021 年,浙江省控断面达到或优于Ⅲ类水质断面比例为 95.2%,较 2003 年提升 55.2 个百分点,主要入海河流全部达到功能区水质目标要求。二是以总氮和总磷浓度控制为关键。省、市两级均印发实施主要入海河流(溪闸)总氮、总磷浓度控制计划,对浙江省 55 个断面开展氮、磷浓度控制。浙江省 7 条主要入海河流和 6 个主要入海溪闸将总氮、总磷浓度控制指标纳入"美丽浙江"和"五水共治"考核体系。三是以规范入海排污口监管为抓手。先后开展多轮入海排污口规范化整治工作,清理非法和设置不合理入海排污口。全省备案在用入海排污口在线监测设施实现全覆盖,在线监测数据在浙政钉环境地图模块对外公开。四是以强化海洋环境监测执法为保障。组建浙江省海洋生态环境监测中心,扩充人员力量。2022 年 4 月,全国首艘千吨级海洋生态环境监测船"中国环监浙 601 号"正式列编。推进建设海洋环境监测信息共享平台和污染应急指挥系统,浙江省辖区内 5 万吨级以上油码头溢油监控报警系统安装率达 100%。以"海盾""碧海"专项执法行动为抓手,开展海域使用和海洋环保执法检查,严厉打击各类重大海洋环境违法行为。通过多年的大整治大保护,浙江近岸海域水质持续向好,近岸海域优良海水比例从2003年的22.6%上升到2021年的46.5%,达到有监测数据以来的最高水平,四类和劣四类海水比例从64.7%下降到41.7%。

生态环境保护成效显著。浙江不断提升海洋生态环境的质量,着力建设绿色可持续的海洋生态环境,同时积极推动海洋生态保护和修复项目,包括海岸线修复、沙滩修复、滨海湿地整治等,取得了显著成效。台州湾"蓝色海湾"整治行动项目共投入6亿元资金,共整治修复海岸线长度6.713千米,修复沙滩长度3.378千米,整治修复滨海湿地面积2.24平方千米,完成海岛生态修复面积0.837平方千米,完成岸线植被恢复面积0.291平方千米,有效改善了当地海洋生态环境。苍南的红树林修复项目也是一项改善海洋环境的重要举措。该项目共修复红树林宜林生境0.45平方千米、种植红树林350亩❶,并建设相应的生态景观提升工程,新增的红树林与原有红树林连成一片,面积已达1558.25亩,约占浙江省红树林面积的1/4。2023年6月完成了浙江省首笔红树林蓝碳交易,为探索蓝碳经济发展路径开辟了新的可能性。此外,舟山定海、台州三门2个省级蓝湾项目已通过验收,并且新一轮国家海洋生态保护和修复项目谋划申报成功,嘉兴海盐、舟山普陀、温州苍南海洋生态保护和修复项目成功入选2024年国家支持项目。海洋自然保护区是国家为保护海洋环境和海洋资源而划出界线加以特殊保护的具有代表性的自然地带,是保护海洋生物多样性,防止海洋生态环境恶化的重要措施。2005年,浙江省温州市西门岛获批我国首个国家级海洋特别保护区,该保护区致力于红树林的移植与栽培,改善了乐清湾西门岛及附近海域的自然面貌,形成了互花米草的生物防治示范区,提高了海岸带防灾减灾能力。2008年,渔山列岛国家级海洋生态特别保护区获批成立,主要保护丰富的海洋资源和独特的列岛海蚀地貌等。2011年4月,浙江象山韭山列岛海洋生态自然保护区经国务院批准成为国家级自然保护区。2019年,浙江省政府批复同意建立舟山市东部省级海洋特别保护区、温州龙湾省级海洋特别保护区。浙江南麂列岛海岸自然保护区是我国首批五个国家级海洋自然保护区之一,同时也是联合国"人与生物圈"保护区网络的重要组成部分。

海洋生态法律逐步健全。2004年1月16日,浙江发布首个海洋环境法规《浙江省海洋环境保护条例》。2017年7月,依据《浙江省海洋生态红线划定方案》提出了"三区一带多点"的基本格局,宣告浙江海洋生态红线先于陆域生态红线全面划定,

---

❶ 1亩≈666.67平方米。

牢牢守住浙江海洋的生态安全底线。2018年3月,出台《浙江省海岸线整治修复三年行动方案》启动"蓝色海湾"整治,以期实现真正"还海于民"。2021年5月,颁布实施《浙江省海洋生态环境保护"十四五"规划》。为加强海洋特别保护区(海洋公园)的保护、管理和利用,促进海洋特别保护区(海洋公园)持续健康发展,浙江省林业局印发《关于加强海洋特别保护区(海洋公园)工作的通知》。

五、海洋基础设施不断完善

港口码头建设实力大幅提升。2022年浙江省沿海新增万吨级以上泊位6个,泊位总数达到275个,居全国第三。内河港口建成500吨级及以上泊位54个。新建成港口岸电设施219套,累计建成港口岸电设施1394套,沿海五类专业化码头岸电覆盖率达90%;新建改造提升陆岛交通泊位15个。温州港苍南港区烟墩山通用码头工程将建设2000吨~20 000吨级通用泊位9个。其中,一期5个泊位将于2026年5月完工。此外,温州港在中远期还将开发建设南关岛码头(10万吨级)建设工程、北关岛码头建设工程,进一步壮大临港产业经济。梅山港区6号至10号集装箱码头工程是国内在建等级最高的集装箱码头,将助力宁波舟山港打造第二个"千万级"单体集装箱码头。浙江海港中奥能源码头改扩建工程,已于2023年3月10日通过交工验收。改扩建后的15万吨级2号液体散货泊位、联合1号泊位总设计通过能力增至每年990万吨,将进一步提升宁波舟山港成品油接卸和燃供服务能力。位于宁波舟山港衢山港区的鼠浪湖矿石中转码头2号、3号、4号、7号卸船机远控及自动化改造项目已顺利通过舟山特检院检验,至此鼠浪湖公司7台智慧化改造卸船机全部具备了常态化作业条件。作为浙江范围内拖轮容纳量最多、规模最大的港作拖轮码头——岑港港区老塘山拖轮码头已于2023年11月投入试运行。浙江海港佛渡集装箱码头有限公司在舟山注册成立并成为佛渡项目的重要主体,规划建设8个20万吨级及以下集装箱泊位,远期预留1个20万吨级集装箱泊位,设计通过能力650万标准箱,建成后将与梅山港区共同形成宁波舟山港规模最大、最具影响力的集装箱泊位群。2024年1月,金塘港区大浦口集装箱码头工程二阶段顺利通过验收,进一步提升了大宗商品储运能力,加快宁波舟山港口资源整合、推进宁波舟山港口一体化战略决策。此外,数字赋能港口建设成效显著,宁波舟山港"港口大脑"大大提高了港口运营效率;建设航运交易电子商务综合服务平台,年业务处理量达到了近2000万次。截至2022年年底,浙江省管辖航道总里程1102.15千米,其中内河航道72条,共计932.05千米,沿海航道7条,共计16.6千米。宁波舟山港集装箱航线实现新突破,航线总数稳定在300多条,其中"一带一路"航线达到120条。开辟海丰—俄罗斯航线、东南亚航线和韩国航线,开通乐清湾—天津等内贸航线、泰国等外贸航线和钦州、温州等内贸线路。开通了龙游、德清、长兴、衢州、诸暨等地至宁波舟山港、嘉兴港的海河联运航线,形成了海河联运的点域连接网。连接嘉兴港和宁波舟山港最便捷的海上通道——鱼腥脑航道通航后,打通了杭州湾海上"断头路"。另外,宁波舟山港六横千万级集装箱泊位群建设实质启动,条帚门30万吨级深水航道工程可行性研究报告完成批复,温州核心港区、台州头门港区进港航道也基本建成。

重大涉海铁路建设逐步完善。金甬铁路于2017年2月在宁波奉化开工,2023年12月31日,金甬铁路开通运营。金甬铁路全长约188.3千米,是贯彻实施长三角一体化发展国家战略和"一带一路"建设的重要节点工程,也是国内首个双层高箱集装箱运输试点线路、宁波舟山港便捷的战略疏港通道。2017年年底,甬舟铁路前期工作启动,2020年12月22日铁路先行工程在舟山市开工,2022年11月2日全线开工,2024年5月16日海底隧道开始掘进。甬舟铁路建成后,将填补舟山市不通铁路的空白,对于完善铁路网布局,推动沿线旅游业发展,实现宁波舟山一体化、同城化发展,加快舟山及宁波融入"一带一路"和长江经济带等具有重要意义。2019年通苏嘉甬铁路项目正式启动,2022年11月30日,通苏嘉甬高铁浙江段、江苏段正式开工。通苏嘉甬铁路是浙江大湾区、大通道建设的标志性工程,也是宁波打通北向高铁通道、深度融入长三角一体化发展的重要载体。沪舟跨海通道在浙江提出的"十大千亿工程"之内,并且已纳入国家公路网规划。

重大涉海公路建设支撑能力不断提升。钱塘江上,共有11座大桥,功能相近,造型各异。分别是钱塘江大桥、彭埠大桥、西兴大桥、复兴大桥、袁浦大桥、下沙大桥、之江大桥、九堡大桥、江东大桥、嘉绍大桥和杭州湾跨海大桥,这11座大桥已成为浙江城市的特征和符号。建成了连接嘉兴市和宁波市的大桥——杭州湾跨海大桥,杭州湾跨海大桥于2003年6月8日奠基建设,于2008年5月1日通车运营。舟山跨海大桥作为甬舟高速公路的主要组成部分,经舟山群岛中的里钓岛、富翅岛、册子岛、金塘岛至宁波镇海区,与宁波绕城高速公路和杭州湾大桥相连接。其拥有多个跨海工程,包括岑港大桥、响礁门大桥、桃夭门大桥、西堠门大桥以及金塘大桥,舟山跨海大桥使得舟山从浙江陆路交通的末梢变为区域枢纽,打破了舟山对外交通的瓶颈制约,为海岛经济社会快速发展提供了坚实可靠的交通保障。嘉绍大桥是浙江境内连接嘉兴市海宁市与绍兴市上虞区的过江通道,于2013年7月19日零时通车运营。嘉绍大桥安全运行已经11年,它不仅缩短了两岸的时空距离,也大大减轻了杭甬、沪杭甬、杭州湾跨海大桥等高速公路的车流压力。连接椒江区南岸与北岸的跨海通道——椒江二桥,连接鄞州区云龙镇和小蔚庄桥位的过江通道——象山港大桥以及连接舟山岛和朱家尖岛跨海桥梁——朱家尖海峡大桥等大跨度的涉海桥梁已投入使用。大榭大桥、洞头大桥、梅山大桥、金青大桥、新城大桥、鲁家峙大桥等连接各岛屿的小桥梁也已通车运行。舟山六横大桥、甬舟跨海大桥复线、环杭州湾公路、沪甬跨海大通道、杭徽高速余杭互通接线改建工程等一大批项目已批复或正在建设,全面推进义甬舟开放大通道规划建设。

六、海洋治理现代化水平不断提升

2003年以来,浙江发挥系列涉海国家战略的先行先试作用,创新海洋领域供给侧结构性改革,创新推进海洋、海域、海岛、海岸综合治理,大大提升了海洋治理现代化水平[1]。在海洋综合管理上,实施《浙江省海洋功能区划》,完善所辖海域开发空间功能布局,实现规划用海、集约用海、生态用海、科技用海、依法用海。加强海洋生态环境保护,出台了《浙江省海洋环境保护条例》,明确了省市县以及涉海管理部门的职权。为全面提高浙江海洋综合管理能力,加快海洋生态建设,发布了《关于进一步加强海洋综合管理推进海洋生态文明建设的意见》。

海域使用管理逐步健全。早至1998年浙江便出台了《浙江省海域使用管理条例》,对加强海域管理,规范海洋开发,发挥了重要作用;2006年对其进行完善补充更改为《浙江省海域使用管理办法》;至2012年颁布了最新的《浙江省海域使用管理条例》,率先通过立法明确以招拍挂取得经营性用海的海域使用权,实行海域使用权属地管理及"海域使用权直通车"制度等创新管理。此外,对海域使用权换发土地使用权证制度进行了进一步细化,并进一步强化了海洋功能区划制度等。2022年浙江印发《关于推进海域使用立体分层设权的通知》,探索海域管理从"平面"向"立体"的转变,拓展海域开发利用的深度和广度。为解决海域使用权立体分层设权中存在的宗海界定困难、宗海图编绘缺乏标准等问题,又制定出台《浙江省海域使用权立体分层设权宗海界定技术规范(试行)》,从明确海域空间分层界线、各类用海类型宗海界定方法、宗海图编绘技术要求三个方面,进一步推进海域立体分层设权政策落地,提升海域精细化管理水平。2022年,浙江又出台了《关于规范光伏项目用海管理的意见》,以进一步提高海域资源利用效能,规范海上光伏发电产业

---

[1] 郭占恒.发挥山海资源优势　打造新的经济增长点[N].浙江日报,2018-06-15.

健康有序发展。

岛屿使用管理不断创新。2011年浙江首先发布实施《浙江省重要海岛开发利用与保护规划》,对浙江省海岛实行分类分区管理。2007年7月,《浙江省人民政府关于进一步加强无居民海岛管理工作的通知》(浙政函〔2007〕106号)出台,把无居民海岛的"规划和保护"提到了重要位置;为进一步强化管理,2013年发布了《浙江省无居民海岛开发利用管理办法》以及《浙江省无居民海岛管理实施细则》,探索建立了无居民海岛价值评估、使用权出让竞价等市场化机制。对于岛屿的违规使用,2022年浙江省自然资源厅联合浙江省农业农村厅出台《关于开展违法用海用岛"双清零"攻坚行动的通知》,实现违法用海用岛移交—查处—整改—销号的工作闭环,逐步形成"动态清零"长效机制。为保护岛屿的生态,2018年浙江省人民政府批准实施了《浙江省海岛保护规划(2017—2022年)》,对浙江省的海岛实行分类分区管理。

岸线管理不断提升优化。为严格保护自然岸线,浙江首创提出自然岸线利用"占补平衡"政策,大大提升了海岸线保护与节约集约利用力度。同时为解决海岛海岸线在开发管理利用方面存在的问题,2018年浙江省海洋与渔业局出台《关于加强海岸线保护与利用管理的意见》,提出"全省海岛自然岸线保有率不低于78%",实现自然岸线保有率控制目标,保障可持续发展。为谋划浙江省海岸带区域保护与利用的空间格局,2019年浙江省自然资源厅开展了《浙江省海岸带综合保护与利用规划(2021—2035年)》的编制工作。为了全面加强海洋生态红线管控,坚守自然岸线保有目标,优化海岸线功能、提升海岸线价值,推进受损海岸线修复,保障海岸线资源可持续利用,2018年,浙江省海洋与渔业局发布了《浙江省海岸线整治修复三年行动方案》。

第三节　浙江海洋经济发展的基本经验

浙江海洋经济发展的演进路程和成功实践,深刻揭示了新时代海洋强省建设必须坚持陆海统筹,将海洋资源优势转化为陆海联动发展效能,走出一条依海富民、向海图强、人海和谐、合作共赢的海洋经济发展新路子。

一、强化战略指引,始终坚持海洋经济高质量发展

习近平同志在浙江工作期间曾经对发展海洋经济作出了一系列重要战略布

局。他强调,"进一步发挥浙江的山海资源优势,大力发展海洋经济,努力使海洋经济成为浙江经济新的增长点"❶。2003年8月,浙江省委、省政府作出了建设海洋经济强省的战略部署,强力推进港口一体化建设、山海协作工程、海洋产业发展、海洋生态文明建设。

此后,历届省委、省政府充分利用好习近平同志留给浙江人民的这份"战略资产",持续推进海洋经济发展。2007年6月,省第十二次党代会上明确提出"大力发展海洋经济"。2012年3月,习近平同志在全国两会浙江代表团讨论时指出,"建设浙江舟山群岛新区势在必行""以海洋经济发展示范区和舟山群岛新区建设为契机,推动海洋产业突破性发展""要从战略高度大力发展海洋经济,加快浙江海洋经济发展示范区和舟山群岛新区建设"。2012年6月,省第十三次党代会上进一步提出"建设浙江海洋经济发展示范区是我国建设海洋强国的重大战略举措"。2017年6月,省第十四次党代会上首次提出建设海洋强省的战略目标,强调"积极实施'5211'海洋强省行动"。2022年6月,省第十五次党代会上进一步深化海洋强省建设,提出"加快海洋强省建设""要努力建设国家经略海洋实践先行区"。2024年1月,浙江站在加快建设海洋强省的战略高度,新组建浙江省海洋经济发展厅,负责统筹协调涉海涉港工作,统筹推进海洋经济发展,加快推进浙江海洋产业发展和海洋科技创新,统筹推进海洋港口发展、建设、管理,统筹协调宁波舟山港一体化发展,推进陆海联动、统筹发展。由此可见,2007年以来,浙江历届省委、省政府认真贯彻落实习近平总书记关于海洋工作的重要论述,高水平推进海洋经济高质量发展,高标准推进山海协作工程,在全国海洋强省建设中彰显了"浙江担当"。

二、发挥特色优势,打造陆海统筹发展新格局

发展海洋经济是"八八战略"的重要内容之一,是时任浙江省委书记习近平同志充分认识浙江海洋资源优势而作出的重大战略举措。此后,浙江历届省委、省政府始终将海洋资源优势与服务国家涉海战略有机结合,不断强化海洋优势,实现海洋经济与陆域经济统筹发展,走出了浙江特色的陆海联动发展新路子。

一是发挥港口优势,实现港口经济与陆域经济联动发展。也就是充分发挥浙江港口优势,将港口资源与陆域经济发展有机联动,实现港口经济带动陆域经济发展。加快港口发展特别是深水港开发无疑是其中牵涉全局的重大战略问题,也是一个紧迫的现实问题。因为加快港口开发建设,对优化浙江省要素配置和生产力

---

❶ 中央党校采访实录编辑室.习近平在浙江(下)[M].北京:中共中央党校出版社,2021.

布局,推进建设海洋经济强省和先进制造业基地,对加快浙江省接轨上海、融入长三角经济一体化,对进一步巩固和提升浙江省在长三角、在全国的地位和作用,更有力地参与区域经济整合和国际经济竞争,都有着重大的战略意义。20多年来,浙江充分利用港口物流优势,持续放大"海"的优势,不断加快开发大港口、建设大通道、发展大物流,形成以宁波舟山深水港为枢纽,温州、嘉兴、台州港为骨干,各类中小港口为基础的沿海港口体系、现代物流系统和与港口物流密切相关的产业体系。近年来,浙江不断盘活各类海陆港资源,以深化改革扩大开放拓展新通道,稳步推进制度型开放,不断创新利用外资、做大外贸的方法和路径,将参与和服务长江经济带发展与融入长三角一体化发展有机结合起来,持续推动长江经济带高质量发展。同时,全面参与长三角一体化发展、长江经济带等国家战略,构筑了"陆海内外联动、东西双向互济"的开放格局。

二是发挥岛屿优势,构建"一岛一功能"海岛特色发展体系。也就是充分利用浙江海岸线长、海岛众多的资源优势,大力发展港口经济和岛屿经济,推动海域海岛联动发展,打造现代化港口物流服务体系,构建"一岛一功能"海岛特色发展体系。近年来,浙江坚持分类开发、分类推进,重点打造石化新材料基地、LNG储运加工基地、临港先进制造业基地等重点项目,持续走深走实"能源+制造"耦合发展路径。坚持"谋"字在前、"干"字当头,加紧谋划推进,做好破题攻坚,努力实现"一岛一功能、多岛强功能"。持续强化要素保障,大力推进海岛基础设施建设,助力海岛重大工程项目加速推进。深入做好海岛开发、利用、保护三篇文章,在谋产业、建项目的同时,同步做好海岛生态环境优化提升保护工作,助力海岛产业布局进一步优化。

三是发挥政策优势,构筑开放经济新高地。也就是充分发挥浙江开放型经济和"地瓜经济"的政策优势,进一步强化都市区的引擎作用、大湾区的主力作用、大平台的支撑作用,以制度型开放引领海洋经济对外对内开放,打造高能级海洋开放强省。浙江以国际高标准、高水平为标杆,持续推动海洋贸易和海洋经济投资自由化便利化,推进统一海洋经济市场建设。同时,充分发挥浙江舟山群岛新区等平台的先行先试作用,坚持高起点谋划、高标准建设。浙江自由贸易试验区作为国家深化改革、扩大开放的重要载体,正持续强化制度创新功能,深入实施自由贸易试验区提升战略,不断扩大制度型开放的范围,加快促进贸易投资自由化便利化,全力打造开放层次更高、营商环境更优、辐射作用更强的开放新高地。

三、强化协调治理，构建海陆联动发展体系

陆海统筹的核心在于处理好海与陆的发展关系，优化空间布局，协调解决发展矛盾。2003年8月8日，时任浙江省委书记习近平同志在浙江省海洋经济工作会议上强调："加强陆域与海域经济的联动发展，实现陆海之间的资源互补、产业互动、布局互联，是海洋经济发展的必然规律。"❶这一论述深刻揭示了陆海统筹发展海洋经济的深刻内涵，着重强调了做好陆海产业、资源和空间布局的联动。浙江历届省委坚持海陆统筹布局，深刻把握海洋经济发展规律，推进海陆经济联动发展。

一是联动发展海陆产业，推动海洋经济发展。浙江强化海陆产业分工与合作，因地制宜地向杭州湾和温台甬海岸带布局适宜临海发展的产业，积极将海洋产业链向内陆腹地延伸，构筑全省域海洋经济发展格局。在这一过程中，浙江利用其独特的地理优势，将沿海的海洋资源丰富区域与内陆的技术及制造基地紧密结合。通过优化产业布局，浙江不仅提升了海洋产业的发展水平，如海洋工程、渔业和海洋生物技术等，同时也推动了内陆地区的电子信息、高端制造等产业的发展。此外，省内通过建立多种合作平台和创新园区，促进了技术和信息的流通，加强了产业链的整合。同时，为了推动海洋与陆地产业的联动发展，浙江探索了政府和企业创新合作新模式，促进海洋产业资源的优化配置和技术创新。

二是联动建设海陆基础设施，构建开放型经济新格局。浙江以义甬舟大通道为主动脉，统筹建设港口、航道、铁路、公路、航空基础设施，加快沿海内河无水港联动发展，推进涉海基础设施一体化发展。这一系列综合措施不仅强化了浙江省内的交通和物流网络，还有效地整合了浙江沿海与内陆区域的经济活动。浙江通过加强港口设施建设和现代化改造，提升了海陆物流的效率和能力，从而确保了货物从海到陆的顺畅转运。同时，浙江注重信息化基础设施的发展，通过建立高速数据网络和智能交通系统，加强了信息的即时传递和处理能力。此外，浙江还通过建设一系列跨区域的交通枢纽，如高速公路、铁路和城际交通网络，实现内陆与沿海地区的紧密连接。这些基础设施的一体化建设不仅提升了区域内部的连接性，还促进了区域经济的互补与整合。这种以港口为核心、辐射内陆的基础设施网络，不仅有效促进了产业转型升级，推动了经济可持续健康发展，也提升了区域经济的整体竞争力，为浙江的长远发展奠定了坚实的基础。

---

❶ 习近平.发挥海洋资源优势 建设海洋经济强省——在全省海洋经济工作会议上的讲话[J].浙江经济，2003（16）：6-10.

三是联动治理海陆环境,实现人海和谐共生。浙江强化以海治陆,加大陆域污染物源头治理,精准推动入海排污口整治,开展重点海域数字化综合治理,实现陆源防治与海域治理双向驱动。这一策略主要以陆源污染防治和海域治理的双向驱动为核心,旨在打造一个更为完善的环境治理体系。首先,对陆地上的污染源进行严格控制和治理,包括工业排放、农业面源污染以及城市生活污水排放,减少污染物向海域的流入。浙江还利用高科技手段,如数字化监控和数据分析,对重点海域进行精细化管理,不仅是追踪污染物的流向,还包括对生态恢复措施的效果评估和调整。这种由内而外的综合治理模式,提升了海洋环境质量,增强了海洋生态系统的恢复能力和自净能力,实现了陆地和海洋环境的和谐共生。

四、突出先行先试,释放陆海经济发展活力

浙江深入实践经略海洋,利用承担国家级新区、自贸试验区、舟山江海联运服务中心等系列涉海国家级战略赋予的先行先试使命,深化改革探索,着力破解海洋经济发展过程中的体制机制问题,充分释放陆海经济发展的潜在活力。

一是在海洋开发开放上,创新海洋经济发展新模式。浙江积极承担国内首个海洋经济发展示范区试点使命,建立了首个以海洋经济发展为主题的国家级新区,建立舟山江海联运服务中心探索通江达海,高质量推进以油气全产业链为特色的自贸试验区发展,健全建设保税区、保税港区等海洋开放合作平台,鼓励民营经济参与海洋资源开发。❶浙江在海洋经济领域的开发开放方面,展现出了强烈的创新意识和开放态度。这些平台不仅为国内外企业提供了便利的投资环境,还促进了海洋产业的多元化发展。通过这些举措,浙江加快了海洋产业的结构调整和升级,有效地链接了国内外市场资源,加强了国际合作与交流。这种综合性的开放策略,使浙江在全球海洋经济中占据了更为重要的地位,为中国海洋经济的整体发展贡献了重要力量。

二是在海洋综合管理上,创新海洋资源市场化新改革。浙江在海洋综合管理上采取了一系列积极创新的措施,以提升海洋资源的管理效率和经济利用价值。浙江不断探索海域和海岛的市场化改革,试图通过引入市场机制来优化资源配置,增强海域和海岛的经济活力。此外,浙江大力推进海洋数字应用的场景化,利用先进的信息技术如大数据、人工智能等,提升海洋管理的精细化水平。这包括探索海洋数字孪生技术的应用,通过构建虚拟的海洋环境来模拟、预测和优化实际海洋环

---

❶ 沈佳强,叶芳.海洋经济示范区的浙江样本[N].浙江日报,2017-05-24.

境的管理。为了支持这些技术和市场化改革的实施,浙江不断完善海洋法规体系,加强执法体制的建设,优化审批权限的配置,确保海洋资源管理的合法性和效率。同时,浙江还加大了财税和金融扶持力度,设立和扩大产业发展基金,以提供必要的经济支持,促进海洋产业创新和成长。通过这些举措,浙江在海洋综合管理和资源开发利用方面取得了显著成效,为建设海洋强省和推动区域经济发展提供了有力的支撑。

三是在海洋生态产业化上,创新海洋生态发展新形态。浙江在推进海洋生态产业化的过程中,将海洋产业发展与生态安全相结合,体现了深入践行海上版"两山"理论的决心。这一理念强调环境保护与经济发展的和谐共进,即视生态环境为山水林田湖草等自然资源系统的宝贵资产,力图通过科学管理和可持续利用,促进海洋生态产品的价值实现。在这个过程中,浙江不仅注重海洋生态保护,也努力开发与生态保护相友好的海洋经济活动,如可持续的海洋旅游、海洋生物制药、海洋特色食品加工等产业,使海洋资源的经济价值最大化的同时,也保障了海洋生态系统的健康与稳定。此外,浙江在海洋碳汇建设方面也取得了显著进展。大力推动了蓝碳项目的开发,这包括红树林以及其他海洋与近海生态系统的保护和恢复工作,这些生态系统能有效地吸收和储存大气中的碳,从而减少温室气体的排放。通过建立和完善蓝碳交易市场,浙江不仅增强了海洋碳汇的经济激励,还将海洋资源的生态价值转化为实实在在的经济资产,为海洋资源管理和生态文明建设提供了新的动力和路径。通过这些综合措施,浙江有效地推动了海洋资源的可持续利用与保护,实现了海洋生态与经济发展的双赢,为全面建设生态文明社会贡献了重要力量。

第三章　浙江海洋经济发展比较研究

本章选取广东、山东、福建、浙江、江苏五省,着重从海洋经济主要指标、海洋经济核心产业、海洋科技创新发展等维度进行比较分析,重在挖掘各地比较优势和成功经验,明晰各自短板和突破点,更好地把握海洋经济发展的规律和趋势,合力推动我国海洋经济高质量发展。

第一节　海洋经济主要指标比较研究

本节主要选取海洋生产总值、海洋经济占比、人均海洋生产总值等主要指标进行比较分析,着重分析广东、山东、福建、浙江、江苏等地海洋经济发展的实力、潜力和辐射带动力。

一、海洋生产总值比较分析

从全国海洋经济规模排名来看,我国海洋经济规模前五为广东、山东、福建、浙江、江苏五省,2021年五省海洋经济规模总量为6.1万亿元,占全国海洋经济规模总量的67.9%。

浙江省在全国海洋经济排名位居第四,近年形成奋起直追态势。2017年,浙江的海洋生产总值为7041.4亿元,之后海洋生产总值持续增长。2018年,浙江海洋生产总值达到了7523.9亿元,同比增长6.9%;2019年,这一数字进一步增加至8194亿元,同比增长8.9%;2020年,浙江海洋生产总值继续增长至8424.2亿元,同比增长2.8%;而在2021年,浙江海洋生产总值迅速增至9841.2亿元,同比增长16.8%,表现出了更为显著的增长趋势(见图3-1)。总体而言,浙江海洋生产总值在2017—2021年呈现出蓬勃发展的态势,从2017年的7041.4亿元增长至2021年的9841.2亿元,增长幅度逐年扩大,海洋产业的潜力和活力得到有效释放。

广东在全国海洋经济规模排名中常年位居第一,经济地位稳定。2017年广东海洋生产总值为17 725亿元。2018年产值增长至19 325.6亿元,同比增长9.0%,这一年的增长幅度较大。2019年开始,广东省海洋经济规模开始有了一定程度的下降，2019 年海洋生产总值下降至 18 588.2 亿元，同比下降 3.8%；2020 年降至 17 709.9 亿元，同比下降 4.7%；2021 年产值进一步下降至 17 114.5 亿元，同比下降 3.4%（见图 3-1）。尽管产值有所下降，但整体水平仍然较高，表明广东海洋经济的韧性和抗风险能力。总的来看，尽管遭遇了一定值的波动，广东海洋经济整体仍保持了稳定的经济地位。

山东省在全国海洋经济规模排名中常年位居第二，但增长波动较大。2017 年，山东的海洋生产总值为 14 191.1 亿元。2018 年，这一数字增长至 15 502.1 亿元，同比增长 9.2%，呈现出明显的增长态势。然而，2019 年，山东海洋生产总值出现大幅下降，降至 13 444.9 亿元，同比下降 13.3%。这种下降趋势在 2020 年仍持续，海洋生产总值进一步下降至 12 911.8 亿元，同比下降 4.0%。直至 2021 年，山东的海洋生产总值又重新回升至 15 154.4 亿元，同比增长 17.4%，表现出较为显著的增长（见图 3-1）。这组数据显示山东海洋生产总值的变化呈现出较大的波动性，对山东未来海洋产业的发展规划和政策制定具有重要参考价值。

福建省在全国海洋经济规模排名位居第三，发展后劲一般。2017 年，福建海洋生产总值为 9384 亿元，2018 年产值增长至 10 659.9 亿元，同比增长 13.6%。2019 年继续增长至 11 409.3 亿元，同比增长 7.0%。2020 年产值略有下降，降至 10 461.3 亿元，同比下降 8.3%。2021 年回升至 10 841.5 亿元，同比增长 3.6%（见图 3-1）。福建海洋生产总值在 2017—2019 年呈现较快增长，但 2020—2021 年的发展缺乏后劲，增长一般。

江苏省在全国海洋经济规模排名位居第五，发展较为稳定。2017 年，江苏海洋生产总值为 6933.4 亿元，2018 年增长至 7554.7 亿元，同比增长 9.0%。2019 年，继续增长至 7721.4 亿元，同比增长 2.2%。2020 年，产值上升至 8221.3 亿元，同比增长 6.5%。2021 年，江苏海洋生产总值达到了 8422.7 亿元，同比增长 2.4%（见图 3-1）。江苏省海洋经济在 2017—2021 年呈现出持续增长的趋势，反映出江苏海洋经济的健康发展和活力。

从对比分析来看，浙江省海洋经济规模虽然在全国排名位置上仅为第四，但整体发展稳定，江苏省在 2017—2021 年每一年均呈现出海洋经济正增长的趋势，而广东省、山东省、福建省三省均有若干年份海洋经济为负增长，增长稳定性上不及浙江省。在海洋经济规模整体增长幅度上，浙江省也是五省中规模增长最大的，2021 年较 2017 年，海洋经济整体规模增长了 2799.8 亿元，年均增速为 8.7%，位居五省第一，而江苏、福建、山东海洋经济整体规模增长分别为 1489.3 亿元、1457.5 亿元、

963.3亿元,年均增速分别为5.0%、3.7%、1.7%,广东省则下降了610.5亿元,显示出浙江海洋经济规模的增长态势极为迅猛。

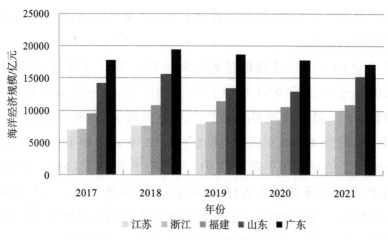

图3-1 五省海洋经济规模

数据来源:《中国海洋统计年鉴(2017)》、EPS数据平台。

二、海洋经济占比比较分析

海洋经济占GDP比重是分析地区海洋经济对GDP增长影响的重要指标。从海洋经济占比角度来看,广东、山东、福建、浙江、江苏五省的海洋经济占五省总体生产总值在13%左右,各省海洋经济占各省生产总值比重在7%~20%,体现了对海洋经济的不同依赖程度。

浙江省海洋经济占比与五省平均值相当,且变化较为稳定。2017年浙江省海洋经济占比超过13%,2018年海洋经济比例略微下滑至12.97%,但在2019年有所回升,达到13.11%,这一变化反映出海洋经济在地区经济中的稳定地位和增长潜力。2020年,受到全球经济不确定性因素的冲击,海洋经济占比再次下降至13.02%。尽管面临挑战,2021年海洋经济比例却实现了逆增长,达到13.30%(见图3-2),显示出浙江省海洋经济的复苏和增长势头。这一变化表明,浙江海洋经济在地区经济中扮演着重要角色,其稳定性和活跃性为地区经济的持续发展提供了动力和潜力。

福建省海洋经济对全省经济贡献度最高,但呈现出一定的回落趋势。2017年福建海洋经济占福建省生产总值比例为27.76%,显示了海洋经济在当年福建生产总值中的较高比例。不过,2018年这一比例略微下降至27.54%,而在2019年继续下降至 26.41%。2020 年,受外部环境影响,海洋经济占生产总值比例急剧下降至 21.09%。2021 年,这一比例略降至 20.93%(见图 3-2),但仍较之前下降幅度较大。这些数据表明,福建海洋经济占福建省生产总值比例在 2017—2021 年中波动较大,整体呈下降趋势。

山东省海洋经济对全省经济贡献度较高,但总体呈现波动下降趋势。山东海洋经济占山东省生产总值比例在 2017—2021 年中有着明显的变化。2017 年,海洋经济占山东省生产总值比例为 22.53%,表明海洋经济在当年的经济总值中占比相对较高。随后,2018 年这一比例略微增长至 23.28%,显示了山东海洋经济的持续发展和增长趋势。然而,2019 年这一数字突然降至 19.07%,到了 2020 年,受外部环境影响,这一比例进一步下降至 17.74%。2021 年这一比例略有回升,达 18.28%(见图 3-2),表明山东海洋经济开始逐步恢复。这些数据反映了山东海洋经济在 2017—2021 年中的动态变化,尽管存在波动,但整体上仍显示出海洋经济对山东经济的重要贡献,并表明海洋经济在未来仍将是该省经济发展的重要支柱之一。

广东省海洋经济占比先升后降。2017 年,广东海洋经济占广东省生产总值比例为 15.49%,随后在 2018 年略微增长至 15.52%,而在 2019 年,这一比例进一步增加至 17.21%,显示了海洋经济在当年广东经济总值中的较高比例。然而,2020 年海洋经济在广东省生产总值中的占比出现了下滑,降至 15.93%,反映出广东海洋经济的相对衰退。到了 2021 年,这一比例再次下跌,降至 13.72%(见图 3-2),较之前年份明显减少。

江苏省海洋经济对全省经济贡献度较低。2017 年,江苏海洋经济占江苏省生产总值比例仅为 8.07%,而在 2018 年略微增长至 8.11%。2019 年这一比例下降至 7.82%,接着在 2020 年回升至 8.00%。2021 年海洋经济占江苏省生产总值比例再次出现明显下降,降至 7.17%(见图 3-2)。这些数据表明,江苏海洋经济占江苏省生产总值比例整体较小,对海洋经济依赖度较低。

从比较分析来看,浙江省海洋经济占比在五省中排名第四,海洋经济占五省生产总值比例稳定维持在 13% 左右,相比山东、福建等省并未过度依赖海洋经济。从发展变化趋势来看,浙江省的海洋经济与全省的生产总值增长呈现出“同向同速”的同频共振趋势,总体展现出很好的稳定性与韧性,而福建省和山东省海洋经济增速不及全省生产总值增速,有一定落后态势,导致海洋经济占比一定幅度下降,福建省 2017—2021 年海洋经济占比从 27.76% 降至 20.93%。山东同样经历较大的下降波动,从 2017 年的 22.53% 降至 2021 年的 18.28%,海洋经济发展稳定性不及浙江省。

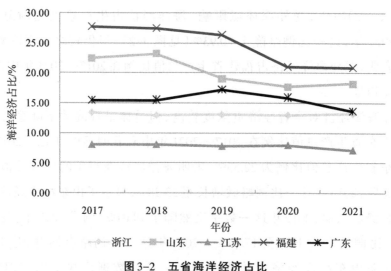

图3-2　五省海洋经济占比

数据来源:《中国海洋统计年鉴(2017)》、EPS数据平台。

三、人均海洋生产总值比较分析

人均海洋生产总值是衡量地区海洋经济发展效益的重要指标。总体来看,我国人均海洋生产总值呈现稳步上升态势,但各省份间存在相应特色和明显差异。从排名上看,人均海洋生产总值前五为福建、浙江、山东、广东、江苏。

浙江人均海洋生产总值排名全国第二,实现稳定跃升。2017—2021年,浙江的人均海洋生产总值呈现了一定的波动。2017年,人均海洋生产总值为1.24万元,随后在2018年略有增长至1.31万元。然而,2019年呈现了轻微下降,降至1.29万元,接着在2020年,虽然增长幅度不大,但人均海洋生产总值又略有上升至1.30万元。最显著的变化是在2021年,浙江的人均海洋生产总值大幅增长至1.50万元(见图3-3),显示了较明显的增长趋势。

福建人均海洋生产总值排名全国第一,始终在高位波动。福建2017—2021年的人均海洋生产总值呈现出一定的波动变化。具体而言,2017年的人均海洋生产总值为2.40万元,随后在2018年增长至2.70万元。2019年又有进一步增长,达到了2.76万元。然而,到了2020年,出现了轻微的下降,人均海洋生产总值降至2.51万元。不过,2021年又出现了反弹,增长至2.59万元(见图3-3)。

山东人均海洋生产总值排名全国第三,总体波动较大。2017—2021年,山东的人均海洋生产总值呈现了幅度不大的波动趋势,经历了先升后降又回升的过程。在2017年,山东的人均海洋生产总值为1.42万元,2018年大幅增长至1.54万元,从

2019年开始,山东的人均海洋生产总值出现了连续两年的下降趋势,降至1.34万元,2020年进一步降低至1.27万元,达到了观察期内的最低点。在2021年,山东的人均海洋生产总值出现了显著的反弹,大幅增长至1.50万元(见图3-3),几乎恢复到了2018年的水平。虽然整体呈现增长趋势,但中间经历了明显的起伏。

广东人均海洋生产总值在五省排名第四,增速逐步放缓。广东省2017—2021年的人均海洋生产总值经历了一定的波动变化。具体而言,2017年的人均海洋生产总值为1.27万元,随后在2018年增长至1.37万元,再到2019年达到了1.49万元,呈现出逐年增长的趋势。然而,到了2020年,出现了轻微的下降,人均海洋生产总值降至1.40万元,而在2021年,又出现了进一步的下降,降至1.35万元(见图3-3)。

江苏人均海洋生产总值在五省排名最后。江苏的整体海洋经济依赖度一般,在2017年的人均海洋生产总值为0.86万元,随后在2018年增至0.94万元。然而,在2019年略有下降,降至0.91万元,但在接下来的两年中逐步回升至2021年的0.99万元(见图3-3)。这表明江苏的海洋经济在过去五年间整体呈现出波动上升的趋势。尽管在2018—2019年出现了轻微下降,但在随后的两年中又有了持续增长。

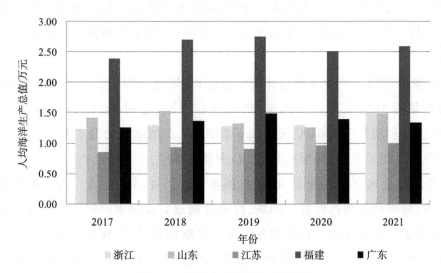

图3-3 五省人均海洋生产总值

数据来源:《中国海洋统计年鉴(2017)》、EPS数据平台。

根据比较分析,浙江2019年以前未能超越山东和广东两省,但通过持续发力,于2020年超过广东,与山东同时位列第二,然而,与福建相比仍有一定的差距。从发展趋势来看,浙江人均海洋生产总值增幅相对较小但稳定增长。其余四省人均海洋生产总值均经历了波动,以山东省2018—2020年下降最为明显,相比之下,浙江展现出更为稳健的增长态势。

第二节　海洋经济产业体系比较研究

海洋经济产业体系,不仅涉及核心产业的选择、三次产业结构的优化,还涉及产业发展平台的支撑。加快培育和构建现代海洋产业体系,对于提升海洋经济核心竞争力、推动海洋经济高质量发展至关重要。

一、海洋经济产业结构比较分析

（一）海洋第一产业发展比较分析

第一产业通常指的是农、林、牧、渔业,海洋渔业、海涂种植业等为海洋第一产业的重要组成部分。2023年我国海洋第一产业增加值为4622亿元,占海洋生产总值的4.7%。海洋第一产业虽然在整个海洋生产总值中占比较小,但它是海洋经济的基础之一,尤其在提供食品和原材料方面发挥着重要作用。随着科技的进步和政策的支持,这一领域正在实现转型升级,向绿色、智能化和深远海养殖等方向加速发展。

浙江省海洋第一产业发展总体较为稳定,但增速一般。2017年,浙江海洋第一产业的产值为517.7亿元。2018年,产值略有增加,达到530.4亿元。随后在2019年,产值进一步增长至596.6亿元。到了2020年,产值继续上升至617亿元。然而,2021年产值出现了下降,降至523.8亿元(见图3-4)。

依托现代化海洋牧场建设,山东省海洋第一产业增长显著。山东规划布局了庙岛群岛、海州湾等深远海养殖渔场,探索发展重力式深水网箱等四类深远海养殖方式,形成了一批具有山东特色的深远海养殖路径和模式,深远海养殖走在全国前列。2017年,山东海洋第一产业的产值为720亿元。2018年,产值略微增加至723亿元。2019年产值有所下降,降至684.9亿元(见图3-4)。到了2020年,产值迅速增长至828.3亿元,而2021年更进一步增至896.4亿元。这些数据展示了山东海洋第一产业产值在2017—2021年的变化情况,呈现出了整体上的增长趋势,尤其是在2020年和2021年有较为显著的增长。

福建省海洋第一产业经济优势显著。福建省在海洋经济方面也有显著表现,海水养殖产量、远洋渔业产量、水产品出口额、水产品人均占有量等指标全国第一。2017年,福建海洋第一产业的产值为598.1亿元。随后,在2018年和2019年,产值分别增至652.8亿元和670.7亿元,呈现出稳定增长的趋势。到了2020年,产值略有增加至675.9亿元。然而,到了2021年,产值迅速增长至796.6亿元,达到了五年间的最高点(见图3-4)。

广东省海洋第一产业稳步增长。广东海洋经济总量大、产业门类齐全,在海洋科技创新方面取得丰硕成果,支持海洋经济的发展,包括海洋渔业在内的多个海洋产业领域均受益于科技创新的推动。2017年,广东海洋第一产业的产值为315.2亿元。随后在2018年和2019年,产值分别增至334.4亿元和468.9亿元,呈现出稳步增长的趋势。到了2020年,产值继续增加至484.1亿元。然而,到了2021年,产值迅速增长至533.1亿元,达到了五年间的最高点。同年,广东省海洋渔业和海洋水产品加工业增加值达到598亿元,同比增长5.1%(见图3-4)。海水养殖产量达到336.2万吨,海洋捕捞产量为112.7万吨,远洋捕捞产量为6.1万吨,显示出海洋捕捞和海水养殖的稳定发展态势。

江苏省海洋第一产业相对停滞。江苏省沿海地区实施海洋捕捞总量控制制度,强化海洋渔业资源养护修复,调整水产养殖结构,但目前都处于探索阶段,使得江苏的海洋第一产业在近年相对滞后。2017年,江苏海洋第一产业产值为440.7亿元,随后在2018年略有增长至454亿元。然而,2019年产值下降至433.7亿元。到了2020年,产值出现显著增长,达到了540.1亿元的高点。然而,2021年产值急剧下降至281.6亿元(见图3-4)。

2017—2021年,浙江海洋第一产业增幅相对较小。与之相比,山东海洋第一产业产值增长更为显著,从720亿元增至896.4亿元。江苏海洋第一产业产值波动较大,2017—2019年出现下降,从440.7亿元降至433.7亿元,随后在2020年猛增至540.1亿元,但在2021年又急剧下降至281.6亿元。广东海洋第一产业产值增长更为迅速,同期从315.2亿元增至533.1亿元,平均年增长率约为14.36%。这表明浙江海洋第一产业发展相对较慢,山东在第一产业相关的海洋资源开发和海洋产业布局上更为积极和成功,受益于其更丰富的海洋资源或更完善的产业体系。广东的产值峰值也明显高于浙江,显示了其在海洋产业发展方面的领先地位。

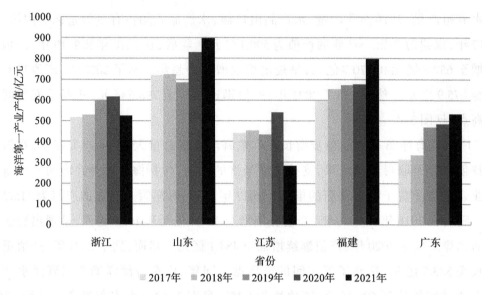

图 3-4　五省海洋第一产业产值的比较

数据来源:《中国海洋统计年鉴(2017)》《中国海洋经济统计年鉴(2018—2022)》《山东海洋经济统计公报(2020—2021)》《江苏海洋经济统计公报(2017—2021)》《广东海洋经济发展报告(2018—2021)》。

(二)海洋第二产业发展比较分析

全国海洋第二产业的发展状况呈现出积极增长和结构优化的趋势。2023 年,全国海洋第二产业增加值达 35 506 亿元,占全国海洋生产总值的 35.8%,成为国民经济增长的重要推动力。

临港制造带动浙江省海洋第二产业实现经济腾飞。浙江省在海洋第二产业方面,尤其是海工装备、海洋新能源、海洋新材料等临港海洋制造业上正不断培育壮大。浙江省通过实施临港化工延链、清洁能源聚变、船舶海工振兴等行动,推动海洋经济高质量发展。2017 年浙江海洋第二产业产值为 2203.6 亿元,2018 年略有增长至 2232.5 亿元,2019 年进一步增至 2365.5 亿元,2020 年产值达到 2584.9 亿元,而2021 年则大幅增长至 3741.3 亿元(见图 3-5),显示了该产业的活力和发展潜力。

船舶与海工装备带动山东海洋第二产业增长。2017 年山东海洋第二产业产值为 6046.8 亿元,2018 年增长至 6600.4 亿元。然而,2019 年产值出现了下降,降至4939.8 亿元,而 2020 年进一步减少至 4519.6 亿元。不过,2021 年产值有所回升,达到 6613.4 亿元(见图 3-5)。山东省在船舶与海工装备制造领域优势明显,而船舶与海工装备制造受市场波动影响较大。

　　海洋船舶工业与海洋工程建筑业是江苏省海洋第二产业的主要增长极。2017年江苏海洋第二产业产值为3163.7亿元,2018年增长至3473.4亿元。随后,2019年产值继续增长至3678.3亿元,2020年进一步增至3911亿元。然而,2021年产值略有下降,降至3500.1亿元(见图3-5)。其中,江苏省在海洋工程建筑业和海洋船舶工业方面表现突出,海洋船舶工业全年实现增加值748亿元,比上年增长5.4%;海洋工程建筑业实现增加值256亿元,增长8.5%。

　　海洋科技协同带动福建省海洋第二产业增长。福建省海洋第二产业发展态势良好,特别是在海洋工程装备、海洋船舶工业、海洋能源产业等方面表现突出。2017年福建海洋第二产业产值为3179.9亿元,2018年增长至3490.8亿元,然后在2019年略微增加至3618.7亿元,但在2020年有所下降至3379.6亿元。然而,2021年产值再次上升至3822.2亿元(见图3-5)。这些数据反映了福建海洋第二产业产值在这段时间内的波动情况,包括2020年的下降和2021年的回升。福建省的海洋科技为海洋第二产业的发展提供了良好的条件,如海洋负排放(ONCE)国际大科学计划的落地,海洋碳汇与生物地球化学过程基础科学中心的启动,以及自然资源部海岛研究中心(平潭)等117个国家级、省部级海洋科技创新平台建成,为福建海洋第二产业增长提供了强大的动力。

　　依托技术创新和产业升级,广东省海洋第二产业增长强势。广东海洋第二产业产值在全省海洋经济生产总值中占比约三成,海洋制造业增长势头强劲,成为带动广东省海洋经济增长的重要引擎。2017年广东海洋第二产业产值为6776亿元,2018年增长至7164.8亿元,2019年降低至5189.6亿元,2020年继续降低至4618.4亿元,2021年稍有上升至5019.2亿元(见图3-5)。2023年,广东省海洋工程装备制造、海洋药物和生物制品、海洋电力等海洋新兴产业发展迅猛,产业增加值达到257.7亿元,同比名义增长22.2%,占海洋产业增加值的比重提升到3.8%。此外,广东在海洋科技创新方面也取得了显著成就,海洋领域专利公开数达到16 141项,为海洋第二产业的高质量发展提供了强有力的技术支撑。

　　2017—2021年,浙江海洋第二产业产值呈现出了快速增长的趋势,尤其是在2021年增幅明显。山东海洋第二产业产值则在这段时间内呈现出波动,整体增长不大。广东海洋第二产业产值整体上呈现出波动下降的趋势。与浙江省类似,福建省海洋第二产业也呈现出逐年增长的趋势,在2021年呈现较显著的增长。

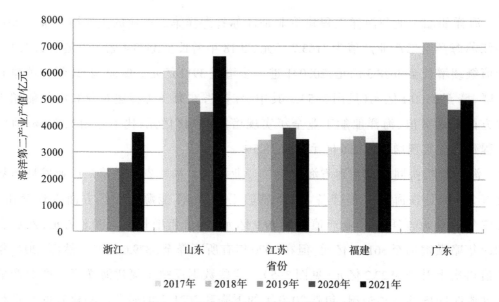

图3-5　五省海洋第二产业产值的比较

数据来源:《中国海洋统计年鉴(2017)》《中国海洋经济统计年鉴(2018—2022)》《山东海洋经济统计公报(2020—2021)》《江苏海洋经济统计公报(2017—2021)》《广东海洋经济发展报告(2018—2021)》。

(三)海洋第三产业发展比较分析

我国海洋第三产业近年来表现强劲,已成为海洋经济中的重要组成部分。2023年,海洋第三产业增加值占海洋生产总值的59.5%。特别是海洋旅游业和海洋交通运输业作为海洋第三产业的支柱产业,海洋服务业中的高端服务业,如港航物流、涉海金融、海事法律等,也展现出较好的发展潜力。

港航物流与海事服务体系为浙江海洋第三产业提供支撑。浙江省海洋第三产业在近年来得到了快速发展,在海洋服务业领域表现突出。2017年浙江海洋第三产业的产值为4320.1亿元,2018年增至4761亿元,2019年进一步增至5231.9亿元,但在2020年略微下降至5222.3亿元,最终在2021年达到了5576.1亿元(见图3-6)。这些数据显示了浙江海洋第三产业在过去五年中的总体增长趋势,呈现出一种稳步增长的态势。其中,宁波舟山港作为世界级的港口,对浙江省海洋第三产业贡献显著,提供了高效的货物运输、物流服务和供应链管理服务。

山东省聚焦构建国际物流大通道,拉动海洋第三产业发展。山东省海洋第三产业在现代海洋经济格局构建中占有重要地位。山东全力推动世界一流海洋港口建设,截至2023年年底,沿海港口20万吨级以上大型泊位数量、港口货物吞吐量、外贸货物吞吐量、集装箱海铁联运量等重要指标均居沿海地区前列。2017年山东海洋第三产业产值为7424.4亿元,2018年增至8178.7亿元,2019年略微下降至7820.2亿元,随后在2020年再次下降至7563.9亿元,最终在2021年略微回升至7644.5亿元(见图3-6)。这些数据表明,尽管山东海洋第三产业产值在2019年和2020年出现了一定程度的下降,但在整体上呈现出一种总体增长的趋势,尤其是从2017年到2018年的大幅增长。

江苏省海洋交通运输和海洋旅游业发展强势。江苏省海洋第三产业都展现出了积极的发展态势。2017年江苏海洋第三产业产值为3329亿元,随后在2018年增至3627.4亿元。然而,2019年产值略微下降至3609.4亿元。到了2020年,产值再次上升至3770.3亿元。2021年,江苏海洋第三产业产值大幅增长至4641.1亿元(见图3-6)。2023年,江苏省海洋第三产业实现增加值5280.3亿元,占海洋生产总值的比重为55.0%,显示出其在该省海洋经济中的重要地位。特别是在海洋交通运输和海洋旅游业方面,江苏省展现出较强的发展势头,海洋交通运输业增加值达到1543.8亿元,比上年增长2.6%,海洋旅游业增加值达560亿元,比上年增长16.2%。

福建省海洋第三产业整体保持稳定发展态势。2017年福建海洋第三产业产值为5606亿元,随后在2018年增至6516.3亿元。2019年产值进一步增长至7119.9亿元。但在2020年,产值略微下降至6405.8亿元。最后,在2021年,福建海洋第三产业产值保持在6222.8亿元(见图3-6),海洋第三产业产值占比在57.39%。

海洋旅游业与海洋交通运输业在广东省海洋第三产业中的支柱作用凸显。广东省海洋第三产业表现强劲,以海洋旅游业、海洋交通运输业为代表的海洋第三产业占比维持高位,占65.3%。2017年广东海洋第三产业产值为10 633.8亿元,随后在2018年增至11 826.5亿元。2019年广东海洋第三产业产值进一步增长至12 929.8亿元。但在2020年,广东海洋第三产业的产值略微下降至12 607.4亿元。2021年,广东海洋第三产业的产值继续下降至11 562.2亿元(见图3-6)。

2017—2021年,浙江海洋第三产业成为拉动海洋经济增长的重点产业,产值从4320.1亿元增至5576.1亿元,增速较快。而山东、福建海洋第三产业产值经历了一定的波动,增速显出疲态。广东海洋第三产业规模较大,2017—2021年的产值在万亿元级别,尽管产值在此期间有所波动,但总体呈现出逐年增长的趋势。江苏海洋第三产业发展迅猛,产值从3329亿元增长至4641.1亿元,与浙江省类似,呈现出快速增长的趋势。

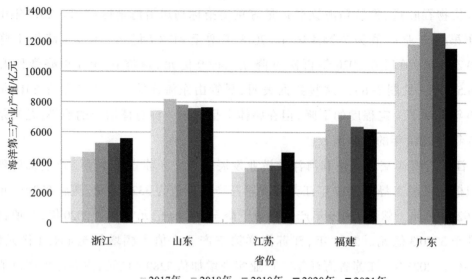

图3-6 五省海洋第三产业产值的比较

数据来源:《中国海洋统计年鉴(2017)》《中国海洋经济统计年鉴(2018—2022)》《山东海洋经济统计公报(2020—2021)》《江苏海洋经济统计公报(2017—2021)》《广东海洋经济发展报告(2018—2021)》。

二、海洋经济核心产业比较分析

浙江、山东、江苏、福建和广东是我国沿海经济发展的重要支柱,五省在海洋核心产业上各具特色(见表3-1)。

表3-1 海洋核心产业

省份	省级海洋核心产业	市	市级海洋核心产业
浙江	海洋渔业、海洋交通运输业、滨海旅游业、海洋生态渔业、海洋生态工业等	宁波	海洋绿色石化业、海洋装备制造业、海洋生物医药业、海洋新材料业等
		温州	海上风电业、海洋生物医药业等
		台州	海洋绿色石化业、海洋装备制造业、海洋生物医药业、海洋新材料业等
		舟山	港航物流业、海洋绿色石化业、海洋新材料业等

续表

省份	省级海洋核心产业	市	市级海洋核心产业
江苏	海洋渔业、海洋交通运输业、滨海旅游业、海洋生物医药业、海洋工程建筑业、海水利用业、海洋盐业、海洋矿业、海洋船舶工业、海洋化工业、海洋电力业、海洋油气业等	连云港	海洋交通运输业、海洋渔业等
		南通	海洋船舶工业、海洋工业等
		盐城	海水利用业、海洋生物医药业等
山东	海洋渔业、海洋交通运输业、滨海旅游业、海水利用业、海洋生物医药业、海洋工程建筑业、海洋电力业、船舶海工业、海洋新能源业、海洋装备业等	青岛	海洋渔业、海洋生物医药业、海洋交通运输业、海洋人工智能业、海洋新能源业等
		烟台	海洋水产加工业、海洋生物医药业、海工装备业等
		威海	海洋渔业、海产品生产及加工业等
福建	海洋渔业、海洋交通运输业、滨海旅游业、智慧海洋业、绿色石化业、临海冶金业、海洋信息业、航运物流业等	福州	海洋渔业、临港产业、海洋信息业、海工装备和海洋船舶业等
		莆田	海洋养殖业、海洋交通运输业、临港产业、滨海旅游业、海洋生物业等
		泉州	海洋渔业、海工制造业等
		厦门	海工装备业、海洋船舶业、海洋药物业、海洋生物业等
广东	海洋渔业、海洋交通运输业、滨海旅游业、海上风电业、海洋生物业、海洋电子信息业、海洋工程装备业、海洋公共服务业等	广州	船舶与海工装备业、海洋生物业、海洋电子信息业、天然气水合物业等
		深圳	海洋交通运输业、滨海旅游业、海洋能源与矿产业、海洋渔业、海洋工程装备业、海洋电子信息业、海洋生物医药业、海洋现代服务业等
		珠海	海洋旅游业、海洋船舶工业、海洋工程装备制造业、海洋交通运输业等
		汕头	海上风电业、海洋旅游业、海洋渔业等

数据来源：《中国海洋统计年鉴（2017）》《中国海洋经济统计年鉴（2018—2022）》《山东海洋经济统计公报（2020—2023）》《江苏海洋经济统计公报（2017—2023）》《广东海洋经济发展报告（2018—2023）》。

由于各地对海洋产业的命名不尽相同，因此个别海洋产业名称有差异。

浙江省海洋核心产业主要包含：油气全产业链、临港先进装备制造业、现代海洋渔业、海洋生物医药业和滨海文旅休闲业等。在油气全产业链的舞台上，浙江省以其卓越的表现吸引了全球目光，汇聚超9300家油气企业，形成紧密的产业集群，油气贸易量持续攀升，市场活力澎湃，舟山绿色石化基地作为核心引擎，其宏大的规模与先进技术，不断驱动产业链向纵深发展。中国（浙江）自由贸易试验区（以下简称"浙江自贸区"）作为国家战略的重要一环，不仅为油气产业提供了坚实的政策保障，更通过保税燃料油混兑、原油非国有贸易等创新举措，激发市场潜能，提升国际竞争力。得天独厚的地理位置，尤其是宁波舟山港的天然优势，让油气进出口更为便捷，保税燃料油加注等业务蓬勃发展。同时，完善的储油、输油设施及高效的集疏运体系，为油气全产业链的顺畅运行提供了坚实的支撑，确保浙江省在油气领域的领先地位不动摇。

在临港先进装备制造业领域，浙江省崛起了多个竞争力卓越的产业集群，企业间紧密合作，资源共享，共促区域产业升级。这一核心产业的快速发展，得益于政府强有力的政策扶持，如《浙江省海洋经济发展"十四五"规划》的明确导向，旨在构建世界级临港产业集群，增强国际竞争力。浙江省的东南沿海区位优势显著，临港区域与国际航运通道紧密相连，为原材料进口与产品出口提供了高效便捷的物流通道，降低了企业成本，提升了市场竞争力。宁波舟山港等现代化港口，以其庞大的吞吐能力和完善设施，为临港先进装备制造业的物流体系奠定了坚实的基础。此外，浙江省作为经济强省，吸引了大量科研人才涌入。依托完善的人才培养体系，为临港先进装备制造业的技术创新注入了强大动力，进一步巩固了其在该领域的领先地位。

在现代海洋渔业领域，远洋渔业已成为浙江渔业发展的璀璨明珠。自2016年起，浙江省远洋渔业总产值波动上扬，至2023年已达到492亿元（一、二、三产业总和），彰显强劲的发展势头。这一成就，首要归因于明确的政策导向。浙江省政府通过出台《关于促进远洋渔业高质量发展的若干意见》等政策文件，为现代海洋渔业绘制了清晰蓝图，涵盖装备升级、母港建设、全产业链发展等多个维度，并辅以财政补助、奖励机制等激励措施，有效激发了市场活力，引领渔业产业升级。市场需求方面，随着消费升级，民众对优质水产品的渴求日益增长，为现代渔业开辟了广阔市场空间。科技支撑亦不可或缺，浙江省在渔业科技创新上成果斐然，依托国家创新平台，加速农业科技成果转化，提升了渔业生产的科技含量与产品附加值，为远洋渔业的高质量发展注入了强大动力。

海洋生物医药业在浙江省蓬勃发展,宁波、舟山等城市已形成规模化的产业集群,科研与成果转化并进,构建了海洋高科技创新平台,推动海洋功能食品和药物研发不断突破。浙江诚意药业股份有限公司、浙江杭康药业有限公司等企业作为行业领头羊,其产品涵盖海洋中成药、保健食品及生物制品,引领市场潮流。此成就离不开政策的有力支持,《浙江省海洋经济发展“十四五”规划》明确了海洋生物医药的战略地位,助力产业集群化、高端化发展。同时,浙江的沿海优势得天独厚,丰富的海洋生物资源为产业提供了源源不断的创新源泉,而完善的交通网络则构建了高效的物流体系,确保了原材料供应、生产加工与产品分销的顺畅运行。在多方因素共同作用下,浙江省海洋生物医药业正迈向更加辉煌的未来。

在“十四五”期间,浙江省对滨海文旅休闲业倾注了巨大热情,仅2023年浙江省海洋旅游项目投资就达397.2亿元。这一庞大数额不仅反映了浙江省对滨海旅游发展的坚定信心,也预示着该领域将迎来前所未有的发展机遇。浙江省正积极推进一系列重点滨海文旅项目,如海岛公园的精心打造、滨海旅游景区的全面升级等,这些项目的实施不仅极大地提升了滨海地区的基础设施水平,还丰富了旅游产品供给,为游客提供了更多元化、更高品质的旅游体验。滨海文旅休闲业之所以能成为浙江省的核心产业之一,离不开三大关键支撑:首先是政策的有力引导和支持,为产业发展提供了坚实的制度保障;其次是得天独厚的区位优势,丰富的海洋资源和便捷的交通网络为滨海旅游的发展提供了优越条件;最后是先进技术的广泛应用,智慧旅游的建设让旅游服务更加高效、便捷,为游客带来了全新的体验。这三个方面的因素共同助力,推动了浙江省滨海文旅休闲业的蓬勃发展。

山东与浙江在海洋经济领域各有千秋,而在海洋化工与海洋装备制造业上,山东展现出了更为显著的优势。据《2022年山东海洋经济统计公报》显示,海洋化工业以1304.6亿元的增加值及6.9%的增速领跑全国,彰显强劲发展势头。这背后,三大因素功不可没:首先,政策引领。山东省政府出台《现代海洋产业行动计划(2024—2025年)》,将海洋化工业置于战略高地,不仅明确了发展方向,更提供了坚实的政策后盾。同时,沿海港口一体化与智慧绿色转型的推进,构建了高效物流体系,为海洋化工业插上了腾飞的翅膀。其次,区位资源得天独厚。山东坐拥辽阔海域与丰富资源,海盐、油气、海洋能等资源储量丰富,为海洋化工业提供了源源不断的原材料与广阔的发展空间,奠定了坚实的物质基础。最后,科技创新驱动。依托中国海洋大学等50余个国家级海洋科研平台,山东汇聚了强大的科研力量与人才资源,持续推动技术创新与产业升级,为海洋化工业注入了不竭动力,助力其迈向高质量发展之路。

2022年,山东海洋装备制造业增加值达133.3亿元,年增速为3.6%,领跑全国。其背后的核心驱动力,首先,源于政策的大力扶持。山东省政府通过出台《山东省国民经济和社会发展第十四个五年规划和2035年远景目标纲要》及《山东省现代海洋产业2022年行动计划》等,为海洋装备制造业绘制了清晰蓝图,并辅以专项资金与项目支持,激发产业活力。其次,市场需求旺盛。随着海洋经济兴起,对高端装备的需求激增,为山东海洋装备业提供了广阔舞台。最后,科技创新。科技创新是山东海洋装备业腾飞的翅膀,从"蓝鲸"系列到"海洋石油122",一系列自主研发成果不仅填补了国内空白,更在国际舞台上彰显了中国制造的实力。这些因素共同作用,使山东海洋装备制造业成为推动区域经济发展的核心引擎。

江苏海洋船舶制造业在全国独占鳌头。2024年前四个月出口额突破348.3亿元,同比增长显著。这一成就,归功于三大优势:政策扶持、区位优越、科技引领。政策方面,《江苏省"十四五"规划》为船舶业设定了明确目标,激发市场活力,引领产业升级。区位方面,江苏沿海沿江港口密布,南通、泰州等城市凭借丰富的岸线资源,成为船舶制造业的集聚地,为产业提供便捷的物流和市场通道。科技方面,江苏持续加大研发投入,突破关键技术,形成自主知识产权,推动智能制造与绿色制造融合。这些创新不仅提高了船舶制造水平,也促进了产业向高端、绿色方向发展。

江苏在海洋能源开发领域亦成绩显著。2023年风力发电量达421.4亿千瓦时,年增3.2%。这一成绩的背后,离不开政策支持、区位优势和科技扶持的共同作用。江苏省政府高度重视海洋能源开发,通过《江苏省"十四五"可再生能源发展专项规划》等文件,明确了发展目标,并提供了财政、税收、金融等多方面的支持。同时,政府还积极推动技术创新和人才引进,为海洋能源产业的持续发展注入了强劲动力。江苏拥有广阔的海域面积和丰富的海洋资源,尤其是风能资源得天独厚,为海洋风力发电提供了良好的自然条件。这一区位条件使得江苏在海洋能源开发领域具有得天独厚的优势。此外,江苏省还建立了一批科技创新平台,如沿海可再生能源技术创新中心等,为海洋能源技术的研发与应用提供了有力支撑。这些平台不仅推动了技术的不断创新和升级,还促进了产业链上下游的协同发展,为海洋能源产业的蓬勃发展奠定了坚实的基础。

福建在海洋渔业与临海冶金业上表现卓越。2023年,福建水产品总产量高达

890万吨,其中海水产品占比近九成,产量稳居全国前列,大黄鱼、鲍鱼等特色养殖更是全国领先。这一成就,离不开政策、资源与科技的三大支柱。政策导向明确,福建省政府以《福建省海洋经济促进条例》及《加快建设"海上福建"推进海洋经济高质量发展三年行动方案(2021—2023年)》为引领,将海洋渔业置于战略高度,为产业发展铺设了坚实的政策基石,明确了发展方向与路径。资源优势得天独厚,福建海域辽阔,海岸线绵长,为海洋渔业提供了广阔的舞台。丰富的渔业资源,不仅满足了市场需求,更为渔民增收致富开辟了新途径。科技支撑强劲,福建构建了多层次的涉海科技创新体系,智慧渔业蓬勃发展。通过智能化、信息化手段,渔业生产效率显著提升,水产品质量安全得到有力的保障,推动了渔业向绿色、可持续方向转型升级。

福建临海冶金业在钢铁、有色金属及特种钢领域均占据领先地位。此辉煌成就,归功于政策引导、区位优势与科技创新的三重助力。政策方面,福建省政府通过《福建省"十四五"制造业高质量发展专项规划》等规划,为冶金产业明确了发展方向与目标,提供了强有力的政策保障与战略支持。区位优势显著,福建地处东南沿海,拥有丰富的海洋资源与便捷的海运条件,为冶金原材料的进口与产品的出口降低了成本,提高了效率。同时,省内矿产资源丰富,为冶金产业提供了稳定的原料供应。科技创新方面,福建冶金企业不断引进先进技术,加强自主研发,实现了从"跟跑"到"并跑"乃至"领跑"的转变。特别是在不锈钢等领域,福建企业掌握了核心技术,提升了产品质量与竞争力。

广东海洋公共服务与海洋电子信息业领跑全国。截至2022年,海洋IPO活跃,融资成效显著,港航项目获巨资投入,航运保险平台全国领先。此成就得益于:政策强驱动,广东省委、省政府战略部署,财政扶持政策引导社会资本,加速海洋公共产业发展;区位得天独厚,海域广阔,资源丰富,南海枢纽位置拓宽市场与合作空间;科技赋能,海洋科技创新平台汇聚资源,产学研合作攻克关键技术,推动产业转型升级。广东凭借政策、区位、科技三重优势,海洋公共服务业蓬勃发展,成为核心产业的重要支柱。

海洋电子信息业方面,2022年,"海蜇号"海试成功,深海探测技术领先国际,环保浮台、5G通信网、海洋数据中心等相继落成,深圳海洋电子信息研究院成立,加速了电子信息技术与海洋科技的融合。该产业发展的核心驱动因素在于:首先,政策引领。《广东省培育发展未来电子信息产业集群行动计划》明确发展蓝图,力推新一代网络通信等前沿技术。其次,区位优越。深圳、珠海等经济特区和自贸区作为对外开放窗口,助力产业国际化;最后,科技驱动。依托中海达、深圳海洋电子信息研究院等企业和机构的强大科创能力,不断突破核心技术,引领产业快速发展。

总体而言,浙江、山东、江苏、福建和广东五省在海洋核心产业领域各有所长。浙江以油气全产业链、临港先进装备制造业、现代海洋渔业、海洋生物医药和滨海文旅休闲业为主;山东在海洋化工、海洋装备制造方面具有强大优势;江苏在海洋船舶制造、海洋能源方面表现突出;福建在海洋渔业、临海冶金业方面表现出色;广东综合实力强,特别是在海洋公共服务业、海洋电子信息业方面表现优异。这些省份的海洋核心产业发展共同推动了我国海洋经济的繁荣。

三、海洋产业发展平台比较分析

产业园区作为产业集聚的核心载体,是推动产业质量变革、效率变革和动力变革的重要依托。基于此,本部分从海洋产业园区层面,对各地海洋产业发展平台进行比较分析。

浙江、江苏、山东、福建和广东的海洋产业园区在推动区域经济和海洋经济发展方面发挥了重要作用(见表3-2)。

表3-2 海洋产业发展平台

省份	海洋经济示范区(产业园区)
浙江	宁波海洋经济发展示范区
	舟山高新技术产业园区
	温州海洋经济发展示范区
江苏	连云港海洋经济开发区
	南通海洋经济示范区
	盐城海洋经济发展示范区
山东	烟台海洋高新技术产业开发区
	威海海洋经济发展示范区
	日照海洋经济发展示范区
福建	厦门海洋高新技术产业园
	福州海洋经济发展示范区
广东	深圳前海深港现代服务业合作区
	广州南沙经济技术开发区

续表

省份	海洋经济示范区(产业园区)
广东	湛江海洋经济发展示范区

数据来源:《中国海洋统计年鉴(2017)》《中国海洋经济统计年鉴(2018—2023)》《山东海洋经济统计公报(2020—2023)》《江苏海洋经济统计公报(2017—2023)》《广东海洋经济发展报告(2018—2023)》。

　　浙江的宁波海洋经济发展示范区、舟山高新技术产业园区等深度诠释了海洋资源与现代产业融合发展的成功路径。宁波海洋经济发展示范区凭借紧邻宁波舟山港的天然区位优势,不仅构筑了海洋装备制造与生物医药领域的坚实基石,还开辟了海洋旅游的新蓝海,形成了集研发、生产、服务于一体的综合型海洋产业集群。通过优化营商环境,吸引众多海洋相关企业纷至沓来,不仅为区域经济注入了新鲜血液与强劲动力,更在技术创新与产业升级上树立了典范。舟山高新技术产业园区聚焦石化新材料、清洁能源、先进制造等产业,构建千亿级产业集群。其中,石化新材料领域,依托绿色石化基地,重点发展电子信息与轻量化材料,吸引重大项目,形成产业链闭环。清洁能源领域,依托LNG、太阳能电池等项目,打造低碳清洁能源基地。先进制造领域,依托宏发集团等龙头企业,构建高精特新集群。目前,该园区包含有舟山港综合保税区与航空产业园两大平台。前者聚焦大宗商品贸易,集保税仓储、加工、跨境电商等功能,构建万亿级平台;后者依托波音完工和交付中心项目,吸引高端制造与现代服务业,打造完整产业链航空产业园。这一系列举措不仅促进了海洋经济总量的快速增长,更在质量上实现了质的飞跃,为我国海洋产业的高质量发展探索出了宝贵经验。

　　江苏的南通海洋经济示范区、连云港海洋经济开发区等正以前所未有的速度和深度推动着海洋产业的转型升级与高质量发展。南通海洋经济示范区凭借其得天独厚的地理位置——南通港,为海洋产业的发展奠定了坚实的基础。该示范区聚焦于构建现代海洋产业体系,特别是在船舶制造领域,通过不断的技术革新与产业升级,实现了从传统造船向高端智能制造的跨越。南通海洋经济示范区内的船舶制造企业积极引进国际先进技术,加强自主研发能力,生产出了一系列具有国际竞争力的船舶产品,不仅满足了国内外市场的需求,更在全球船舶制造业中树立了"中国制造"的新标杆。与此同时,南通海洋经济示范区还致力于海洋新能源产业的协同发展,通过打造产业集群效应,推动产业链上下游企业的紧密合作,共同探索海洋资源的高效利用与可持续发展路径。南通海洋经济示范区积极开发风能、潮汐能等清洁能源，为区域乃至国家的能源结构优化和绿色发展贡献力量，而连云港海洋经济开发区，则依托其作为"一带一路"倡议重要节点的战略地位，充分发挥其在海洋化工、海洋物流与海洋渔业等方面的独特优势。通过加强基础设施建设，提升港口吞吐能力和物流效率，连云港海洋经济开发区成功吸引了国内外众多企业的投资与布局，形成了多元化、开放型的海洋经济格局。在海洋化工领域，该开发区利用丰富的海洋资源，发展高端化学品、新材料等产业，推动了产业结构的优化升级；在海洋物流领域，依托便捷的交通网络和高效的物流服务体系，该开发区成为连接东西方的重要物流枢纽；海洋渔业领域，则注重资源保护与可持续利用，推动渔业产业升级，提高了渔民的收入和生活水平。

山东的烟台海洋高新技术产业开发区、日照海洋经济发展示范区、威海海洋经济发展示范区等半岛蓝色经济区内的涉海经济园区，在统筹好沿海、远海、深海三个层次的基础上，向科技要效益，以创新谋发展。各园区引导企业与多所涉海高校、院所建立了产学研合作关系，组建了国家级海参产业技术创新战略联盟、山东船舶产业技术创新战略联盟等创新组织，实现产业链协同创新和公共平台、产业孵化集聚等。同时，基于海港、空港、铁路港、公路港"四港联动"，积极提升各港口航运枢纽功能，不断完善港口集疏运体系，逐渐增强港口辐射带动作用，扩大与日韩、中亚、欧洲等市场的连接。此外，还注重加快发展海上智能制造、游艇帆船等产业，建设了众多生物医药产业项目，加快建设海洋牧场、海上粮仓，创建了国内首座大型全潜式深海渔业养殖装备"深蓝1号"，并构建了多品种的生态养殖模式，积极培育海洋新兴产业。

福建的厦门海洋高新技术产业园与福州海洋经济发展示范区，作为福建省海洋经济发展的重要引擎，均充分利用了省内及国内外科研院校的优势资源，分别在海洋科技和海洋生物医药、海洋装备制造与新能源等领域取得了令人瞩目的成就。厦门海洋高新技术产业园凭借其独特的产业定位和厦门大学等顶尖科研院校的坚实支撑，成为海洋科技创新与成果转化的高地，精准聚焦海洋生物医药、海洋工程和海洋新材料三大核心板块，通过深化产学研合作，构建了一条集科研、开发、生产、销售于一体的完整产业链。园内的企业与科研机构紧密携手，共同探索海洋资源的深度开发与利用，不断突破技术瓶颈，推出了一系列具有自主知识产权的海洋科技产品。同时，厦门海洋高新技术产业园还积极促进科技成果的商业化应用，为市场提供了高质量的海洋生物医药制品、先进的海洋工程装备以及创新型的海洋新材料,极大地推动了海洋经济的转型升级。福州海洋经济发展示范区则以其优越的地理位置和便捷的物流条件为依托,专注于海洋装备制造、海洋新能源以及海洋旅游产业的协同发展。充分利用福州港的天然优势,吸引了众多海洋装备制造和新能源领域的知名企业入驻。通过持续优化营商环境、提升服务质量,该示范区为企业提供了全方位、多层次的支持与服务,助力企业快速成长。在海洋装备制造方面,该示范区企业不断创新技术、提升产品性能,打造了一批具有国际竞争力的海洋工程装备。在海洋新能源领域,该示范区则积极探索潮汐能、风能等清洁能源的开发利用,为区域经济的绿色发展贡献力量。在海洋旅游产业方面,依托丰富的海洋资源,开发了一系列特色鲜明的海洋旅游项目,吸引了大量游客前来观光旅游,进一步促进了区域经济的繁荣。

广东的深圳前海深港现代服务业合作区、广州南沙经济技术开发区等,作为广东省乃至全国海洋经济领域的璀璨明珠,各自以其独特的竞争力和发展特色,在推动海洋经济高质量发展方面发挥着重要作用。深圳前海深港现代服务业合作区,凭借其作为连接深圳与香港、面向世界的重要门户地位,以及深圳自身强大的创新和金融优势,专注于海洋金融、海洋科技和海洋服务业的深度融合与协同发展。该合作区致力于打造国际化的营商环境,通过简化审批流程、优化税收政策、提供一站式服务等措施,吸引了众多国际知名企业和金融机构的入驻,为海洋经济的繁荣发展提供了强有力的支撑。在海洋金融领域,该合作区积极探索创新金融产品和服务模式,为海洋产业提供多元化、定制化的融资解决方案。在海洋科技领域,则依托区域内的科研机构和创新型企业,推动海洋科技的研发与应用,促进科技成果的商业化转化。在海洋服务业领域,则涵盖了海洋信息咨询、海洋工程设计、海洋法律服务等多个领域,为海洋产业提供了全方位、专业化的服务。广州南沙经济技术开发区,则依托广州港的天然优势和南沙作为国际海洋贸易重要枢纽的战略地位,主要聚焦海洋物流、海洋装备制造和海洋环保产业的快速发展。该开发区通过加快基础设施建设,提升港口吞吐能力和物流效率,构建了高效便捷的海洋物流网络。同时,该开发区还积极引进和培育海洋装备制造领域的龙头企业,推动技术创新和产品升级,打造具有国际竞争力的海洋装备产业集群。

总体而言,浙江的海洋产业园区在油气全产业链、船舶修造、装备制造及海洋物流等领域具备强大实力;山东则聚焦于海洋新兴产业、港口航运等的蓬勃发展;江苏在船舶制造与海洋物流方面展现出强劲实力;福建依托科研院校资源,深耕海洋科技与生物医药领域;广东则在海洋金融与现代服务业上占据竞争优势。各省海洋产业园区凭借自身特色与资源优势,构建了多样化的发展模式,共同驱动了中国海洋经济的蓬勃增长与繁荣景象。

第三节　海洋科技创新发展比较研究

海洋科技创新已成为全球各国竞相探索的新高地,是各国科技实力的重要衡量标准。通过对比分析不同国家和地区的海洋科技创新实践,可以清晰洞察到,那些积极投身海洋探索、勇于创新的国家和地区,正逐步构建以科技引领的海洋经济新生态。本节着重选取 R&D 强度、海洋科技成果转化、海洋科技平台、海洋人才进行比较分析。

一、R&D 强度比较分析

浙江、山东、江苏、福建和广东在海洋研发(R&D)强度方面各具特色。浙江在海洋生物医药和海洋装备制造领域的 R&D 强度表现出色。浙江大学和宁波大学等高等院校在海洋科学研究方面有较高的科研投入和成果产出。此外,浙江省政府大力支持海洋科技创新,设立了多个海洋研究机构和实验室,如浙江海洋发展研究院和舟山群岛新区海洋研究中心。这些机构通过产学研合作,推动了海洋科技的快速发展。

与浙江相比,山东在海洋 R&D 强度方面具有显著优势,尤其在海洋生物科技和海洋工程装备制造领域。青岛蓝谷作为一个重要的海洋科研和创新中心,集中了中国海洋大学、山东大学海洋学院等多所知名高校和科研机构。这些机构每年在海洋科研方面投入大量资金,研发出了众多具有国际竞争力的海洋科技产品。山东还设立了多个国家级海洋科研平台,如青岛海洋科学与技术国家实验室,为海洋 R&D 增长提供了强有力的支持。

江苏在海洋 R&D 强度方面主要集中在海洋装备制造和海洋新能源领域。江苏拥有多家大型船舶制造企业和海洋工程公司,这些企业在技术研发方面投入了大量资源。南京大学、河海大学等高校在海洋科学研究方面也有重要贡献。江苏省政府还通过政策引导和资金支持,推动了海洋科技创新的发展,如南通海洋经济示范区内设立的海洋科技研发中心。

福建的海洋 R&D 强度主要体现在海洋生物医药和海洋工程领域。厦门大学和福建师范大学等高等院校在海洋科学研究方面具有较强的科研实力。福建还设立了多个海洋科研机构,如厦门大学海洋与地球学院和福建海洋研究院,这些机构在海洋生物资源开发和海洋工程技术研究方面取得了显著成果。福建还通过科技创新专项资金,支持海洋科技企业和科研机构的研发活动。

广东在海洋R&D强度方面具有综合优势,尤其在海洋科技创新和现代服务业领域。深圳市和广州市的科技企业在海洋科技研发方面投入大量资源,如华为、中兴等企业在海洋通信和导航技术方面具有领先地位。广东海洋大学和中山大学海洋学院在海洋科学研究方面也有重要贡献。广东省政府大力支持海洋科技创新,设立了多个海洋研究机构和实验室,如广东海洋开发研究中心和深圳市海洋科技创新中心。

总结而言,浙江在海洋生物医药和海洋装备制造领域具有较高的R&D强度;山东在海洋生物科技和海洋工程装备制造领域的R&D强度投入显著;江苏在海洋装备制造和海洋新能源领域R&D强度表现突出;福建在海洋生物医药和海洋工程领域的R&D强度较高;广东在海洋科技创新和现代服务业领域的R&D强度具有综合优势。各省份在海洋R&D强度方面的投入和科研实力共同推动了我国海洋科技的进步和海洋经济的发展。

二、海洋科技成果转化比较分析

浙江在海洋生物医药和海洋装备制造领域的科技成果转化方面表现突出。浙江大学和宁波大学等高校通过产学研合作,将科研成果快速转化为生产力。舟山群岛新区在海洋工程装备和深海捕捞技术方面的科研成果已广泛应用于相关产业。浙江省政府通过设立科技成果转化专项资金,支持科技企业和科研机构的合作,提高了科技成果转化效率。

山东在海洋生物科技和海洋工程装备制造领域的科技成果转化方面具有比较优势。烟台海洋高新技术产业开发区积极推动科技成果的产业化。中国海洋大学和山东大学海洋学院等高校通过与企业合作,将海洋生物科技、海洋工程装备制造等领域的科研成果转化为产品,推动了相关产业的发展。山东还设立了多个海洋科技成果转化平台,如青岛海洋科技成果转化中心,为企业提供技术支持和成果对接服务。

江苏在海洋科技成果转化方面主要集中在海洋装备制造和海洋新能源领域。南通海洋经济示范区和连云港海洋经济开发区积极推动科技成果的产业化。南京大学和河海大学等高校通过技术转移和合作研究,将船舶制造、海洋工程和新能源技术等科研成果转化为实际应用。江苏省政府通过政策引导和资金支持,促进了科技成果的转化和应用,提高了区域科技创新能力。

福建的海洋科技成果转化主要体现在海洋生物医药和海洋工程领域。厦门海洋高新技术产业园和福州海洋高新技术产业园通过与厦门大学和福建师范大学等高校合作,推动海洋生物资源开发和海洋工程技术的成果转化。例如,厦门大学在海洋生物医药领域的科研成果已成功转化为多种药物和健康产品,广泛应用于市场。福建还通过设立科技创新专项资金,支持企业与科研机构的合作,促进了科技成果的产业化。

广东在海洋科技成果转化方面具有综合优势,特别是在海洋科技创新和现代服务业领域。深圳前海深港现代服务业合作区和广州南沙海洋经济开发区积极推动科技成果的应用和产业化。广东海洋大学和中山大学海洋学院通过与企业合作,将海洋通信、导航技术和环保技术等科研成果转化为实际应用,推动了相关产业的发展。广东省政府通过设立多个海洋科技成果转化中心,为企业提供技术支持和市场对接服务,提高了科技成果的转化效率。

总体而言,浙江在海洋生物医药和海洋装备制造领域的科技成果转化较为成功;山东在海洋生物科技和海洋工程装备制造领域的转化效果显著;江苏在海洋装备制造和海洋新能源领域表现突出;福建在海洋生物医药和海洋工程领域的成果转化成效显著;广东在海洋科技创新和现代服务业领域的科技成果转化具有综合优势。各省通过不同方式推动科技成果转化,为海洋经济的快速发展提供了有力的支撑。

三、海洋科技平台比较分析

浙江、山东、江苏、福建和广东在海洋科技平台建设方面各具特色(见表3-3)。浙江注重产学研合作,推动科技成果的转化和应用。浙江省海洋科学院和东海实验室等海洋科技平台通过加强产学研合作,促进了海洋产业的发展。

与浙江相比,山东在引进国际先进技术和开展产学研合作方面表现突出。山东省海洋科技成果转移转化中心和烟台海洋高新技术产业开发区等海洋科技平台积极推动科技成果的转化和应用,推动了海洋产业的升级。

江苏在政策支持和资金扶持方面推动了海洋科技的创新和成果转化。南通海洋经济示范区和盐城海洋经济发展示范区等海洋科技平台通过政策支持和资金扶持,促进了海洋产业的发展。

福建在与企业合作加速科技成果转化方面取得了显著成效。厦门海洋高新技术产业园和福州海洋高新技术产业园等海洋科技平台通过与企业合作,加速了科技成果的转化和应用,推动了海洋产业的发展。

广东在技术实力和市场影响力方面具有较强优势。深圳前海深港现代服务业合作区和广州南沙经济技术开发区等海洋科技平台通过资金支持和技术引进,促进了科技成果的转化和应用,推动了海洋经济的快速发展。

综上所述,各省在海洋科技平台建设方面均取得了一定成效。浙江注重产学研合作,山东注重引进国际先进技术,江苏注重政策支持,福建注重与企业合作,广东注重技术实力和市场影响力。这些举措促进了海洋产业的升级和海洋经济的发展。

表3-3 五省部分海洋科技平台

省份	海洋科技平台
浙江	浙江省海洋科学院
	东海实验室
	浙江省海洋养殖装备与工程技术重点实验室
	浙江省海洋渔业资源可持续利用技术研究重点实验室
	浙江省海洋渔业装备技术研究重点实验室
	浙江省近海海洋工程技术重点实验室
	浙江省海产品健康危害因素关键技术研究重点实验室(共建)
	浙江省船舶先进制造技术研发中心
	浙江省海洋功能保健品研发中心
江苏	盐城海洋经济发展示范区
	南通海洋经济示范区
	江苏省海洋资源开发技术创新中心
	江苏省船舶与海洋工程装备技术创新中心
	江苏省海洋生物资源创新中心
山东	山东省海洋科技成果转移转化中心
	烟台海洋高新技术产业开发区
	山东海洋资源与环境研究院
	山东海洋智能系统与装备技术创新中心
	山东大型海藻资源保护与应用工程技术研究中心

续表

省份	海洋科技平台
福建	福州海洋高新技术产业园
	厦门海洋高新技术产业园区
	福建省水产研究所
广东	深圳前海深港现代服务业合作区
	广州南沙经济技术开发区

数据来源:《中国海洋统计年鉴(2017)》《中国海洋经济统计年鉴(2018—2022)》《山东海洋经济统计公报(2020—2023)》《江苏海洋经济统计公报(2017—2023)》《广东海洋经济发展报告(2018—2023)》。

四、海洋人才比较分析

海洋人才是指在海洋领域具有专业知识和技能的人才。他们通常具备海洋科学、海洋工程、海洋资源开发利用、海洋环境保护等方面的专业背景和技能,能够在海洋科研、海洋工程建设、海洋产业发展等方面发挥重要作用。海洋人才的培养和引进对于推动海洋事业的发展具有重要意义。

海洋人才支撑对海洋经济的重要性不可忽视。这些人才不仅在海洋资源开发利用、航运物流、海洋环境保护等领域发挥着关键作用,还是推动海洋经济持续发展的重要力量。他们的专业知识和技能为海洋产业链的协同发展提供了支持,促进了海洋产业集群的形成,推动了海洋经济的繁荣与可持续发展。海洋人才的培养和引进不仅能够满足海洋产业的需求,还能为国家海洋战略的实施提供智力支持,推动我国海洋事业迈上新的发展台阶。

2017—2021年,浙江海洋科研人员数量持续增长。2017年,浙江拥有1990名海洋科研人员,随着对海洋资源的重视和研究力度的增加,2018年这一数字迅速增至2626人。尽管2019年略微减少至2494人,但这一数字在2020年再次回升至2856人,并在2021年达到2874人的高峰(见图3-7)。这种稳步增长表明了浙江省政府和相关机构对海洋科研的持续关注和支持,为解决海洋环境保护、资源开发利用等重大问题提供了坚实的人才保障和科研基础。随着海洋经济的不断发展和海洋资源的日益紧缺,可以预见浙江在海洋科研领域的投入和实力将继续保持增长趋势。

2017年山东省拥有3468名海洋科研人员,到2018年增至5492人,2019年进一步增加至5769人。2020年,山东海洋科研人员数量达到6338人,而2021年则增至

6531人（见图3-7），显示出一定的增长趋势。从浙江与山东的对比可知，山东海洋科研人员数量在2017—2021年期间持续增长，从3468人增至6531人，表明该省在海洋科研领域的投入和发展态势良好。与之相比，浙江海洋科研人员数量虽然也呈现增长趋势，但相对较低，2017年为1990人，2021年增至2874人。可能受到地理位置和资源禀赋的影响，山东拥有更多的海洋科研机构和项目，以及更多的科研人才。

2017年江苏省拥有1485名海洋科研人员，随后在2018年增至1857人，2019年进一步增加至1998人。2020年，江苏的海洋科研人员数量继续增长，达到2105人，而2021年更进一步增至2559人（见图3-7）。这一持续增长趋势反映了江苏省政府和相关部门对海洋科研的高度重视，以及在海洋资源开发、环境保护等方面的积极投入和行动。从浙江与江苏的对比可知，江苏的海洋科研人员数量在2017—2021年稳步增长，从1485人增至2559人，呈现出持续增长的趋势。这一增长可能受到江苏地处长江三角洲和黄海之滨的地理优势的影响，以及江苏省政府对海洋产业发展的高度重视，进而促进了海洋科研人员数量的增加。与之相比，浙江的海洋科研人员数量增长幅度较为有限，从2017年的1990人增至2021年的2874人。尽管增长速度相对较慢，但也显示出浙江对海洋科学领域的一定关注和投入。

2017年福建省拥有1194名海洋科研人员，随后在2018年增至1530人，增速较快。然而，2019年福建海洋科研人员数量略微减少至1347人，显示出一定的波动。这一趋势在2020年进一步凸显，海洋科研人员数量下降至1206人，可能受到经济环境变化或者科研项目调整等影响。然而，2021年福建海洋科研人员数量略有回升，增至1296人（见图3-7），尽管增幅较小，但也显示出一定的复苏迹象。从浙江与福建的对比可知，相比福建的海洋科研人员数量从2017年的1194人增至2021年的1296人，浙江的海洋科研人员数量虽然也有波动，但总体呈现出逐年增长的趋势，从2017年的1990人增至2021年的2874人。从增速上来看，浙江的海洋科研人员数量增长速度较快，而福建的增速相对较慢。在规模上，浙江的海洋科研人员数量始终保持在较高水平，而福建则相对较低。总体来看，浙江在海洋科学研究领域的投入和发展要高于福建。

2017年广东省拥有4824名海洋科研人员，随后在2018年增至6809人，2019年增加到7417人，2020年继续增长，达到7808人，而2021年更是进一步增至8257人（见图3-7）从浙江与广东的对比可知，相比广东的海洋科研人员数量从2017年的4824人增长至2021年的8257人，浙江的海洋科研人员数量也在增长，但增速低于广东。从总量上来看,广东的海洋科研人员数量明显高于浙江。在变化情况上,广东的海洋科研人员数量增长较为平稳,呈现出稳步增长的态势,而浙江的增长略显波动,尤其在2018—2019年增速稍有放缓。综合来看,广东在海洋科研人员数量的规模和增速上均高于浙江。

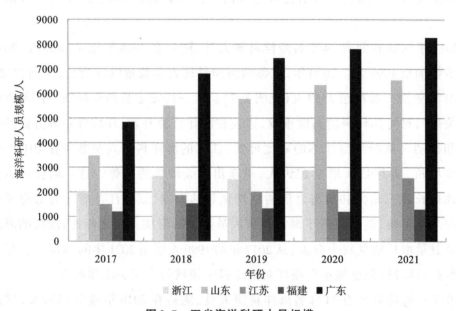

图3-7　五省海洋科研人员规模

资料来源:《中国海洋统计年鉴(2017)》《中国海洋经济统计年鉴(2018—2022)》。

　　浙江海洋相关博士研究生的数量在2017—2021年呈现稳步增长的趋势。2017年,浙江省有279名海洋相关博士研究生,到2021年这一数字已增加至547人。具体而言,2018年有333名研究生,2019年增至361人,2020年达到402人(见图3-8)。这些数据表明了浙江在海洋领域的研究和教育方面的持续投入和发展。

　　2017年,山东有1037名海洋相关博士研究生,随后在2018年增加到1683人。2019年,这一数字进一步上升至1975人,然后在2020年迅速增至3679人。2021年,山东海洋相关博士研究生的数量达到了4225人(见图3-8),继续保持增长态势。这些数据显示出山东在海洋领域的研究和教育方面投入的持续增加,并且表明了山东省对培养海洋科学人才的重视程度,增长率2017—2021年呈现出逐年递增的趋势。从浙江与山东对比可知,山东与浙江的海洋相关博士研究生数量呈现明显差异。山东在2017—2021年中的海洋相关博士研究生数量远远高于浙江,特别是在 2020 年和 2021 年,山东的数量达到了 3679 人和 4225 人,远远超过了浙江的 402 人和 547 人。这反映了山东在海洋科学研究和教育方面投入更大,拥有更多的海洋科学研究人才,而浙江虽然相对数量较少,但也显示出对海洋科学领域的一定关注和投入。

江苏省 2017 年有 462 名海洋相关博士研究生,随后在 2018 年增加至 663 人。然而,2019 年这一数字略微下降至 642 人,随后在 2020 年再次上升至 951 人。2021 年,江苏海洋相关博士研究生数量进一步增至 1085 人(见图 3-8)。总体而言,江苏海洋相关博士研究生数量呈现了总体上的增长趋势,尤其是 2017—2021 年,数量有所增加。2019 年出现了一次短期下降,但随后又恢复并继续增长。从浙江与江苏的对比可知,江苏的博士研究生数量虽然 2017—2021 年也出现了一定程度的增长,但在 2019 年稍有下降后,2020 年又出现了较为显著的增长,从 951 人增至 1085 人。这种波动可能反映了江苏在海洋科学研究和培养人才方面的发展策略的调整以及资源投入的变化。此外,尽管江苏博士研究生在 2020 年和 2021 年的数量略高于浙江,但浙江在该领域的发展趋势相对更为稳定。

福建海洋相关博士研究生数量在过去五年内略有波动,但整体呈现出稳步增长的趋势。2017 年,福建有 193 名海洋相关博士研究生,随后在 2018 年增加至 221 人。然而,2019 年这一数字略微上升至 238 人,然后在 2020 年再次下降至 218 人。不过,2021 年福建海洋相关博士研究生数量再次增至 281 人(见图 3-8)。从浙江与福建的对比可知,浙江的海洋相关博士研究生数量远高于福建,例如 2021 年浙江的海洋相关博士研究生数量为 547 人,而福建仅为 281 人。此外,浙江的年均增速约为 14.34%,而福建约为 7.88%。从变化趋势来看,浙江的海洋相关博士研究生数量呈现稳步增长的态势,而福建的数量波动较大,有时出现略微下降。综合而言,浙江在海洋科学研究与教育方面的投入和发展更为强劲,而福建则可能需要加强对海洋科学领域的支持和发展,以提高海洋科学人才培养水平和数量。

广东海洋相关博士研究生数量在过去五年内呈现了极为显著增长的趋势。2017 年,广东的海洋相关博士研究生数量为 1173 人,随后在 2018 年迅速增加至 1916 人。在 2019 年,这一数字进一步上升至 2721 人,2020 年更是跃升至 4070 人,而在 2021 年,广东海洋相关博士研究生数量继续增加至 4647 人(见图 3-8)。从数据变化规律来看,广东海洋相关博士研究生数量在 2017—2021 年内持续增长,并且增速逐年加快。这表明广东在海洋科学领域的研究和教育方面取得显著进展,对培养海洋科学人才的重视程度持续提升。从浙江与广东的对比可知,首先,广东的博士研究生总量远远高于浙江。其次,广东的年均增速较高,2017—2021年的平均增速为约44.97%,远高于浙江的14.34%。广东的海洋相关博士研究生数量在2017—2021年内呈现出迅速增长的态势,而浙江的数量虽然也在增长,但增速相对较缓慢且波动较小。

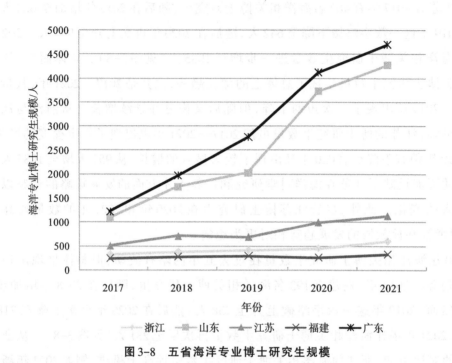

图3-8 五省海洋专业博士研究生规模

数据来源:《中国海洋统计年鉴(2017)》《中国海洋经济统计年鉴(2018—2022)》。

浙江、山东、江苏、福建和广东在海洋人才支撑政策方面展现出各自的特色。浙江注重产学研合作,通过设立科技成果转化专项资金和海洋科技平台,促进了海洋人才培养和科技成果转化。山东注重引进国内外优秀人才,建立了海洋科技平台,吸引海洋人才来山东工作和创业,推动了海洋科技创新和成果转化。江苏注重政策支持和资金扶持,通过政策引导和海洋科技平台建设,提高了海洋科技创新能力。福建注重与企业合作,建立了海洋科技平台,加速了科技成果的转化和应用。广东注重技术实力和市场影响力,通过资金支持和技术引进,推动了海洋科技成果的转化和应用。五省在海洋人才支撑政策方面的不同举措促进了海洋产业的发展和海洋经济的繁荣。

　　总而言之,浙江的显著优势主要体现在以下几个方面:一是政策支持与战略规划。浙江作为海洋经济大省,得到了国家及地方政府的高度重视和支持。自改革开放以来,尤其是进入21世纪后,浙江省出台了一系列促进海洋经济发展的政策措施和战略规划,为海洋经济的高质量发展提供了坚实的政策保障。二是产业基础雄厚。浙江海洋经济产业结构较为完整,涵盖了油气全产业链、临港先进装备业、现代港航物流服务业、现代海洋渔业、滨海文旅休闲业、海洋数字经济产业、海洋新材料产业、海洋生物医药产业、海洋清洁能源产业等多个领域。这些产业相互支撑,形成了较为完善的产业链和供应链体系。特别是在海洋交通运输和船舶制造方面,浙江具有显著的优势,为海洋经济的高质量发展提供了强大的产业支撑。三是科技创新能力强。浙江在海洋科技领域具有较强的创新能力,拥有一批高水平的科研机构和人才队伍。这些机构和人才在海洋资源勘探、海洋环境保护、海洋工程技术等方面取得了显著成果,为海洋经济的高质量发展提供了科技支撑。四是开放合作水平高。浙江积极参与国内外海洋经济合作,与多个国家和地区建立了广泛的合作关系。通过引进外资、技术和管理经验,浙江海洋经济的国际化水平不断提升,为高质量发展注入了新的活力。五是区域协同发展。浙江注重区域协同发展,通过建设海洋经济发展示范区、海洋经济创新发展示范区等,推动区域内海洋经济资源的优化配置和共享。这种区域协同发展的模式有助于提升浙江海洋经济的整体竞争力。

　　尽管浙江在海洋经济高质量发展方面取得了显著成就,但仍存在一些不容忽视的问题和挑战,主要体现在以下几个方面:一是资源环境约束。随着海洋经济的快速发展,资源环境约束日益凸显。海洋污染、渔业资源衰退等问题对海洋经济的可持续发展构成了威胁。浙江需要进一步加强海洋环境保护和资源管理,确保海洋经济的可持续发展。二是产业结构优化不足。尽管浙江海洋经济产业结构较为完整,但仍存在传统产业比重过大、新兴产业发展不足的问题。这在一定程度上制约了海洋经济的高质量发展。浙江需要进一步优化产业结构,加快培育和发展新兴产业。三是人才短缺与流失。海洋经济的高质量发展需要大量高素质的专业人才。然而,目前浙江在海洋科技、海洋管理等领域的人才储备相对不足,且存在一定程度的人才流失现象,这制约了浙江海洋经济高质量发展的步伐。四是创新能力有待提升。尽管浙江在海洋科技领域具有较强的创新能力,但在海洋高技术等领域,仍需要进一步加强自主研发能力,提升核心技术的自主可控水平。五是国际合作深度还需加强。浙江需要进一步扩大国际合作领域,加强与国际组织和先进国家的交流合作,共同推动全球海洋经济的高质量发展。

综上所述,浙江在海洋经济高质量发展方面具有显著优势,但也存在一些短板。未来,浙江应继续发挥自身优势,弥补短板,推动海洋经济向更高质量、更高水平发展。

第四章　海洋经济高质量发展分析模型创新

海洋经济的高质量发展与新质生产力高度相关,本章旨在以新质生产力理论为基础,通过与政务服务增值化改革实践经验相结合,以推动海洋经济生产要素创新性配置为手段、加快海洋经济高质量发展为目的,创新构建全要素增值服务分析模型(Total Factor Value-added Service Analytical Model,简称 TF-VAS Analytical Model)。

第一节　理论指引:新质生产力

新质生产力以劳动者、劳动资料、劳动对象及其优化组合的跃升为基本内涵,是由技术革命性突破、生产要素创新性配置、产业深度转型升级而催生的先进生产力质态,是新时代新征程解放和发展生产力的客观要求。因此,要更好理解新质生产力,必须"要用发展的观点看问题",从生产力的发展历程中把握其概念的内涵与外延,从而理解新质生产力在当代背景下的主要意义与主要特征。

一、新质生产力的发展背景

新质生产力是全球科技创新进入密集活跃期背景下新时代中国特色社会主义对生产力理论发展的结晶。习近平总书记在二十届中共中央政治局第十一次集体学习时强调:"新质生产力由技术革命性突破、生产要素创新性配置、产业深度转型升级而催生。"[1]要在全球政治经济格局加速动荡与科学技术加速发展的当下推动经济高质量发展,必须"引领带动生产主体、生产工具、生产对象和生产方式变革调整",推动生产力诸要素高效协同,才能迸发出更强大的生产力,适应百年未有之大变局的时代要求。

生产力是马克思主义理论的一个基础性概念,其内涵具有随时代的发展而发展的特征。马克思生产力概念的产生有着特定的社会环境,马克思所处的19世纪是生产力迅速发展的时期。生产力的发展不仅使社会经济发展迅速,也大大激化

---

[1] 习近平在中共中央政治局第十一次集体学习时强调　加快发展新质生产力　扎实推进高质量发展[N].人民日报,2024-02-02.

了资本主义社会的阶级矛盾。在这种历史背景下,马克思生产力概念应运而生。马克思的生产力理论具有发展性。马克思在《德意志意识形态》中指出:"一定的生产方式或一定的工业阶段始终是与一定的共同活动方式或一定的社会阶段联系着的,而这种共同活动方式本身就是'生产力'。"●马克思又在《共产党宣言》中进一步发展了"生产力"这个概念,强调了新的生产力对旧有生产关系的突破作用,即随着生产力的发展,公有制必定会代替私有制,共产主义也必定会取代资本主义。在《资本论》中,马克思进一步丰富了生产力的内涵:"各种经济时代的区别,不在于生产什么,而在于怎样生产,用什么劳动资料生产。"❷总结而言,一方面,马克思的生产力理论具有一致性,生产力理论始终是马克思主义政治经济学和哲学范畴的基本理论,生产力是推动人类社会发展和进步的最终决定力量,生产力的发展状况代表着人类改造和利用自然的广度和深度,标志着人类社会的发展水平和文明程度。另一方面,生产力的解放问题,生产力与生产关系之间的辩证关系,是随着历史与社会实践的推进而逐渐发展完善的。因此,这要求我们既要重视生产力的决定性作用,又要与具体的经济社会实际相结合,要因地制宜地活用生产力理论,发挥对实践的指导作用。

二、新质生产力的要素演变

劳动者、劳动资料和劳动对象是现实生产力不可或缺的基础性组成部分,各自的内涵都随着时代的发展不断变化。劳动者将劳动资料作用于劳动对象所形成的物质产品生产能力,体现了人们在物质资料生产过程中利用和改造自然,借以取得所需物质产品的能力。随着劳动者的主观能动性不断深化、劳动资料的技术内涵不断升级、劳动对象的种类与形态不断扩大,劳动者、劳动资料、劳动对象三个作为生产力的基本组成的内涵不断发展,作为三者有机组成的生产力也不断发展。

"更高素质的劳动者是新质生产力的第一要素。"❸劳动者作为人,是生产力中最活跃的因素。首先,具有极强的主观能动性的战略人才的出现推动了新质生产力的发展。这些人才处于世界科技的前沿,创造新型生产工具,在颠覆性科学认识和技术创造方面发挥着关键作用,其突破性工作为整个行业乃至国家的发展打开了新的大门。其次,熟练掌握新质生产资料、具备多维知识结构的应用型人才也推

---

❶ 马克思恩格斯文集(第一卷)[M].北京:人民出版社,2009.

❷ 马克思恩格斯文集(第五卷)[M].北京:人民出版社,2009.

❸ 习近平经济思想研究中心.新质生产力的内涵特征和发展重点[N].人民日报,2024-03-01.

动了新质生产力的加快发展。这类人才包括以卓越工程师为代表的工程技术人才和以大国工匠为代表的技术工人,通过不断优化生产流程、提高生产效率,为新质生产力的发展奠定了坚实的基础。

"更高技术含量的劳动资料是新质生产力的动力源泉。"[1]生产工具的科技属性强弱是辨别新质生产力和传统生产力的显著标志。随着新一代信息技术、先进制造技术、新材料技术等领域的深度融合与应用,大批新型生产工具诞生。这些新型工具在实体形态、表现形态、制造范式上与传统的生产工具相比出现了显著变化,从而"进一步解放了劳动者,削弱了自然条件对生产活动的限制,极大拓展了生产空间,为形成新质生产力提供了物质条件"。[2]使生产力跃上了新台阶。

"更广范围的劳动对象是新质生产力的物质基础。"[3]劳动对象是生产活动的基础和前提,随着技术纵深的拓展,劳动对象的种类和形态都得到了极大的拓宽。从种类上,人类"利用和改造自然的范围扩展至深空、深海、深地"[4];从形态上,劳动对象不再局限于自然形态,人类通过劳动不断创造新的物质资料,并转化为具有非自然形态的劳动对象,举例而言,信息技术相关的劳动便是在一种非自然形态的数字网络空间中进行的劳动。

生产力诸要素是通过特定的生产组织形式或社会关联方式有机结合、综合作用的结果,建立在社会分工协作关系深化、科技进步和长期历史积累的基础之上。劳动者、劳动资料和劳动对象是现实生产力不可或缺的实体性部分,三者为形成生产力提供了劳动力、资本、土地等基础实体性要素。同时,技术、管理、数据、知识等作为生产力系统中附着在基础实体性要素之上的非实体要素发挥作用。

1. 从实体要素来看

劳动力是生产活动的基本要素,是推动社会进步和经济发展的主要动力。在现代经济中,劳动力的素质和能力对于提高生产效率和创新能力具有关键作用。无论技术如何进步,机器如何智能,最终都需要人类劳动力的参与和推动。劳动者不仅负责操作机器、管理生产过程,同时需要不断改进生产方式,提高生产效率。

资本在生产过程中具有关键性的支持作用。无论是传统的生产模式还是现代的高科技产业,都需要大量的资本投入,包括购买生产设备等生产资料。资本为生

---

[1] 习近平经济思想研究中心. 新质生产力的内涵特征和发展重点[N]. 人民日报,2024-03-01.

[2] 习近平经济思想研究中心. 新质生产力的内涵特征和发展重点[N]. 人民日报,2024-03-01.

[3] 习近平经济思想研究中心. 新质生产力的内涵特征和发展重点[N]. 人民日报,2024-03-01.

[4] 习近平经济思想研究中心. 新质生产力的内涵特征和发展重点[N]. 人民日报,2024-03-01.

产活动提供了必要的物质基础和条件,使得生产得以顺利进行。通过增加资本投入,企业可以扩大生产规模,提高生产效率,进而降低成本,增强市场竞争力。资本在推动产业升级、技术创新和结构调整方面也发挥着重要作用,有助于提升整个经济体系的竞争力。

土地是生产活动的重要载体,为生产活动提供必要的空间。土地资源的合理利用和优化配置对促进经济发展和提高社会效益具有重要意义。无论是农业、工业还是服务业,都需要土地作为生产经营活动的载体。在农业中,土地是农作物的生长基础;在工业中,土地为工厂、仓库等提供建设用地;在服务业中,土地则用于商业设施、办公楼宇等建设。土地具有稀缺性和不可再生性,这使其成为产业之间、产业内部各个行业竞争获取的重要生产资料。有限的土地资源在产业间的配置影响着产业产出力量对比,进而对结构调整产生影响。在现代经济中,土地的价值不仅在于其自然属性,更在于其作为资产能够创造价值,为资产所有者带来收益。土地可以作为抵押物获取融资,也可以通过租赁、转让等方式实现其价值增值。

2. 从非实体要素来看

技术是推动新质生产力的动力源泉。生产工具的科技属性强弱是辨别新质生产力和传统生产力的显著标志。新一代信息技术、先进制造技术、新材料技术等融合应用,孕育出一大批更智能、更高效、更低碳、更安全的新型生产工具,进一步解放了劳动者,削弱了自然条件对生产活动的限制,极大地拓展了生产空间,为形成新质生产力提供了物质条件。特别是工业互联网、工业软件等非实体形态生产工具的广泛应用,极大丰富了生产工具的表现形态,促进制造流程走向智能化、制造范式从规模生产转向规模定制,推动生产力跃上新台阶。

管理是现代企业和组织的核心竞争力之一,有效的管理可以提高组织运行效率,优化资源配置,降低运营成本,增强创新能力。在制度层面,新的管理技术从政府管理、社会治理、市场运作、企业运行等方面全面赋能,提高整个社会的制度效能,实现对生产资料的有效调节、对劳动产品的有效分配、对市场行为的有效规范,从而不断调整和改革生产关系以解放生产力。

数据是数字经济时代的核心资源,对于推动经济发展和社会进步具有重要作用。数据要素在现代经济中发挥着"融合剂"作用,发挥着推动现有业态和数字业态跨界融合,衍生叠加出新环节、新链条、新的活动形态的功能。❶数据的收集、分析和应用有助于优化决策、提高生产效率、推动创新、改善服务,对于发展智能制

---

❶ 习近平经济思想研究中心. 新质生产力的内涵特征和发展重点[N]. 人民日报,2024-03-01.

造、数字贸易、智慧物流、智慧农业等新业态至关重要。此外,数据的社会价值、经济价值有着极大的挖掘潜力,数据的资源化、产品化与资产化,深刻改变着生产方式、生活方式和社会治理方式。

知识是现代经济的重要支柱,是推动科技进步和创新的关键因素。知识的积累和传播有助于提高劳动者的素质和技能,推动产业升级和经济发展方式的转变。知识的普遍运用和劳动者操作技能的高度专门化,使得工业生产率的提高不仅取决于个人的操作技能和作业的熟练程度,更取决于对不同人劳动的分工协调。通过知识的应用和创新,企业可以优化生产流程,提高产品质量,降低成本,从而在市场竞争中占据优势。

总结而言,劳动力、资本、土地、技术、管理、数据、知识是新质生产力的主要要素[1],都是生产力形成过程中不可或缺的。构成生产力的要素可以分为实体性要素和非实体性要素,其中劳动者、生产资料与劳动对象是实体性要素,科技、管理、信息和数据等是非实体性要素。从生产力的要素结构来看,与传统生产力不同,新质生产力就是实体性要素提质增效,同时非实体性要素,尤其是科技创新发挥着主导作用的先进生产力。

三、新质生产力的主要特征

新质生产力具有以高科技为引领的特征。新质生产力不仅是对传统生产力的简单理论改进,而是基于现代科学技术高速发展的时代要求。"科技创新深刻重塑生产力基本要素,催生新产业新业态,推动生产力向更高级、更先进的质态演进。"[2]

新质生产力具有以战略性新兴产业和未来产业为主要载体的特征。新质生产力与战略性新兴产业和未来产业在创新性和变革性上具有高度的契合性。新质生产力强调的是在社会生产过程中出现的新的、具有变革性和创新性的生产力要素或形态,而战略性新兴产业和未来产业同样以重大技术突破和创新为基础,代表着科技创新和产业发展的方向。"产业是生产力变革的具体表现形式,主导产业和支柱产业持续迭代升级是生产力跃迁的重要支撑。"[3]新质生产力必然以战略性新兴产业和未来产业为载体,通过发挥产业的创新优势,为新质生产力提供更大的发展空间。

---

[1] 党的十九届四中全会通过的《中共中央关于坚持和完善中国特色社会主义制度　推进国家治理体系和治理能力现代化若干重大问题的决定》。

[2] 习近平经济思想研究中心.新质生产力的内涵特征和发展重点[N].人民日报,2024-03-01.

[3] 习近平经济思想研究中心.新质生产力的内涵特征和发展重点[N].人民日报,2024-03-01.

新质生产力具有以满足供需高水平动态平衡为落脚点的特征。当前我国大部分经济领域的主要矛盾不是"有与没有"之间的矛盾,而是"好与不好"之间的矛盾。只有形成需求牵引供给、供给创造需求的新平衡,才能够形成高质量的生产力。供需有效匹配是社会大生产良性循环的重要标志,社会供给能力和需求实现程度受生产力发展状况制约,依托高水平的生产力才能实现高水平的供需动态平衡。

新质生产力的理念具有开放发展性的特征。2024年3月5日,习近平总书记在参加十四届全国人大二次会议江苏代表团审议时强调:"要牢牢把握高质量发展这个首要任务,因地制宜发展新质生产力。"❶习近平总书记的重要论述,指明了各地推动高质量发展的科学路径,即根据自身的资源禀赋、产业基础、科研条件等,有选择地推动新产业、新模式、新动能发展,生产关系必须与生产力发展要求相适应,发展新质生产力必须与地区情况相适配。新质生产力的开放性特征,不仅是生产力理论在指导当代中国地方经济实践中与具体实践相结合所表现出的理论结晶,更是对马克思主义是与时代共同发展、在实践中不断自我更新、自我完善的理论品质的直接继承。

四、新质生产力对高质量发展的作用机制

发展新质生产力是高质量发展的内在要求和重要着力点。❷进入高质量发展阶段,意味着我国经济正在经历一场深刻的转型。这一转型的核心在于解决发展不平衡不充分的问题,推动经济发展从量的扩张转向质的提升。这不仅是对经济增长模式的一次重大调整,也是对发展观念的一次深刻革新。在这一过程中,如何推动高质量发展,"关键是加快转变经济发展方式、调整经济结构,促进经济增长由主要依靠资源和低成本劳动力等要素投入向主要依靠科技进步、劳动者素质提高、管理创新转变,迫切需要新的生产力引领传统发展方式变革"。❸从而增强在全球配置先进优质生产要素的能力,充分激发各类生产要素活力,促进效率变革,为推动高质量发展提供有力支撑。

从发展阶段来看,新质生产力是促进经济发展从"有没有"转向"好不好"的先

---

❶ 习近平在参加江苏代表团审议时强调 因地制宜发展新质生产力[N].人民日报,2024-03-06.

❷ 郑栅洁.牢牢把握高质量发展首要任务 积极培育和发展新质生产力[J].习近平经济思想研究,2024(3):10-14.

❸ 郑栅洁.牢牢把握高质量发展首要任务 积极培育和发展新质生产力[J].习近平经济思想研究,2024(3):10-14.

进生产力质态。●随着我国经济步入高质量发展的新阶段,经济发展面临着不平衡和不充分问题,这要求不仅要关注经济的增长,更要注重增长的质量和效益。经济的转型迫切需要通过生产力质的飞跃来实现,这包括优化产业结构、转变发展动能、提升生产效率,以及提高整个供给体系的质量和效率,从而推动经济在质量和数量上实现合理且有效的增长。通过以科技创新推动产业创新发展新质生产力,不仅能够巩固和提升产业在技术、标准、品牌、质量以及服务方面的优势,而且能够更好地满足人民群众对美好生活的需求,促进供需之间形成更加高水平的动态平衡。

从发展理念看,新质生产力是符合新发展理念的先进生产力质态。●高质量发展是新时代经济发展的核心要求,它代表了一种以创新、协调、绿色、开放、共享为指导的新发展理念。在当前阶段,我国经济在迈向高质量发展的过程中,仍面临诸多挑战和制约因素。关键核心技术的依赖、城乡及区域发展不平衡、地方债务风险、房地产市场波动以及中小金融机构的不稳定等问题,都是亟待解决的难题。这些问题的存在,凸显对新的生产力理论指导的迫切需求。因此,为了推动高质量发展,必须将创新作为引领发展的第一动力,优化资源配置,打破制约要素流动的瓶颈,构建更加完善的绿色发展体系,从而提升我国在全球范围内配置先进和优质生产要素的能力。

从发展路径看,新质生产力是摆脱传统经济增长方式和生产力发展路径的先进生产力质态。●习近平总书记在2023年12月召开的中央经济工作会议时强调,"必须把坚持高质量发展作为新时代的硬道理,完整、准确、全面贯彻新发展理念,推动经济实现质的有效提升和量的合理增长",要"聚焦经济建设这一中心工作和高质量发展这一首要任务"。●随着我国经济增长模式的深刻变革,要确保我国经济在未来一段时间内维持中高速增长的内生动力,则必须充分激活我国作为超大规模经济体所独有的内需驱动型增长动力基础。为此,不能仅仅局限于调整要素

● 郑栅洁.牢牢把握高质量发展首要任务 积极培育和发展新质生产力[J].习近平经济思想研究,2024(3):10-14.

❷ 郑栅洁.牢牢把握高质量发展首要任务 积极培育和发展新质生产力[J].习近平经济思想研究,2024(3):10-14.

❸ 郑栅洁.牢牢把握高质量发展首要任务 积极培育和发展新质生产力[J].习近平经济思想研究,2024(3):10-14.

❹ 陈建奇.必须把坚持高质量发展作为新时代的硬道理[N].四川日报,2023-12-28.

利益分配关系,更应聚焦于推动各生产要素优化组合方式的改革与突破,从而为经济的可持续发展注入新的活力。要在新技术特别是原创性、颠覆性技术驱动下,引领生产主体、生产工具、生产对象和生产方式深刻变革,实现经济发展动力的根本性变革。

五、新质生产力对新型生产关系的作用机制

习近平总书记指出,"生产关系必须与生产力发展要求相适应。发展新质生产力,必须进一步全面深化改革,形成与之相适应的新型生产关系"❶。生产力的发展水平决定了生产关系的性质和形式,生产力发展也会使生产关系发生相应变化,当生产关系适应生产力发展要求时,它会促进生产力的发展,否则就会起阻碍作用。因此,需要"处理好生产力和生产关系之间的关系,形成适应新质生产力发展要求的新型生产关系,充分发挥市场在资源配置中的决定性作用,更好发挥政府作用,加快构建有利于新质生产力发展的体制机制"。❷

生产要素创新性配置是将生产要素转化为现实生产力的前提。生产力各要素之间,只有通过特定的组合方式和关联结构,形成层次有序、优势互补、联系紧密、互为条件、相辅相成的复合结构和有机整体,才能转化为现实生产力,形成以产出和生产效率效益为表现形式的生产力系统功能。因此,新质生产力不仅关注于推动劳动者、劳动对象、劳动资料和生产方式变革调整,更关注于通过"推动劳动力、资本、土地、知识、技术、管理、数据等要素便捷化流动、网络化共享、系统化整合、协作化开发和高效化利用"。❸要让新质生产力理论为经济高质量发展实践发挥指导意义,必须要从更基本的生产要素组成及其协同关系来理解。

创新性配置生产要素,构建有利于新质生产力加速形成的新型生产关系。新质生产力,作为先进生产力的代表,已不再是传统生产要素的简单叠加,而是对劳动力、资本、土地、知识、技术、管理、数据等生产要素的深层次提升和优化。生产关系作为人们在物质资料的生产过程中形成的社会关系,其革新历程与生产力的发展过程本身便具有同一性。因此,"要深化经济体制、科技体制等改革,着力打通束缚新质生产力发展的堵点卡点","让各类先进生产要素向发展新质生产力顺畅流

---

❶ 习近平.发展新质生产力是推动高质量发展的内在要求和重要着力点[J].求是,2024(11):4-8.

❷ 习近平经济思想研究中心.新质生产力的内涵特征和发展重点[N].人民日报,2024-03-01.

❸ 习近平经济思想研究中心.新质生产力的内涵特征和发展重点[N].人民日报,2024-03-01.

动"❶。总结而言,建立新型生产关系的过程也就是全面深化改革的过程,就是要突破部分不适宜的生产关系桎梏,让阻碍各生产要素高效组合的壁垒被打破,使得束缚新质生产力发展的堵点卡点被打通。

实现生产力系统各要素之间在质态组合上相适应、在量态组合上相协调,需要围绕劳动力、资本、土地、技术、管理、数据、知识等生产要素在量上的充分供应、质上的高效利用,形成一种保障关系,从而促进生产要素的统筹配置、集约配置、高效配置、精准配置、智能配置。进一步讲,充分发挥数字基建、科技创新、营商环境、企业家才能、战略能力以及组织能力等各种渗透性因素对经济增长的贡献度,从而构建一套有利于新质生产力加速形成的新型生产关系。

生产要素的统筹配置强调在全局视角下,政府力量基于宏观调控目的,对于某一特定生产要素投入,推动新质生产力的发展。以新兴产业发展为承载,在发展某一具体产业时,通过市场、社会、政策等手段予以引导,使部分难以通过市场化手段集聚的要素通过"有形的手"实现集聚,有利于在非常态情况下对特殊产业的支持以及对未来产业的先导布局。

生产要素的集约配置强调在有限资源条件下,通过更集中合理地运用现代管理与技术,充分发挥人力资源的积极效应,以提高经济产出效率。推动生产要素的集约配置需要推进生产流程优化和资源循环利用。从而延长生产要素的使用寿命,促进资源的可持续利用,减少对环境的影响,实现经济、社会和环境的协调发展。

生产要素的高效配置强调在生产要素的投入分配中追求最大化生产效率,确保各生产要素投入的最佳比例,实现利用效率最大化。高效的生产要素配置需要精确的市场分析、生产过程管理,从而促进单位产品成本的降低,增强企业的市场竞争力。

生产要素的精准配置就是精确地将资源分配到最需要的环节,以满足特定的生产和市场需求。精准配置常常要求通过市场信息收集、数据分析、快速响应机制、动态资源调整等手段,从而满足市场多样化需求,以提高供需两端的匹配性。

生产要素的智能配置是指运用大数据、AI、物联网等数字技术,通过对生产要素进行智能化的排列组合,实现更加科学的资源配置。智能配置的实现手段包括一般信息技术集成、自动化控制、预测性维护和智能化决策支持等,从而增强企业对复杂生产环境的适应能力,促进企业的创新能力,推动生产方式的变革,实现可

---

❶ 习近平经济思想研究中心.新质生产力的内涵特征和发展重点[N].人民日报,2024-03-01.

持续发展。

新质生产力的发展以全要素生产率提升为核心标志。新质生产力强调创新在经济发展中的主导作用。它通过摆脱传统经济增长方式和生产力发展路径,引入高科技、高效能、高质量的生产方式,从而实现了生产力质的飞跃。

第二节 实践驱动:浙江政务服务增值化改革

政务服务增值化改革是浙江贯彻落实国务院"放管服"改革和优化营商环境决策部署的重大改革创新实践。自2023年以来,浙江实施营商环境优化提升"一号改革工程",充分发挥政务服务增值化改革"关键一招"作用,引领撬动政务环境、法治环境、市场环境、经济生态环境、人文环境五大环境优化提升,为加快形成新质生产力、推动经济高质量发展营造良好的内部生态。

一、政务服务增值化改革的现实背景

党的十八届三中全会以来,浙江营商环境建设先后实施"四张清单一张网"改革、"最多跑一次"改革、政府数字化转型、数字化改革,推动浙江营商环境一直走在全国前列。随着内外部环境变化,一些影响高质量发展的结构性问题和制约生产力水平提升的深层次矛盾凸显,对创新手段进一步优化营商环境提出了更高要求。

企业营商环境需求升级。市场经营主体对于良好营商环境的需求更加迫切、更为强烈,并且呈现出多样性和个性化趋势。在办事审批服务便利化基础上,企业更希望政府能够帮助解决各类诉求,帮助提供人才、金融、科创等发展壮大的社会化、市场化专业服务。同时,民营企业发展中不同程度存在的"不能投""不敢投""不愿投"等问题,也迫切需要从体制机制层面推出治本之策。

区域全产业链竞争加剧。传统块状经济形态下,涉企服务大多着眼于同质化的企业集合。随着区域间的经济竞争逐步演变为全产业链的竞争,需要政府更好发挥行政手段,以更精准优质的服务供给,激发劳动、知识、技术、管理、资本、数据等生产要素活力,推动企业全生命周期降本减负增效,促进产业链各环节补链强链延链,构建完善现代产业体系,推动新质生产力加快发展。

政务服务边际效应递减。伴随着"互联网+"、人工智能等数字技术与政务服务的深度融合,基于标准化、规范化、便利化导向的政务服务改革措施的边际递减效应越发凸显。2024年1月9日,国务院印发《关于进一步优化政务服务提升行政效

能　推动"高效办成一件事"的指导意见》(国发〔2024〕3号),对深入推动政务服务提质增效特别是拓展增值服务内容,在更多领域更大范围实现"高效办成一件事"作出部署,表现出数字赋能、多跨协同、制度创新的新特点。

面对发展新形势、企业新需求、改革新要求,浙江营商环境建设在延续和继承的基础上,创新实施政务服务增值化改革,推动政务服务从便捷服务向增值服务全面升级,赋能企业降本增效、产业补链延链强链。

二、政务服务增值化改革的核心内涵

政务服务增值化改革是政府为促进企业降低成本、增加收益、强化功能、加快发展,通过制度创新、数字赋能双轮驱动,政府、社会、市场三侧协同,进一步优化基本政务服务、融合增值服务,对政务服务体制机制、组织架构、方式流程、手段工具进行的变革性重塑。其来源于现代管理学"增值服务"(Value-added Service,VAS)的概念,是指根据客户需要,为客户提供的超出常规服务范围的服务,或者采用超出常规的服务方法提供的服务,以增加客户对产品或服务的满意度和忠诚度。浙江将"增值服务"的理念融入政务服务,赋予了政务服务新的内涵,特指在基本政务服务便捷化的基础上,为企业提供的精准化、个性化衍生服务(见图4-1)。

政务服务增值化改革的核心内涵是超预期服务,旨在让企业在享受基本政务服务的同时,为企业提供更广范围、更深层次的全周期衍生服务,致力于增强政务服务各种资源要素在产业链的赋能添力作用,其实质已经从原先降低企业制度性交易成本的便捷服务,提升到以生产要素服务为中心的发展型服务。

在服务理念上,树立用户思维,多作价值判断,前移服务关口,主动感知需求,做到想企业之所未想,变"有什么、给什么"为"要什么、给什么"。

在服务主体上,以政府为主导,通过政策激励、购买服务引导社会组织、市场化专业机构等参与改革,推动服务供给主体多元化,变"单兵作战"为"联合作战"。

在服务范围上,强化清单管理,在优化基本政务服务基础上,叠加关联度高、企业发展急需的增值服务事项,变"基本服务"为"全面服务"。

在服务周期上,围绕企业全生命周期,产业链上中下游各环节的全链条,集成打通审批链、服务链、监管链、创新链、政策链,变"分阶段分环节"为"全周期全链条"。

在服务方式上,以数字化改革理念,推行政策线上快速兑现、服务无感直达,打破线下政务服务时间限制和空间限制,变"定时定点"为"随时随地"。

目标体系：构建形成全链条、全天候、全过程的精准、便捷、优质、高效为企服务新生态 打造新发展阶段引领浙江省改革国全国改革风气之先的"金名片"

工作体系

专班：依托省南环境优化提升"一号改革工程""专班" —— 省委改革办

领域

- **基本政务服务领域**（省政务服务办牵头）：人社医保、国土规划、财税服务、商事登记、年检年审、工程建设、消防安全
- **项目服务领域**（省发改委牵头）：招商服务、要素保障、中介服务、水电气报装、产融对接、项目法律服务、项目代办帮办
- **政策服务领域**（省经信厅牵头）：政策集成、精准推送、政策体检、政策快享、政策评估、政策解读
- **金融服务领域**（省委金融办牵头）：产业基金、上市指导、普惠金融、绿色金融、融资担保、金融顾问
- **人才服务领域**（省人力社保厅牵头）：人才认定、人才奖补、人才公共服务、人才发展、人才培育、劳动用工、劳动权益保障、灵活就业和新就业形态服务

领域

- **法治服务领域**（省委依法治省办牵头）：法律咨询、合规指导、商事解纷、公证服务、司法鉴定、仲裁服务、法治体检、普法宣传
- **科创服务领域**（省科技厅牵头）：科技企业培育、科技成果转化、科创资源共享、知识产权服务、技术攻关、产教一体化、科技金融
- **开放服务领域**（省商务厅牵头）：外贸服务、展览展会、通关服务、外商投资服务、涉外法律服务、涉外金融服务
- **数据服务领域**（省数据局牵头）：数据集成、数据开放、数据运营、数据治理、数据应用、企业数字化改造
- **其他服务领域**（相应业务部门牵头）：先底诉求、信用服务、政企沟通、公平竞争、企业党建、企业家梯度培育

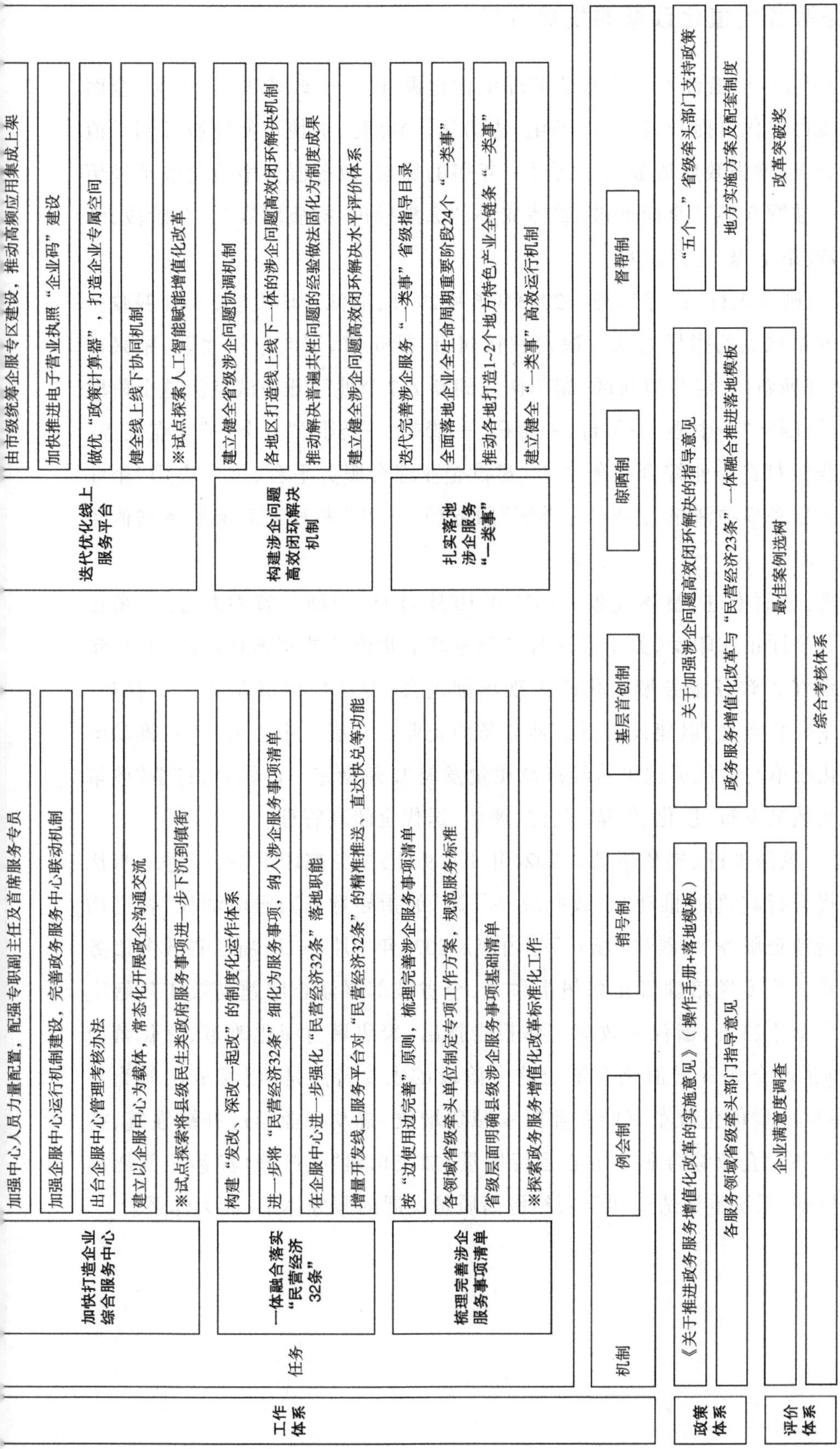

工作体系

任务

加快打造企业综合服务中心
- 加强中心人员力量配置，配齐专职副主任及首席服务专员
- 加强政务服务中心运行机制建设，完善政务服务中心联动机制
- 出台企业服务中心管理考核办法
- 建立以企业服务中心为载体，常态化开展政企沟通交流
- ※试点探索将县级民生类政府服务事项进一步下沉到镇街

一体融合落实"民营经济32条"
- 构建"发改、深改一起改"的制度化运作体系
- 进一步将"民营经济32条"细化为服务事项，纳入涉企服务事项清单
- 在企业服务中心进一步强化"民营经济32条"落地职能
- 增量开发线上服务平台对"民营经济32条"的精准推送、直达快兑等功能

梳理完善涉企服务事项清单
- 按"边使用边完善"原则，梳理完善涉企服务事项清单
- 各领域省级牵头单位制定专项工作方案，规范服务标准
- 省级层面明确县级涉企服务事项基础清单
- ※探索政务服务增值化改革标准化工作

迭代优化线上服务平台
- 由市级统筹企服专区建设，推动高频应用集成上架
- 加快推进电子营业执照"企业码"建设
- 做优"政策计算器"，打造企业专属空间
- 健全线上协同机制
- ※试点探索人工智能赋能增值化改革

构建涉企问题高效闭环解决机制
- 建立健全涉企问题协调机制
- 各地区打造线上线下一体的涉企问题高效闭环解决机制
- 推动解决涉企普遍共性问题的经验做法固化为制度成果
- 建立健全涉企问题高效闭环解决水平评价体系

扎实落地涉企服务"一类事"
- 迭代完善涉企服务"一类事""省级指导目录"
- 全面落地企业全生命周期重要阶段24个"一类事"
- 推动各地打造1-2个地方特色产业链条"一类事"
- 建立健全"一类事"高效运行机制

机制：例会制　销号制　基层首创制　晾晒制　督帮制

政策体系
- 《关于推进政务服务增值化改革的实施意见》（操作手册+落地模板）
- 关于加强涉企问题高效闭环解决的指导意见
- "五个一"省级牵头部门支持政策
- 各服务领域省级牵头部门指导意见
- 政务服务增值化改革与"民营经济23条"一体融合推进落地模板
- 地方实施方案及配套制度
- 改革突破奖

评价体系
- 企业满意度调查
- 最佳案例选树
- 综合考核体系

图4-1　政务服务增值化改革体系架构

93

三、政务服务增值化改革的发展阶段

2023 年 4 月 17 日,浙江召开全省营商环境优化提升"一号改革工程"大会,全面推动营商环境再优化再提升,紧扣市场化、法治化、国际化,加快从便捷服务到增值服务的全面升级,增强政府服务力。历经一年多的探索,政务服务增值化改革经历了"试点先行、破题起势""全面推进、整体成势""纵深推进、提质增效"三个阶段,牵引撬动"一号改革工程"走深走实。

第一阶段:试点先行、破题起势。2023 年 6 月 29 日,浙江省印发《关于开展政务服务增值化改革试点的指导意见》,决定在杭州市、衢州市、宁波市江北区、绍兴市柯桥区、杭州钱塘新区、温州湾新区、湖州南太湖新区 7 个地区开展试点。这个阶段的主要特点是:围绕"一中心、一平台、一个码、一清单、一类事""五个一"重点任务,各试点地区积极打造企业综合服务中心、建设企业综合服务平台、推广应用"企业码"、编制涉企服务事项清单、谋划"一类事"服务场景,初步构建起政务服务增值化改革基础体系。

第二阶段:全面推进、整体成势。2023 年 10 月 11 日,由浙江省委办公厅、浙江省人民政府办公厅正式印发《关于推进政务服务增值化改革的实施意见》。2023 年 10 月 12 日,浙江省政务服务增值化改革现场推进会、专题培训班在衢州市召开。这个阶段的主要特点是:以建设运行形神兼备的企业综合服务中心为核心,推动政务服务增值化改革与浙江促进民营经济高质量发展 32 条措施一体融合,打造"政策计算器",强化政策发布、量化、解读、兑付、评估、迭代全闭环管理。

第三阶段:纵深推进、提质增效。2024 年 1 月 9 日,国务院印发《关于进一步优化政务服务提升行政效能 推动"高效办成一件事"的指导意见》,吸收浙江"拓展增值服务""打造涉企服务'一类事'场景"等内容。2024 年 1 月 15 日,浙江省政务服务增值化改革第二次专题培训班在湖州市举办,全省域部署涉企问题高效闭环解决机制。2024 年 1 月 23 日,浙江省政府工作报告指出,聚焦聚力深化改革、优化营商环境,深入推进政务服务增值化改革。这个阶段的主要特点是:以实战实效为导向,聚焦政务服务增值化改革赋能企业降本减负增效,撬动产业延链补链强链,持续提升浙江省各地企业综合服务中心运行质量,加快构建"企呼我应"涉企问题高效闭环解决机制,系统重塑适应和引领经济高质量发展的服务体系、能力体系。

四、政务服务增值化改革的实践价值

2023 年 10 月 7 日,李强总理调研杭州市钱塘区企业综合服务中心,给予浙江政务服务增值化改革"改革很深入,服务很到位"的评价。政务服务增值化改革开辟了政务服务新路径、构建了为企服务新生态、打造了产业服务新模式,对于激发民营经济活力、助力经济高质量发展具有重要意义,产生了巨大的实践价值。

开辟政务服务新路径。以"整体政府"理念重塑政务服务模式,通过打造线下企业综合服务中心、线上企业综合服务平台,合理设置项目服务、政策服务、金融服务、人才服务、法治服务、科创服务、开放服务、数据服务、兜底服务等服务板块,进一步优化服务资源配置、创新服务供给方式,推动政务服务从标准化、规范化、便利化向增值化全面升级,构建泛在可及、智慧便捷、公平普惠的高效政务服务体系,最大限度利企便民,大幅提升办事群众满意度和获得感。

构建为企服务新生态。以政府为主导搭建平台,最大限度推动政府、社会、市场等多元主体服务资源价值共创,为企业提供市场无法有效供给或成本过高的核心要素。构建各类企业一视同仁、体系化机制化解决涉企问题新机制,强化全地域、全过程、全方位涉企问题"主动发现、高效处置、举一反三、晾晒评价"全闭环管理,推动涉企问题分类、分层、分级办理落实,确保企业诉求及时响应和有效解决。强化数字赋能,做优做强"政策计算器""金融计算器""人才服务计算器"等功能平台,实现政府利好政策直达快享、信贷最优方案精准推送、产才发展生态高效协同。

打造产业服务新体系。注重增值服务对生产要素的创新性配置,推动各类先进优质生产要素向发展新质生产力顺畅流动、优化集聚,促进服务链与产业链、资本链、创新链、人才链等深度融合,推动传统产业高位嫁接、新兴产业抢滩占先、未来产业前瞻布局,加快构建具备完整性、先进性、安全性的现代化产业体系。

第三节　模型建构:全要素增值服务分析模型

在充分梳理新质生产力理论和政务服务增值化改革实践经验的基础上,从海洋经济生产要素创新性配置角度出发,提出全要素增值服务分析模型的构建思路。

一、构建全要素增值服务分析模型的必要性

政务服务增值化改革通过制度创新、数字赋能等手段,从而实现优化政务服务

的目的,为企业提供更高效、更全面的服务,以促进企业降低成本、增加收益、强化功能和加快发展。在政务服务增值化改革的推进过程中,政务环境、法治环境、市场环境、经济生态环境、人文环境等环境也在不断优化,为新质生产力的发展提供了良好的外部条件,更有利于实现生产要素的创新性配置。

海洋经济对浙江经济的发展具有举足轻重的作用。浙江凭借其丰富的海洋资源和完善的海洋产业体系,大力发展海洋经济,不仅促进了海洋生物资源和海洋能源的有效开发利用,还通过海洋科技创新推动了产业的全面和立体发展。此外,海洋经济与区域经济的协同发展,加强了浙江与全球经济的联系,推动了区域经济的开放合作。随着全球对海洋经济认识的深入和科技的进步,浙江海洋经济的增长潜力巨大,有望成为推动经济可持续发展的重要力量。

推动浙江海洋经济的高质量发展,需要因地制宜地发展新质生产力。如前所述,发展新质生产力是高质量发展的内在要求和重要着力点,推动浙江海洋经济的高质量发展阶段,意味着需要在技术创新、产业升级、制度变革等各方面发动转型,实现有利于海洋经济高质量发展的各生产要素创新性配置。在这个过程中,如何通过推进增值化服务改革优化政府服务,提升行政效率,为海洋经济发展提供更加精准和高效的政策支持和市场服务,构建开放包容的海洋经济合作体系,需要结合浙江海洋经济的实际情况,制定行之有效的增值化服务改革举措。因此,为实现浙江海洋经济因地制宜地发展新质生产力,需要构建全要素增值服务分析模型,把政务服务增值化改革融入海洋经济高质量发展过程中,更有效地推进各类生产要素创新性配置,提升配置效率。

二、海洋经济的发展要求

海洋经济是我国经济发展的重要增长点,由于海洋空间广阔,探索成本高、风险大,海洋经济正逐渐呈现一种技术密集和环境敏感的特征,展现出区域性明显、产业多元化和国际化程度高的特点。这种经济形态不仅要求高度的技术创新和管理智慧以应对复杂的海洋环境和资源的可持续利用,还需要在全球化背景下进行跨国界的合作与交流,同时受到国家政策和市场动态快速变化的双重影响。

海洋经济同时涉及土地资源利用和海洋资源利用。海洋经济本质上是对海洋资源的开发利用,涵盖了渔业、海洋能源(如潮汐能、波浪能)、海洋运输、海洋旅游等多个领域。对海洋资源的利用呈现出多样化的特征,同时也需要陆地空间用于相关产业的布局和建设,对土地的需求主要集中在沿海地带,包括港口、航道、锚地等。

海洋经济的复杂性要求更多的复合型和跨学科人才。随着新兴海洋产业的重要性与日提高,其作为一个综合性的经济体系,对跨学科和综合性人才的需求日趋显著,海洋经济产业发展对人才的需求涉及海洋科学、工程学、经济学、管理学等多个学科领域。一方面,深海探测、海洋资源开发、海洋能源利用、海洋生物医药等海洋前沿领域,要求人才具备高度的专业知识。另一方面,船舶修造、海洋工程等海洋制造业不同于陆地制造业,它对专业化程度、安全意识、团队协作能力提出了更高的需求,因此其对体力劳动者的筛选要求比起一般的陆地制造业更为严苛。

海洋经济的高投资和大规模开发对涉海金融提出了更高的要求。海洋经济与陆地经济相比,往往是以高投资项目、大规模开发为主,对接市场以面向企业端为主,资金回收周期较长,并且由于所有涉及对海洋资源开发与利用的经济活动必然涉及海运,因此面临着诸多自然灾害风险。涉海金融机构通过提供相关的保险产品和风险管理服务,能有效帮助海洋经济主体增强风险抵御能力。随着涉海金融体系的不断完善,金融对海洋经济发展的支撑作用也将持续加大,涉海企业投融资将向更加便捷、专业化迈进,涉海信贷、保险、基金、信托等金融机构正逐渐成为海洋经济发展不可或缺的一部分。

海洋资源的勘探利用、船舶修造与航行技术、港航物流的管理技术的提升,使海洋经济越发具有技术密集型的特征。首先,海洋经济对科技需求的特殊性体现在对海洋资源的深入探索和高效利用上,海洋蕴藏着丰富的生物、矿产和能源资源,但这些资源的开发和利用需要借助深海探测技术、海洋遥感技术、海洋工程技术等先进的技术来精确掌握海洋资源的分布和储量,实现资源的可持续利用。其次,海洋经济对科技的需求还体现在船舶修造与航运技术的创新升级上。新材料、新工艺的应用能有效提升船舶的航行性能、载货量、燃油效率,船舶导航和通信系统的改进能有效提高航行的安全性和效率。最后,海洋经济对科技的需求还体现在港航物流的智能化管理上,智能化港口管理系统可以实现对船舶进出港、货物装卸等流程的自动化管理,提高港口运营效率。

随着智能时代的到来,海洋数据资产在海洋经济发展中的重要性大幅提升。一方面,新兴海洋产业与信息技术产业呈现出愈加明显的融合性发展趋势,信息技术相关的新型基础设施,如海洋通信网络、海底数据中心、海底光纤电缆系统等信息技术平台的建设都涉及海洋。另一方面,海洋经济的发展本身也呈现出对数据的依赖。渔业捕捞、海洋运输、海上油气开发等都需要数据来支持其决策和运营。此外,由于海洋覆盖地球表面的大部分区域,相关数据的采集往往涉及广阔的空间和长期的监测,因此产生的数据量非常庞大,牵涉物理海洋数据(如温度、盐度、海流)、生物海洋数据(如生物多样性、渔业资源)、化学海洋数据(如水质、污染情况)、地质海洋数据(如海底地形、矿产资源)等各类数据,其潜在经济价值和社会价值巨大。在新一轮科技革命和产业变革中,谁能掌握海洋数据资产化中标准化、技术管理、技术交易的话语权,谁就在海洋经济产业竞争格局中占据有利位势。

海洋经济的高质量发展与政务便捷度、开放程度、法治环境等制度设计紧密相关。首先,海洋经济涉及大量的港口通关,一个高效的政务系统能够简化审批流程,降低企业运营成本,提高市场效率。其次,海洋经济因其与航运相关,是一个高度开放和全球化的领域,需要与国际市场保持紧密的联系。提高开放程度有助于引进国外先进的技术和管理经验,促进海洋产业的创新和升级。最后,良好的法治环境可以规范海洋产业的市场行为,减少不法行为和纠纷的发生,维护市场秩序,有助于提升海洋经济的形象和信誉,吸引更多的投资和合作伙伴,促进海洋经济高质量发展。

三、海洋新质生产力的内涵

海洋新质生产力是基于海洋领域技术革命性突破、海洋特征生产要素创新性配置、海洋产业深度转型升级而催生的生产力。在培育海洋经济新质生产力时,需牢牢把握新质生产力的以高科技为引领、以新兴产业为载体、以供需动态平衡为落脚点、以开放性为理论品质等主要特征,因地制宜地剖析海洋科技、海洋新兴产业、海洋经济的供需关系、海洋经济对新质生产力的特殊需求,从而实现生产关系与生产力发展要求的相适应、新质生产力与地区情况的相适配。

"资源"要素是结合海洋经济特征对"土地"要素概念的进一步外延。土地既是一种可供开发和利用的资源,又是一种承载经济生产活动的空间载体。海洋经济中的"资源"要素包含了用地、用海、用岛、用能等多个方面,海洋渔业、海洋化工业、海洋油气业等行业需要对海洋能源、海洋生物资源、海底矿产资源等开采和利用,港口、工业区、旅游区等建设需要海岸线、海岛、近海区域等海洋空间资源,海上风电、海工平台等新兴海洋产业也需要海洋发挥其作为空间载体的功能。

"人力"要素是"劳动力"要素与"知识"要素在海洋经济对复合型人才需求的拓展与融合。由于海洋经济对人才的多元化需求,"人力"要素对脑力劳动和体力劳动同时提出了更精密、更具综合性的要求,是"劳动力"要素与"知识"要素的融合。一是船舶修造、临港化工等产业对体力劳动和作为"知识"的脑力劳动同时提出了复合要求。二是海洋经济涉及多个学科领域,高端人才需要具备海洋科学、工程技术、环境保护等跨学科的知识背景和综合应用能力。三是由于海洋经济的全球开放性,海洋经济领域的高端人才还需要具备一定的国际视野。

"制度"要素是海洋经济因其开放的特殊性对"管理"要素的进一步聚焦,开放、政策、法治等制度设计都是其一部分。由于海洋经济与政务便捷度、开放程度、法治环境等制度设计紧密相关,因此,要实现海洋经济的高质量发展,必须将作为行政管理的"制度"要素地位拔高。由于海洋经济具有天然的国际属性,依赖于国际贸易和全球市场。因此,海洋经济的高质量发展与开放的贸易环境、国际合作和信息的自由流通息息相关,同时也对通关、集中审批审核等流程的政策效率提出了更高的要求。正因如此,海洋经济活动涉及众多跨国企业的海洋权益和海上活动,需要公正的法律来规范和协调各个海洋经济主体的行为,以维护公平合理的海洋经济秩序。

"资本"要素因海洋经济产业的高投资、大开发、涉海的特点,兼有投资属性与金融属性。海洋产业因其高度涉海性,与海事服务等现代服务业紧密相关,涉海金融在海洋经济领域尤为重要。因此,要实现海洋经济的高质量发展,不能仅以传统视角去理解"资本"这一要素,还要更重视金融的重要作用。

"技术"要素是引领海洋经济产业创新的重要力量。培育形成海洋领域新质生产力的根基在于推进科技创新,通过聚集优质海洋科技创新主体,突破海洋领域关键核心技术,促进高效率科技成果转化,打造海洋领域新质生产力的核心引擎。海洋产业作为新兴产业之一,船舶修造、海洋石化、海洋渔业、海洋能源、港航物流等产业升级都离不开技术的支撑。

"数据"要素在海洋经济发展中扮演愈加重要的角色。数据的收集、分析、应用对于港航贸易、海事服务、临港制造等海洋产业的效率提升至关重要。海洋数据资产化能将海洋数据转化为具有经济价值的资产,通过数据的收集、整理、分析和交易,实现数据的经济价值和社会价值。海洋数据要素的跨区域流动、跨产业共享、跨流程应用,能使其更好地赋能海洋经济各领域、各产业、各环节,助推高质量发展。

海洋经济的发展离不开六大要素的优化组合。要实现海洋经济的高质量发展,需重点推动六大海洋新质生产力要素的创新性配置,因地制宜地适应海洋经济对新质生产力发展的要求与构建新型生产关系,从而实现海洋新质生产力的迸发式增长(见图4-2)。

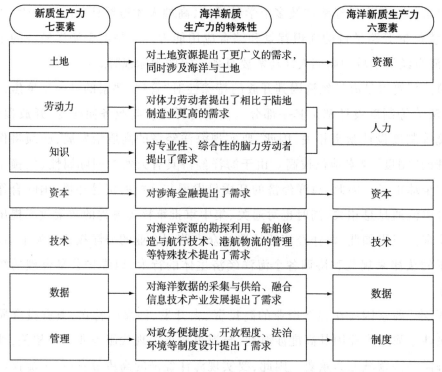

图4-2　海洋新质生产力六要素构建体系

四、全要素增值服务分析模型构建思路

全要素增值服务分析模型是围绕产业链视角进行海洋新质生产力六大要素分析,提出更快速、更有效地带动全要素配置效率的方式方法。TF-VAS分析模型从新质生产力理论出发,结合浙江政务服务增值化改革的实践,通过全面提升产业链发展相关服务资源的配置效率,推动生产要素创新性配置,进而构建与发展新质生产力相适应的生产关系。TF-VAS分析模型构建包含六个步骤。

(一)图谱绘制

构建产业链现状全景分析图谱(见图4-3)。在明确地方主要产业链的前提下,结合《国民经济行业分类》(GB/T 4754—2017)对产业门类进行归类总结,对于每条产业链进行节点式的拆解分析,形成一级、二级细分产业,对于有明确生产联系的产业链,按照从上游到中游再到下游的产业链逻辑,进行产业链细分环节的绘制。将每条产业链分解至二级或三级子领域。其中,对于每个二级或三级子领域,结合当地产业基础和资源禀赋,重点研究、调研在地企业,并围绕其产业链展开研究。

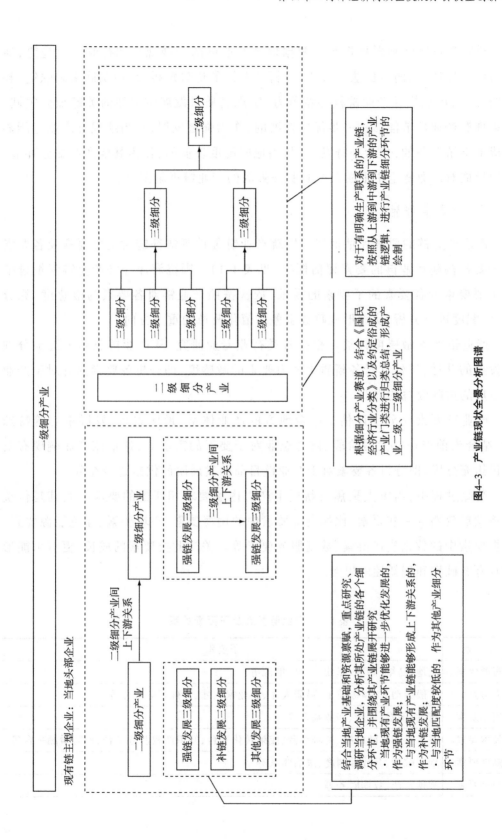

图4-3 产业链现状全景分析图谱

开展产业链强项弱项拆解。根据地方产业链的发展现状和行业发展趋势,通过横向对比法、纵向对比法等方式,分析产业链的优势短板,从而明确未来强链、补链的环节,形成推动产业链核心竞争力、实现高质量发展应关注的关键细分领域。当地现有产业环节能够进一步优化发展的,作为强链发展;与当地现有产业链能够形成上下游关系的,作为补链发展;与当地匹配度较低的,作为其他产业细分环节。从而形成对产业链上中下游及配套服务强弱的产业链拆解图谱。

(二)要素评估

构建产业链的要素评估框架。围绕产业链强链延链补链对主要要素及各要素的子要素构建产业链的要素评估框架(见表4-1)。围绕海洋经济产业链强链延链对主要要素及各要素的子要素的需求,依次按照产业链对各要素的敏感度、充分度、匹配度进行分析,从而形成政务服务增值化改革的重点方向。

产业链要素敏感度评估。根据各类行业专业研究,从产业链及其关键细分领域发展的共性,评估其对各新质生产力要素的敏感度,即分析各要素提升对于产业链发展的边际效益的强弱。

产业链要素充分度评估。结合地方的产业体系、地区禀赋、发展重心等特殊性,结合当前产业链发展阶段、链主企业对于要素的需求等,评估该产业链现有要素供给充分度,即分析各要素对于产业链目前的发展阶段供给是否充分。

在此过程中,需重点聚焦与新质生产力内涵要求相匹配的要素。尤其是传统经济发展忽略的一些要素,比如资源要素中的用海要素、空域要素、绿色能源要素,数据要素中的数据资产要素、数据服务要素等。关注此类要素的成长,更有可能形成具有突破性和创新性的思考。

表4-1 产业链要素及子要素关系

主要素	子要素
资源要素	土地、岛域、海域、岸线、空域、能源等
人力要素	一般劳动力、高级技工、科研人才、企业家人才、特殊行业人才等
资本要素	贷款、债券、保险、产业基金等
技术要素	重大科学基础设施、科研平台、成果转化平台、知识产权服务平台、检验检测平台等
制度要素	地区政策、开放性制度、法治体系等
数据要素	数据资产、数据服务等

（三）匹配分析

要素和产业链匹配度分析。结合产业链对要素的敏感度和充分度评估,形成产业链与要素的匹配度分析。针对敏感要素,按照充分度与不充分度,分别形成不同"强要素"与"补要素"的发展方向。针对供给充分的敏感要素,要进一步加强要素供给。针对供给不充分的敏感要素,要进一步补充要素供给。

要素和增值化服务举措匹配。根据产业链实际需求,将政务服务增值化改革举措与六大生产要素的创新性配置方式进行匹配,形成在项目、人才、金融、技术、知识产权、政策、开放、法治、数据等方面更有针对性的增值化服务举措。

产业链与增值化服务举措在敏感要素上进一步匹配研究。针对已经明确的需要"强要素"与"补要素"的敏感要素,与已经筛选的增值化服务举措进行进一步匹配,形成最有可能产生亮点的发展举措方向并重点研究,根据该产业链对不同要素在创新性配置等不同方面的需求,为下一步形成定制化的增值化服务举措提供支撑依据。

（四）举措研究

开展实地调研。针对当地政府、龙头企业、研究院、数据中心、金融机构等主体,深入开展大量调研,研判各类主体对各产业链要素的配置需求以及供应能力。

开展案例研究。根据产业链重点发展领域以及需要的重点要素,寻找先进案例,总结其对于重点要素配置以及服务产业链的成功举措和失败教训。

开展专家诊断。结合地方产业链实际,邀请产业园区运营专家、行业专家等,围绕产业链要素发展进行头脑风暴,拓展要素提升的整体思路和创新举措。

制定产业链全要素增值服务举措。结合实地调研、案例研究等方法,从个性中提取共性,针对政务服务增值化改革的具体内容和要素进行匹配,对政务服务增值化改革内容进行"从企业到产业""从碎片化到集成式"的优化升级,制定产业链全要素增值服务举措。

（五）模型构建

构建基于全要素的增值服务模型。结合产业链对要素的匹配度,以及对应的各增值服务举措,形成产业链全要素增值服务体系图谱(见图4-4)。全要素增值服务分析模型采用典型的双圈层结构。其中内圈层为要素评估,针对六大要素,分为供给充分、供给短缺、要素不敏感三个等级,作为精准指导增值服务的依据。外圈层分为两部分:一是六大要素下对应的九大政务增值化服务类型;二是具体增值服务名称、内容以及举措,每个要素对应若干项主推的服务,作为推进产业链增值服务的重点抓手。

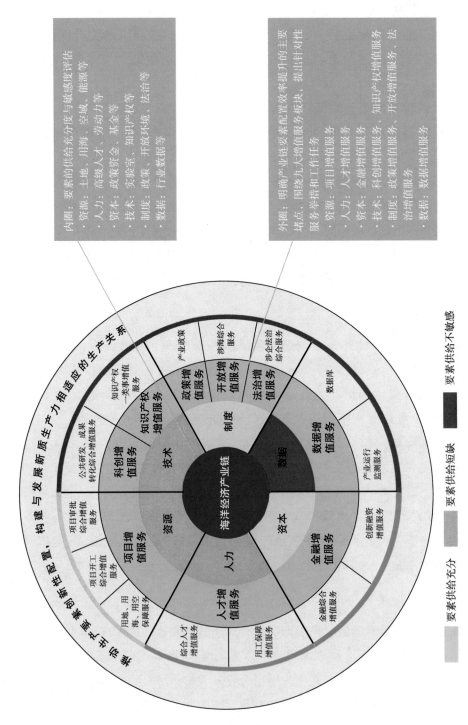

内圈：要素的供给充分度与敏感度评估
- 资源：土地、用海、空域、能源等
- 人力：高级人才、劳动力等
- 资本：政策资金、基金等
- 技术：实验室、知识产权等
- 制度：政策、开放环境、法治等
- 数据：行业数据等

外圈：明确产业链要素配置效率提升的主要堵点，围绕九大增值服务板块，提出针对性服务举措和工作任务
- 资源：项目增值服务
- 人力：人才增值服务
- 资本：金融增值服务
- 技术：科创增值服务、知识产权增值服务、开放增值服务
- 制度：政策增值服务、法治增值服务、涉企增值服务
- 数据：数据增值服务

要素供给充分　　要素供给短缺　　要素供给不敏感

图4-4　海洋经济产业链全要素增值服务（TF-VAS）分析模型

（六）实施应用

制定产业链全要素增值服务任务清单。针对产业链全要素增值服务举措，分解主要任务，明确产业链牵头部门和配合部门，对于每个任务落实到具体部门，形成合作工作机制，提出任务表、时间表和作战图。

制定产业链全要素增值服务流转机制。以当地企业综合服务中心为突破口，以产业链为基础调整涉企问题闭环解决机制，将"问题主动发现—问题高效处置—方案复盘分析—方案晾晒评价"等全流程与产业链和相关要素高度挂钩。

滚动落实产业链全要素增值服务举措。围绕制定的具体任务，定期对任务实施效益进行评估，明确其对要素的提升幅度，对于实施效益较高的举措要坚持实施，形成示范效应，对于实施效益较低的举措，要进一步改进评估方法，改良举措。

TF-VAS分析模型适用于各类以海洋经济产业链形式构建发展思路的经济主体，在本书中该模型将重点用于研究浙江的海洋经济产业链。TF-VAS分析模型在引导政务服务增值化改革方面更具有针对性的优点，更有利于构建与海洋新质生产力相适配的新型生产关系。TF-VAS分析模型充分考虑了各地基础条件和发展水平的异质性，地方政府能更清晰地把握某一海洋经济产业链为发展新质生产力对不同要素的需求情况，从而根据各海洋经济产业链的资源禀赋、产业基础、科研条件等，结合发展目标及各要素的特点，有选择地推动新产业、新模式、新动能发展，便于政务服务资源的集中和定向发力。

第五章 浙江海洋经济高质量发展路径研究

本章将聚焦浙江海洋经济高质量发展,利用全要素增值服务分析模型对浙江的九大重点海洋经济产业链进行分析,并结合目前国家和浙江省的发展导向,对浙江提出全要素创新性配置路径建议。

第一节 浙江海洋经济产业链发展概述

一直以来,向海图强的理念在浙江大地深深扎根,浙江在"海洋大省"向"海洋强省"的转变中不断迈步前行,形成了以建设全球一流海洋港口为引领、以构建现代海洋产业体系为动力、以加强海洋科教和生态文明建设为支撑的海洋经济发展良好格局,形成了高质量发展的海洋经济产业链体系。

一、浙江海洋经济产业链的演变

浙江海洋经济产业链逐渐由粗放式发展向高质量发展进行转变(见表5-1)。

表5-1 浙江省海洋经济发展主要规划文件

年份	政策	战略定位	主导产业
2011年	《浙江海洋经济发展示范区规划》	打造我国重要的大宗商品国际物流中心、海洋海岛开发开放改革示范区、现代海洋产业发展示范区、海陆协调发展示范区、海洋生态文明和清洁能源示范区	海洋新兴产业、海洋服务业、临港先进制造业、现代海洋渔业
2011年	《浙江省国民经济和社会发展第十二个五年(2011—2015年)规划纲要》	建设海洋经济强省。充分发挥海洋资源优势,实施海洋开发战略,统筹海洋经济与陆域经济发展,构建现代海洋产业体系,加快建设全国海洋经济发展示范区	海洋新兴产业、临港先进制造业、现代海洋渔业

续表

年份	政策	战略定位	主导产业
2013年	《浙江海洋经济发展"822"行动计划（2013—2017）》	扶持发展8大现代海洋产业，培育建设20个左右海洋特色产业基地，每年滚动实施200个左右海洋经济重大建设项目	海洋工程装备与高端船舶制造业、港航物流服务业、临港先进制造业、滨海旅游业、海水淡化与综合利用业、海洋医药与生物制品业、海洋清洁能源产业、现代海洋渔业
2016年	《浙江省国民经济和社会发展第十三个五年（2016—2020年）规划纲要》	着力建设海洋经济区。统筹海洋经济发展示范区建设，大力推进海港、海湾、海岛"三海联动"，推动海洋经济发展迈上新台阶	清洁能源、港口物流、绿色石化、船舶制造、海洋旅游、远洋渔业
2021年	《浙江省海洋经济发展"十四五"规划》	建设世界级临港产业集群。包括两大万亿级海洋产业集群，三大千亿级海洋产业集群，若干百亿级海洋产业集群	油气全产业链、临港先进装备业、现代港航物流服务业、现代海洋渔业、滨海文旅休闲业、海洋数字经济产业、海洋新材料产业、海洋生物医药产业、海洋清洁能源产业

　　浙江早期的海洋经济产业链较为粗放。由于对于海洋产业的理解以及生产要素的局限，2011年《浙江海洋经济发展示范区规划》以及《浙江省国民经济和社会发展第十二个五年规划纲要》中，重点关注海洋新兴产业、海洋服务业、临港先进制造业和现代海洋渔业四大产业，其中海洋新兴产业关注海洋装备制造、清洁能源、海洋生物医药、海水利用、海洋勘探开发，临港先进制造业关注船舶工业和其他先进制造业，整体发展重点尚不明晰。2013年，浙江省人民政府办公厅印发《浙江海洋经济发展"822"行动计划（2013—2017）》文件，要求扶持八大现代海洋产业，除了传统的海洋工程装备与高端船舶制造业、港航物流服务业、临港先进制造业、滨海旅游业、现代海洋渔业等，海洋医药与生物制品业、海洋清洁能源产业两大产业被提高到更为重要的位置。

　　2016年1月，浙江省十二届人大四次会议审查批准的《浙江省国民经济和社会发展第十三个五年（2016—2020年）规划纲要》中提出，重点统筹海洋经济发展示范区建设,聚焦清洁能源、港口物流、绿色石化、船舶制造、海洋旅游、远洋渔业六类产业,清洁能源、港口物流、绿色石化等产业链成为浙江海洋经济发展的主力产业。2017年4月,中国(浙江)自由贸易试验区成立,旨在通过制度创新、大宗商品交易、贸易自由化等领域的探索,促进区域经济的开放和发展。浙江自贸区的发展重点是油气全产业链,这也拓展了浙江海洋经济的发展方向。2021年5月,浙江省人民政府印发的《浙江省海洋经济发展"十四五"规划》中,要求建设世界级临港产业集群,包括油气全产业链、临港先进装备制造业两大万亿级海洋产业集群,现代港航物流服务业、现代海洋渔业、滨海文旅休闲业三大千亿级海洋产业集群,海洋数字经济产业、海洋新材料产业、海洋生物医药产业、海洋清洁能源产业四大百亿级海洋产业集群,在数字经济的发展带动下,智能制造、数字产业为浙江海洋经济产业链的进一步发展提供了充分的动能。

浙江海洋经济产业链的演变体现了以下三大特点。

数字经济与海洋经济逐步融合。数字技术的应用促进了海洋经济产业的智能化、自动化和精准化。数字经济赋能海洋物流与供应链管理,通过区块链、云计算等技术实现海运、仓储、通关等环节的信息透明化、流程简化和效率提升,降低交易成本;通过物联网、大数据、人工智能等技术,实现海洋环境监测、海洋资源勘探、渔业捕捞、养殖管理、港口运营等方面的精细化管理和决策支持;数字经济与海洋装备制造产业深度融合,推动了高端船舶制造、海洋工程装备、水下机器人等领域的技术创新和产品升级。数字经济与海洋经济逐步融合,在海洋智能终端、能源电子、海洋卫星应用、电子新材料、海洋仪器设备、海洋数据服务等领域涌现出了一批具有行业代表性的新产业和新业态。

绿色低碳理念逐步渗透海洋经济。绿色低碳理念推动了清洁能源的加速应用。加强海洋清洁能源利用,创建绿色示范项目,大力推动海上风电、潮汐能、波浪能等清洁能源项目的开发,减少对化石能源的依赖,降低碳排放。绿色低碳理念也推动了海洋渔业的绿色升级,推广绿色生产方式,鼓励和支持渔业转型升级,推广绿色生态养殖、循环水养殖等环保型生产方式,减少对海洋环境的污染。推广使用生物饵料、优化饲料配方,降低氮磷排放,减轻富营养化压力。推广低环境影响的捕捞技术和设备,减少捕捞过程中的副渔获物和废弃物,维护海洋生物多样性。

陆海协同逐步影响海洋经济。陆海协同促使沿海地区与内陆地区产业分工更加明确,沿海地区侧重发展海洋装备制造业、现代海洋服务业、海洋高新技术产业等高附加值环节,内陆地区则依托资源优势和成本优势,发展配套加工、原材料供应、物流仓储等产业,形成陆海产业联动效应。充分发挥市场在资源配置中的决定性作用,通过价格信号引导陆地与海洋资源的合理流动和高效利用,促进海洋经济内部结构的优化调整。推动高校、科研院所、企业等创新主体深度合作,共同开展海洋科技攻关,加快科技成果转移转化,提升海洋经济创新驱动能力。

二、浙江海洋经济产业链的布局

根据《浙江省海洋经济发展"十四五"规划》,浙江以环杭州湾海洋科创核心环为引领,全力打造宁波—舟山全球海洋中心城市,重点发展甬舟温台临港产业带、生态海岸带、金衢丽省内联动带、跨省域腹地拓展带。从主要城市来看,浙江海洋经济产业链主要分布在杭州、舟山、宁波、温州、台州、绍兴、嘉兴等城市。

杭州海洋经济产业链以海洋数字经济、海洋生命健康产业为主。杭州地处内陆,不直接拥有海洋资源,因此本地企业一般从陆海协同的角度从事海洋经济活动。从科学原研角度上,杭州拥有众多海洋相关高校及研究机构,包括浙江大学海洋学院、浙江工业大学海洋学院、中国科学院下属研究所、浙江省社会科学院海洋经济研究所等。海洋数字经济领域,杭州在智慧感知领域实力较强,拥有杭州海康威视数字技术股份有限公司、浙江大华技术股份有限公司等多家龙头企业,也有类似部分直接介入海上视频、无人机舱、智能导航等海洋业务的企业。海洋生命健康领域,围绕浙江杭康药业有限公司、华熙生物科技股份有限公司等品牌企业,重点推进海洋创新药物、海洋美容产品等产业链发展。

舟山重点构建九大现代海洋产业链。根据《舟山市现代海洋城市建设"985"行动实施方案(2023—2027年)》,舟山重点布局绿色石化和新材料、能源资源农产品消费结算中心、船舶与海工装备、数字海洋、清洁能源及装备制造、"一条鱼"、海洋文旅、港航物流和海事服务、现代航空九大产业链,构建了全方位、多层次的海洋经济体系。2019—2023年,舟山市地区生产总值年均增速8.9%,海洋经济占地区生产总值比重提升至69%,成为经济增长"顶梁柱"。

宁波市重点发展"361"万千亿级产业集群。根据《宁波市加快打造"361"万千亿级产业集群行动方案(2023—2027年)》,宁波着力培育形成数字产业、绿色石化、高端装备3个万亿级产业集群,新型功能材料、新能源、关键基础件等6个千亿级产业集群及一批新兴和未来产业集群。宁波海洋生产总值从2002年的160亿元攀升至2022年的2307亿元,年均增长14.4%,占宁波市地区生产总值比重达14.7%,占浙江省海洋经济增加值比重为21%。根据《宁波市海洋经济发展"十四五"规划》,预计到2025年,宁波海洋生产总值争取达到3200亿元。

温州市重点聚焦三大海洋产业。根据《温州海洋经济发展"十四五"规划》,温州海洋经济发展聚焦构建现代海洋渔业、临海先进制造业、海洋现代服务业等为特色的现代海洋产业体系,培育壮大海洋经济发展新动能。重点发展海洋渔业、临海先进制造产业、绿色石化及新材料产业、海洋新能源产业、海洋生物医药产业、数字海洋产业、海洋港口物流产业、海洋文旅产业。到2025年力争温州市海洋生产总值突破2000亿元。

台州市重点聚焦"3+3+4"高质量现代海洋产业体系。根据《台州市海洋经济发展"十四五"规划》,要求全面融入长三角,主动拥抱智慧经济,充分发挥区域特色与产业优势,不断做大港航物流、海洋生物医药和近岸文旅3大核心产业,全力做强现代海洋渔业、海洋新能源和临港装备制造3大优势产业,积极培育海洋装备制造、海水淡化与综合利用、风电、化工新材料4大新兴产业,目标到2025年,台州市海洋生产总值突破1000亿元。

绍兴市重点聚焦打造"1+2+N"特色海洋产业集群。根据《绍兴市海洋经济发展规划》,要求做强先进高分子材料"万亩千亿"新产业平台能级,培育发展临港新兴化工材料、海洋功能材料等产业,服务浙江省打造万亿级以绿色石化为支撑的油气全产业链集群。培育发展海洋药物、海洋生物制品等海洋生物医药产业,加快推进临港装备成套化、机电一体化发展,构建具有绍兴特色的海洋生物医药产业集群和杭州湾南翼海洋先进装备制造集聚区,培育现代港航物流服务业、现代海洋工程服务业、滨海文化旅游休闲服务业,加快发展光伏、氢能等海洋清洁能源及海洋生态环保治理等海洋战略新兴产业。目标到2025年,绍兴市海洋生产总值达到600亿元左右。

嘉兴市重点聚焦构建"2+3+2+2"现代海洋产业体系。根据《嘉兴市海洋经济发展"十四五"规划》,要求优化升级海洋渔业、海洋船舶工业两大传统产业,壮大海洋清洁能源、绿色石化及新材料、临港先进装备制造三大海洋支柱产业,加快发展现代港航物流服务、滨海文旅休闲两大海洋服务业,支持发展海洋数字经济、海洋生物医药两大新兴产业。目标是到2025年,力争嘉兴市海洋经济增加值增速不低于全市经济增速;沿海地区生产总值突破3600亿元;沿海5个重大产业平台规上工业总产值力争达到7400亿元。沿海地区绿色石化及新材料总产值达到2900亿元,先进装备制造业总产值达到1450亿元。实现海洋经济产业结构进一步优化,三产增加值占海洋生产总值比重进一步提高。

第二节　浙江海洋经济产业链
全要素增值服务体系分析

本节将围绕浙江海洋经济全产业链,应用全要素增值服务分析模型进行要素分析评估,每条产业链分为产业链分析、要素评估、举措建议三部分。

一、油气全产业链

产业链分析。根据《浙江省海洋经济发展"十四五"规划》,浙江省要高水平建设以超大型有机化工基础原料生产为基础的绿色石化产业集群,推进宁波、舟山绿色石化产业一体化发展,推动两地石化基地互联互通管道工程建设,研究谋划舟山绿色石化拓展项目,形成从石油炼制到基础化工原料、化工新材料、高端专用化学品的完整产业链,共建共享世界级石化基地。进一步吸引油品贸易巨头在宁波、舟山建设存储枢纽,加强海底储油研究谋划,加速油气进口、储运、加工、贸易、服务全产业链发展,打造世界级油气资源配置中心。大力发展保税燃料油和液化天然气(LNG)加注业务、不同税号混兑调和业务,提升宁波舟山港油品混兑加工和LNG接收加注产业规模。加快建设宁波舟山港LNG登陆中心,谋划推进氢能产业链。支持浙江国际油气交易中心发展,深化与上海期货交易所等平台合作,共建长三角期现❶一体化交易市场。推动国际能源贸易总部基地建设(见图5-1)。

---

❶ 期现:期货与现货。

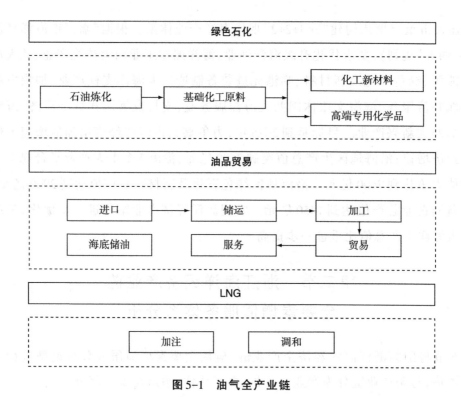

图5-1 油气全产业链

要素评估。浙江油气全产业链企业的实力较强,在绿色石化、油品贸易、LNG等领域拥有浙江石油化工有限公司、荣盛石化股份有限公司、浙江省能源集团有限公司、新奥能源控股有限公司等国内一流的龙头企业,这些企业对资本要素、人力要素、数据要素、技术要素、制度要素相对不敏感,对于资源要素提供的用海用地资源保障极为敏感。目前,浙江岸线资源集中在宁波、温州、舟山、台州四地,土地资源较为紧缺,是浙江需要重点提升的主要要素。

举措建议。可重点关注资源要素提升,主要从审批流程简化和海洋资源深度开发、交易上进行创新。要从企业需求出发,以土地开发审批的便捷化为基础,将海洋经济涉及的土地使用权、海域使用权、空域使用权的交易、让渡、划拨一体化执行,全面提升审批和资源利用效率。

二、临港先进装备制造业产业链

产业链分析。根据《浙江省海洋经济发展"十四五"规划》,浙江省要聚力突破船舶与海洋工程关键技术瓶颈,支持发展高端特种船舶制造业。开展大型集装箱船舶、国际豪华邮轮等维修业务,支持舟山建设成为国际一流水平的船舶修造基地。大力培育发展大型海洋钻井平台、大型海洋生产（生活）平台等海洋工程装备制造业，推进水下运载及作业装备国产化，加快海底电缆（光缆）技术及产品研发，支持风电装备、大型石化、煤化工装备制造业发展，培育形成全国领先的临港先进装备制造基地。围绕集群化、数字化、智能化，突破动力电池、电驱、电控关键技术，创新发展汽车电子和关键零部件产业，完善充电设施布局，打造全球一流的新能源汽车产业集群（见图5-2）。

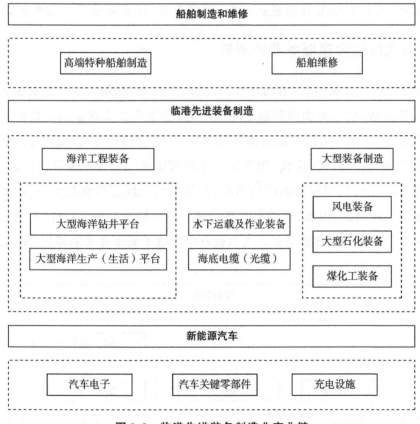

图5-2　临港先进装备制造业产业链

要素评估。临港先进装备制造业企业主体对人力要素、资本要素、资源要素、技术要素、制度要素较为敏感，对数据要素不敏感。浙江在资本要素、资源要素的供给基本充分，浙江"4+1"专项基金群（由新一代信息技术、高端装备、现代消费与健康、绿色石化与新材料4大产业集群基金和"专精特新"母基金组成）预计可撬动2000亿元以上基金规模，各类用地基本可以保障临港先进装备制造业。但人力要素提供的高质量人才梯队保障、技术要素提供的新技术攻关和知识产权服务保障、制度要素提供的对外开放政策,浙江均有一定提升空间。

举措建议。人力要素方面,推动为人才认定、住房安居、子女就学、居留落户、资金补助等服务事项的全生命周期诉求提供服务。技术要素方面,重点考虑海洋经济产业在创新方向的专业性和定制化,做好技术链的梳理以及掌握关键技术的人才团队、科研院所的梳理,并且打造院所和企业的需求对接平台,把创新技术从文献整理到成果转化的全链条打通。制度要素方面,要结合当地的海洋经济在对外贸易、外资合作上的实际情况以及在自贸区、综保区政策上的重点发展方向,开展服务创新,有针对性地开展企业出海、跨境业务、外资对接等一类事整合服务。

三、现代港航物流服务业产业链

产业链分析。根据《浙江省海洋经济发展"十四五"规划》,浙江省要做大浙江海港大宗商品交易中心、舟山国际粮油集散中心,打造东北亚铁矿石分销中心。研究开发个性化、区域化的大宗商品价格指数体系,完善仓储物流、供应链金融和交易撮合等服务功能,发展货代、船代、报关等船舶增值服务。培育壮大江海联运、海河联运、海铁联运业务,以宁波舟山港为中心,拓展与长江经济带重要港口、产业园区的合作。支持发展内支、内贸、近洋集装箱运输业务。加快打造全过程综合物流链条,做优做强"门到门"全程物流服务。大力创新跨境电子商务业务新模式(见图5-3)。

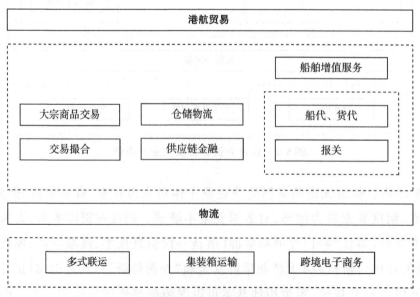

图5-3 现代港航物流服务业产业链

要素评估。现代港航物流服务业产业链对应的企业主体在发展过程中,通常面临物流网络优化、服务模式创新、信息技术升级等挑战,对于人力要素、资源要素、技术要素的敏感度较低,对于资本要素、制度要素、数据要素的敏感度较高。资本要素方面,浙江目前直投港航物流服务业的基金较少,制度要素和数据要素方面,与全球一线航运发达国家如新加坡、荷兰等尚有一定差距,是浙江需要重点提升的主要要素。

举措建议。资本要素方面,用好基金工具,为企业合理运用政策性和商业性金融工具、优化融资结构提供解决方案。制度要素方面,要在特定领域为企业提供对外开放的资源对接和政策支持。数据要素方面,要充分围绕供应链服务做文章,提取有价值、易获取的数据,开展资产化应用探索。

四、现代海洋渔业产业链

产业链分析。根据《浙江省海洋经济发展"十四五"规划》,浙江省要集成推广循环水养殖、抗风浪深水网箱、大型围栏养殖、生态增养殖,探索深远海养殖,加快布局智慧渔业,提升渔业装备化、绿色化、智能化水平。高标准建设温州、舟山、台州等地国家级海洋牧场示范区。鼓励开展渔业国际合作,加快远洋渔业产业化发展,打造远洋渔业产业全链条。大力提升水产品精深加工业发展与营销能力,重点突破海洋食品精深加工关键技术,做精一批具有浙江特色的海洋食品。加快休闲渔业创新发展,加强渔港和渔船避风锚地建设,促进海洋渔业第一产业、第二产业、第三产业融合发展(见图5-4)。

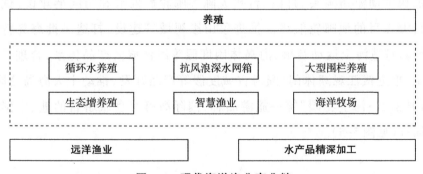

图5-4　现代海洋渔业产业链

要素评估。现代海洋渔业产业链对资源要素、技术要素等不敏感,但对于资本要素提供的保险保障、数据要素提供的数据分析支撑、制度要素提供的开放保障、人力要素提供的务工人员等,均有较强需求,尤其是务工人员。渔业行业在2022年由于政策原因导致用工人数一定数量减少,是浙江需要重点提升的主要要素。

举措建议。资本要素方面,要围绕中小型渔业企业和渔民的主要融资需求以及渔业的季节性特征,形成条线短、易获取的贷款模式和保险模式。数据要素方面,要围绕供应链、精深加工提取有价值的数据链,开展资产化应用,提升整体效率。制度要素方面,要加强渔业的国际合作水平,推动商品的"走出去"和"走进来"。人力要素方面,对于长期在外生活工作的海员群体,需要充分保障其家庭稳定;对于季节性较强的养殖捕捞产业,需要打造较为灵活的就业对接平台。

五、滨海文旅休闲业产业链

产业链分析。根据《浙江省海洋经济发展"十四五"规划》,浙江省要实施浙江省文化基因解码工程,深入开展海洋自然和文化遗产调查与挖掘保护,放大宁波、温州、舟山海上丝绸之路文化遗址价值,保护温州、台州等抗倭海防遗址。建设海洋非物质文化遗产馆、围垦文化博物馆等海洋文化设施,策划海洋民俗、海上丝绸之路文化、海防文化等主题展览,高水平打造一批海洋考古文化旅游目的地。开展海洋自然遗产调查,加大自然遗产保护力度,打造一批海岛地质文化村和地质文化小镇。加快推动温州洞头、舟山、台州大陈等邮轮始发港和访问港建设,试行有条件开放公海无目的地邮轮航线。推进象山影视城等建设,打造一批海岛特色影视小镇。创新打造海上运动赛事、海岛休闲度假等海洋旅游产品体系,合理控制海岛旅游客流,推进钱江观潮休闲、滨海古城度假等产品开发,推动十大海岛公园建设,打造"诗画浙江·海上花园"统一旅游品牌,国际海鲜美食旅游目的地、中国海洋海岛旅游强省(见图5-5)。

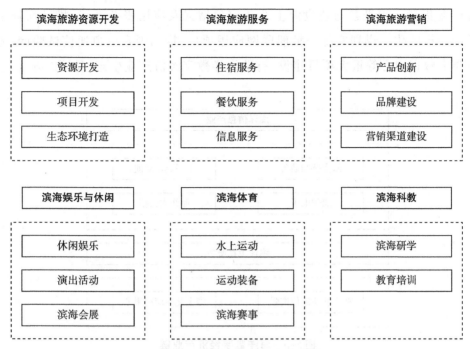

图5-5 滨海文旅休闲业产业链

要素评估。滨海文旅休闲业产业链面临品牌建设、市场推广、产品创新等需求。对制度要素、技术要素、数据要素相对不敏感,对资源要素、人力要素、资本要素敏感度较高。资源要素方面,浙江在旅游资源开发上缺少爆点;人力要素方面,浙江要把自身数字经济人才的亮点充分发挥。资本要素方面,浙江要在进一步围绕项目创新上吸引资本集聚。

举措建议。资源要素方面,重点围绕当地的产业项目打造文化传承驱动、生态驱动等特色品牌,挖掘文旅资源的复合化特性,推动文旅资源的多元利用。人力要素方面,重点关注直播类、网红类、创业类人才的特殊认定和服务需求,做好全维度的认定工作。资本要素方面,要重点关注具有打造爆款项目和创新项目的投资商和运营商,为这些企业重点搭台。

六、海洋数字经济产业链

产业链分析。根据《浙江省海洋经济发展"十四五"规划》,浙江省要深入实施数字经济"一号工程"2.0版。加强国家卫星海洋应用系统、海洋信息感知技术装备的研发制造,加快形成海洋感知装备、卫星通信导航、海洋大数据、船舶电子等海洋信息产业集群。积极参与建设海上北斗定位增强及应用服务系统,推动海洋卫星服务产品产业化。谋划实施一批船联网应用项目,推动国家应急通信试验网、省智慧海洋大数据中心等重大项目建设,打造海洋数字经济产业生态(见图5-6)。

图5-6　海洋数字经济产业链

要素评估。海洋数字经济产业链存在大量初创期企业,对资源要素相对不敏感,对制度要素、技术要素、数据要素、人力要素、资本要素敏感度较高。浙江省制度要素保障供给较为充分,但对于资本要素提供的融资保障和资金支持、人力资源提供的高端技术人才保障、技术要素提供的研发制造和先进成果转化、数据要素提供的海洋数据资产的资本化和创新应用等多个方面,均有较强需求。资本要素方面,浙江目前还欠缺对超前技术孵化的专项基金。人力资源方面,兼具海洋经济知识和数字经济知识的高端技术人才相对广东较弱。技术要素和数据要素方面,浙江虽然供给较为充分,但仍有较大的提升空间。

举措建议。资本要素方面,不能只提供政府的引导投资基金或政策性资金扶持,在投资后也要进一步为企业提供合作场景、市场对接等投后赋能服务。人力要素方面,由于数字经济类人才往往要投入大量时间工作,要全维度关心关爱其在个人生活、身体健康方面的问题,形成增值服务。技术要素方面,聚焦陆海联动相关的海洋环境感知、海洋动力系统、海洋绿色资源等领域,打造关键技术可充分转化的新型研究机构,帮助企业技术孵化。数据要素要重点关注新领域沉淀的海洋数据、海试数据、场景数据,探索数据的合规流通、交易和资产化。

七、海洋新材料产业链

产业链分析。根据《浙江省海洋经济发展"十四五"规划》,浙江省要加快培育海洋新材料研发与成果转化载体,谋划"海洋新材料—装备关键部件制造—高端海洋工程装备和平台"产业链,打造海洋新材料产业集群。聚焦海洋工程材料、海洋生物材料等关键领域,加快发展海洋重防腐材料、海洋密封材料等。面向海洋医药开发需求,重点研发医用再生修复材料、组织工程材料、药物缓释材料等海洋高技术材料(见图5-7)。

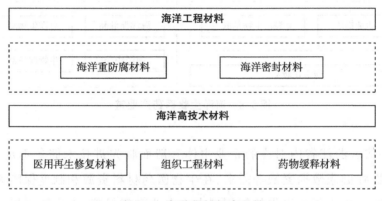

图5-7　海洋新材料产业链

要素评估。浙江省内相关企业主体在材料研发、产品创新和市场拓展等方面展现出较大的活力,但也面临着技术创新转化和商业模式创新的双重挑战。企业主体对资本要素、人力要素、技术要素的需求日益增强,需要重点提升。

举措建议。资本要素方面,要用好省内绿色石化与新材料产业基金,与专业第三方机构和科研机构联合,发起超前孵化子基金,在技术开始研发时即考虑后期的市场化应用,强化投早投小。人力要素方面,要鼓励省内研究所通过国际科学计划发布、峰会活动等形式招引海外专家,扩大团队合作范围。技术要素方面,要做好相应的科技供应链服务工作,为企业对接技术做好专利导航。

八、海洋生物医药产业

产业链分析。根据《浙江省海洋经济发展"十四五"规划》,浙江省要聚焦鱼油提炼、海藻生物萃取、海洋生物基因工程等核心技术,力争在海洋生物医药领域研发应用上取得明显突破。重点依托杭州生物产业国家高新技术产业基地、台州生物医化产业研究园、宁波生物产业园、舟山海洋生物医药区块、绍兴滨海新城生物医药产业园、金华健康生物产业园等平台,引育一批海洋生物医药龙头企业,打造一批具有显著影响力的产业集群。加强科技金融专营机构引育,建立完善科技信贷、风险投资、上市并购、科技保险等金融服务模式,推进海洋生物医药做大做强(见图5-8)。

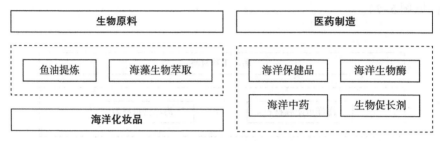

图5-8　海洋生物医药产业链

要素评估。浙江省内对应的企业主体一般面临先进技术储备不足、高端技术人才稀缺、医疗健康数据紧缺等需求,在生物医药材料资源和制度保障方面供给较为充分,但对于资本要素提供的创新型中小企业融资保障、人力资源提供的专业研发人才保障、技术要素提供的先进技术研发和持续技术创新、数据要素提供的医疗健康数据整合应用等多个方面,均有较强需求。

举措建议。资本要素方面,围绕生物医药产业开发周期长的特点,要有针对性地形成长周期的融资产品。人力要素方面,要全维度关心关爱生物医药类高端人才在个人生活、身体健康方面的问题,形成增值服务。技术要素方面,要围绕海洋生物医药这一特殊方向,定向集成科技供应链服务工作,打造有海洋特色的论文库、专利库,为企业做好专利对接工作。数据要素方面,要围绕临床试验数据在研发中的充分利用开展一系列创新举措探索。

九、海洋清洁能源产业

产业链分析。根据《浙江省海洋经济发展"十四五"规划》,浙江省要加强海上风机关键技术攻关,加强风电工程服务,有序发展海上风电。创新发展海岛太阳能应用成套体系,加快太阳能海上应用推广,推进渔业光伏互补试点。支持发展沿海核能,开展核电站勘探、设计、评估以及核电产品检验检测等业务。稳妥推进国家级潮流能、潮汐能试验场建设,重点聚焦潮流能技术研发、装备制造、海上测试(见图5-9)。

图5-9　海洋清洁能源产业链

要素评估。产业从装备制造到后期运维服务,各个环节均需要技术创新和资本投入的大力支持。企业的实力一般较强,对资本要素、制度要素、数据要素相对不敏感,但对于人力要素提供的人才梯队保障,资源要素提供的用海用地资源保障,技术要素提供的新技术攻关和知识产权服务保障,均有较强需求。

举措建议。人力要素方面,产业对于一般用工、高级技工、研发类人才均有大量需求,需要围绕不同类型人才形成画像,定制化、针对性地给予服务。资源要素方面,要围绕海洋资源分层开发、交易、利用等方面进行体制机制创新,推动可行的商业模式创新。技术要素方面,要做好科技供应链服务和知识产权服务,并且加强场景化海试、产品中试的必要服务。

第三节　浙江海洋经济产业链
全要素创新性配置路径

本节将从统筹配置、集约配置、高效配置、精准配置、智能配置五大维度,对浙江海洋经济全产业链发展相关的六大要素,提出全要素创新性配置路径建议。

一、统筹配置

浙江海洋经济产业链发展中,需要重点加强统筹配置的关键要素包括资源要素、资本要素、技术要素、制度要素、数据要素。

资源要素统筹配置的关键点在于对稀缺性资源和指标的统筹利用。目前在全国推动"能耗双控"逐步转向"碳排放双控"的背景下,海洋经济发展的主要问题在于能耗指标、排放指标以及海底管廊资源等稀缺性资源和指标的分配。要做好这些资源和指标的统筹分配工作,需要从国家战略全局思考的角度,将关键的资源和指标投入到对于重大战略帮助大、提升多的项目上,而并非完全从市场角度思考项目的收益性等经济价值。

资本要素统筹配置的关键点在于对海洋经济前沿技术赛道资金的统筹布局。海洋经济前沿技术的产业化离不开大量资金的支持,而且部分前沿技术如潮汐能、海洋能、海底固碳等技术的产业化市场前景不明,极难有市场化资金参与,在此背景下,就需要政府统筹一批金融支持手段支撑此类产业的先导化布局。浙江省目前已经形成了"4+1"专项基金集群,可以在此基础上围绕投资需求较大但市场化资金获取较难的产业形成特殊的投贷机制设计。

技术要素统筹配置的关键点在于利用新型举国体制推进海洋经济前沿科技的创新。科技创新要坚持"四个面向"战略导向,即"面向世界科技前沿、面向经济主战场、面向国家重大需求、面向人民生命健康",加强科技创新全链条部署、全领域布局,全面增强科技实力和创新能力。技术要素的统筹配置就是要围绕"四个面向"的战略导向,通过新型举国体制的体制机制创新,推动浙江省在海洋科技全产业链上各具优势的创新主体"力往一处使",解决重大关键技术难题。

制度要素统筹配置的关键点在于海洋经济顶层组织机制的统筹设计。海洋经济的制度设计涉及面广,要做好统筹配置必须形成制度发布主体和管理主体的统一。2024年1月,浙江省成立海洋经济发展厅,负责统筹协调涉海涉港工作,统筹推进海洋经济发展,统筹推进浙江海洋产业发展和海洋科技创新,统筹推进海洋港口发展、建设、管理,这一举措将为未来海洋经济的制度要素统筹配置奠定良好的基础。

数据要素统筹配置的关键点在于海洋经济数据统一标准的建立。海洋经济的数据要素极为多元,并且涉及多个学科。数据要素要通过统筹配置做到物尽其用,就必须由政府联合第三方机构形成统一的数据标准,消除数据在不同主体间流通的阻碍。

二、集约配置

浙江海洋经济产业链发展中,需要重点加强集约配置的关键要素包括资源要素、人力要素、数据要素。

资源要素集约配置的关键点在于海洋空间资源的集约利用创新。随着海洋经济快速发展,用海需求持续增加,海域空间资源稀缺性日益凸显。开展海域立体分层设权是完善海域资源资产产权制度、丰富海域使用权权能的重要举措,也是缓解用海矛盾、提高资源利用效率的必然选择。根据 2023 年自然资源部印发的《自然资源部关于探索推进海域立体分层设权工作的通知》(以下简称《通知》),对海域使用权进行定义,明确海域是包括水面、水体、海床和底土在内的立体空间。对排他性使用海域特定立体空间的用海活动,同一海域其他立体空间范围仍可继续排他使用的,可仅对其使用的相应海域立体空间设置海域使用权。《通知》明确加强国土空间规划对海域立体开发建设活动的引导和约束,规范立体分层设权项目用海审批,鼓励对跨海桥梁、养殖、温(冷)排水、海底电缆管道、海底隧道等用海进行立体分层设权。浙江要做好海洋资源的集约配置工作,就一定要做好海洋立体分层的实践创新。

人力要素集约配置的关键点在于人才的柔性化利用。人才柔性化利用指打破传统的户籍、档案、身份等干部人事制度中的束缚,在不改变人才与其原单位隶属关系的前提下,经过协商、双向选择、来去自由,将人才以"长租短借"等灵活方式共享,以最大限度地利用人才价值,实现"智力流动"。与以前的人才流动方式相比,柔性流动更强调了个人的来去自由和单位用人的独立自主,做到人尽其才、才尽其用。浙江发展领域众多,要做好海洋经济领域的人力要素集约配置,就一定要在人才柔性化利用上做足创新。

数据要素集约配置的关键点在于数据的平台化归集。数据要素作为一种全新的生产要素,近年处于数据信息大爆炸的阶段,大量冗余数据、垃圾数据也对数据要素的充分利用提出了重大挑战。2022 年,浙江智慧海洋大数据中心成立,该中心以数据驱动和区块链为主线,为海洋数据资源全生命周期管理共享和资产化运营服务提供完备解决方案,建立起浙江海洋大数据安全开放的应用环境和共享协作的智能服务能力。以智慧海洋大数据中心等平台为主导,浙江要做好海洋经济领域的数据要素集约配置,就要围绕各产业链领域分别形成定制化的数据平台。

三、高效配置

浙江海洋经济产业链发展中,需要重点加强高效配置的关键要素包括资源要素、人力要素、资本要素、技术要素、制度要素、数据要素。

资源要素、资本要素、制度要素高效配置的关键点在于供给流程的优化。要素高效配置最重要的实现方式就是在要素审批、备案中的流程再造和优化,以达到要素快速供给的效果。浙江在这些方面已经形成了大量的实践经验,2024年浙江省委办公厅、浙江省人民政府办公厅印发的《关于推进政务服务增值化改革的实施意见》中强调,要依托各级政务服务中心,实现企业需求"一个口子"受理,完善全流程帮办代办服务,实现政策"免申即享、直达快享、快享快办",整体办事流程从"一日办结"到"一次办好"到"一次不跑",推动要素尽可能地高效配置。

人力要素高效配置的关键点在于人才导航、搜索、对接体系的完善。人力要素的高效配置,需要围绕海洋经济所需求的人才要求,建立由"行政机构+第三方人力资源服务机构"组成的完善的人才导航、搜索、对接体系,短期内由市场化的第三方人力资源服务机构负责人才对接,长期可以和高校、职业院校等形成校企人才合作培育机制,快速培育人才。

技术要素高效配置的关键点在于技术提供方和使用方的快速对接。海洋经济的技术要素一般专业化程度较高,一项普通的技术可能同时涉及海洋测试、海洋防腐、海洋生态保护等多个领域,所以要做好海洋经济技术要素的高效配置,就要重点搭建专业化的供技术提供方和使用方对接的平台,包括产业联盟、技术联盟等多种形式,帮助双方快速确认需求并确定技术成果的转化方式。

数据要素高效配置的关键点在于算力与服务的充分结合。人工智能时代,海洋经济数据要素要实现高效化利用和配置,离不开AI模型的参与,通过AI模型对海量数据进行模型化处理,为海洋环境、跨境贸易、海运仓储、金融保险等多个经济场景提供数据模拟,可以更高效地提升数据在分析实际情况的价值。

四、精准配置

浙江海洋经济产业链发展中,需要重点加强精准配置的关键要素包括资源要素、人力要素、资本要素、技术要素、制度要素、数据要素。

资源要素精准配置的关键点在于关键资源使用标准的评估调控。对于海洋经济稀缺的土地资源、海域资源、空域资源、能耗资源、污染物排放指标资源等,要设定这些关键资源准许使用标准以及产出标准,保证这些资源形成最大化的经济效益和社会效益产出。例如,浙江长期探索的标准地改革经验,推行"标准地+承诺制",在土地出让前,将土地整理成权属清晰、界址准确、土地使用各项控制指标明确的"熟地",竞买人参与竞买土地即承诺接受并执行出让公告中的各项条件,如经济产出、税收产出等。未来,围绕海域、空域的资源要素精准配置,需要浙江在标准地的经验上更进一步,进行优化迭代。

人力要素精准配置的关键点在于对人才需求的精准服务。海洋经济的人力资源包含众多门类,除了一般意义的高学历人员,也包括了高水平技术工人、高水平海员、高水平交易人员、高水平创业人员、高水平直播类人员等,为保证如此多元的人才门类进行精准化的配置,要做好定制化的人才评估标准制定,重视为专才、偏才形成专门的人才标准认定机制。同时,要重点考虑海洋经济产业的人才需求,围绕人才的全生命周期诉求提供服务。

资本要素精准配置的关键点在于市场化机构的充分参与。浙江在市场化机构如商业银行、保险机构、基金机构、中介机构的发展全国领先,海洋经济由于其专业性和复杂性,特别需要这些机构从市场角度出发,围绕最需要资本投入的方向,如首台(套)设备应用、超前技术成果转化等,提供更加灵活多样的资本运作方式,并加强资本的风险管理能力,将资本要素"花在刀刃上"。

技术要素精准配置的关键点在于新型研发机构的有效参与。新型研发机构是以科技创新需求为导向,主要从事科学研究、技术创新和研发服务的组织,采用现代化的管理制度、市场化的运行模式和灵活的用人机制,具有独立法人资格,内控制度健全完善,主要开展基础研究、应用基础研究、产业共性关键技术研发、科技成果转移转化以及研发服务等。重点考虑海洋经济产业在创新方向的专业性和定制化,新型研发机构的引入可以帮助技术要素的供给方如高校、实验室,与技术的使用方如企业,通过技术经理人对于技术需求的"精准翻译",达到技术要素充分匹配产业发展需求的效果,并通过全球化的技术导航、技术对接服务,切实做到技术要素精准配置。

制度要素精准配置的关键点在于制度的评估、反馈、完善体系。海洋经济领域的政策、法律等方面的难点、堵点极为复杂,涉及各类国际法律、跨国贸易政策、与军区管理的协调等方面,海洋经济领域的政策和法律往往难以做到一次性就形成完善的体系,要充分吸收各方意见,围绕海洋经济产业中特殊的政策执行堵点、难点进行针对性的"一件事"设计,并且反复通过企业调研、政策效用评估等手段,对制度要素进行反馈,最终形成精准化配置。浙江未来制度要素精准配置,建议围绕自贸区、综保区、岛际低空经济政策创新以及企业出海、跨境业务政策创新进行展开。

数据要素精准配置的关键点在于数据的标准化和资产化应用。海洋经济的数据要素门类纷繁复杂,要在大量的数据中做到"物尽其用"的精准化配置,就要导入专业的市场化团队去识别数据的市场化价值。所以,一定要做好数据标准化工作,在数据收集、存储、处理的每一个环节都遵循统一的标准和规范,确保数据的一致性和可比性,保证数据在不同主体、不同系统间的无缝对接。在此基础上,要充分发挥市场化力量,建立完善的数据治理体系,推动数据要素的资产化。

五、智能配置

浙江海洋经济产业链发展中,需要重点加强智能配置的关键要素包括资源要素、人力要素、资本要素、技术要素、制度要素。

要素智能配置的整体路径差异性较小,其关键点在打造对要素数据的"全流程应用"。一是要围绕关键数据建立要素数据库,这是智能配置中差异性程度最高的部分。由于各要素可收集数据的不同,数据库的表现形式也会产生差异,资源要素围绕可供给的土地、楼宇、能源、港口、岸线、岛屿、海域、空域形成数据库,人力要素围绕当地人才、周边人才、全国人才、全球人才形成数据库,资本要素按照银行、保险、基金等不同主体维度以及可提供的金融产品维度形成数据库,制度要素围绕当地政策、法规以及开放服务形成数据库,技术要素围绕当地的专利服务供给、高校资源、实验室资源、成果转化平台资源形成数据库。二是要建立可视化数据驾驶舱,围绕数据库打造相应的分析应用系统,对这些数据进行标准化、规范化、可比化、可视化的处理,使其具有分析应用价值。三是建立数据智能匹配机制,通过人工智能手段,对驾驶舱中的数据提取关键标签,一方面为关键要素智能匹配需求主体,另一方面为政务增值服务智能匹配需求主体。

第六章　浙江舟山群岛新区海洋经济高质量发展实证分析

本章将对浙江省主要的海洋经济承载区——舟山群岛新区进行全产业链剖析，利用全要素增值服务分析模型进行实证分析，围绕九大产业链对要素敏感度、要素供给充分度以及匹配度较高的专项增值服务举措开展研究。

第一节　浙江舟山群岛新区九大产业链全景分析

围绕舟山九大产业链，对每条产业链发展概况及优势短板进行梳理，并分析产业链要素的敏感度和供给充分度，最终形成产业链全要素增值服务图谱，为构建产业链全要素增值服务体系形成分析基础。

一、绿色石化和新材料产业链

对绿色石化和新材料产业链进行分析，形成产业链需求匹配"四链合一"图（见图6-1），并构建产业链全要素增值服务图谱。

（一）产业链发展概况及优势短板分析

1. 产业链发展愿景

绿色化工和新材料产业链打造"1+3+1"产业发展体系，以绿色石化核心产业为引领，拓展新能源材料、电子新材料、结构新材料等新材料产业，提升精细化、高端化产品制造水平，发展化工设计、设备维保、工程服务、科技服务等生产性服务业，提高一体化综合性服务能力，实现产业链强链补链。完善"一核五区"产业空间布局，发挥浙江石油化工有限公司4000万吨/年炼化一体化项目的龙头引领作用，加快推动绿色石化基地向下游新材料延伸产业链。金塘重点发展高性能纤维、高端工程塑料等领域的结构新材料，舟山高新技术产业园区重点发展应用于半导体、新型显示、5G通讯等领域的电子新材料和应用于电池、光伏等领域的新能源材料，六横重点发展高性能纤维、高端工程塑料等领域的结构新材料和应用于电池、光伏等领域的新能源材料,定海工业园区重点发展应用于电池、风电等领域的新能源材料,岱山县重点发展高性能纤维、高端工程塑料等领域的结构新材料,形成绿色石化和新材料产业上下游产业协同、高端制造与专业服务深度融合的发展格局。把握中高端材料国产化新要求,加快集聚一批产业融合度高、专业性强、创新动能活跃的生产性服务业企业,重点推动一批生物基新材料领域、关键结构领域产学研成果转化,推进 α-烯烃、聚烯烃弹性体(POE)、聚氨酯弹性体、硅碳材料等先进技术应用。

2. 产业链发展现状

2023 年,舟山市绿色石化和新材料产业工业总产值近 2700 亿元,同比增长10.3%,占到舟山市规模以上工业总产值的 70.2%。在绿色石化核心产业、新能源新材料、电子新材料、结构新材料等领域初步形成集聚,石化产业集群入选省级核心区、协同区培育。2024 年一季度,全市规上新材料产业工业增加值同比增长 12.9%,居全省第一。

具体来看,依托浙石化和绿色石化基地,绿色石化核心产业链相对完备。以4000 万吨/年炼化一体化项目为核心,舟山在绿色石化领域围绕乙烯、丙烯、C4 形成了较为完整的产业链条,并向芳烃产业链进行高端化构建。舟山绿色石化基地目前一二期已开发面积达 23 平方千米,是我国首个"离岸型"石化基地、首个 4000 万吨级炼化一体化基地、首个投资超过 2000 亿元的石化项目,基地的炼油、乙烯、对二甲苯等产能规模居国内第一。

新能源新材料、电子新材料、结构新材料相对薄弱。三大领域项目以原材料为主,下游延伸至产业应用端的项目较少,主要集中在电池材料、光伏材料、半导体材料等方向,有待进一步延链补链。

3. 产业链优势及短板分析

绿色化工核心产业链产能优势明显,但高端化程度不足。整体来看,舟山已经建成了全国最大、单体产能全球领先的大型石化基地,在乙烯、对二甲苯等产品上拥有国内最大单体产能,下游产品线完整,产量国内领先,存在向下游新材料发展的核心优势。但是产业高端化程度不足,产品以 C2、C3 下游传统产品为主,后续需要重点聚焦醋酸乙烯共聚物(EVA)、POE 弹性体、超高分子量聚乙烯(UHMWPE)、高性能聚酰胺纤维(PA)等高附加值材料,进一步强化产业链,围绕"聚丙烯腈-碳纤维"产业链进行补链。

下游延伸不足的劣势明显,须围绕下游新材料方向加快布局。舟山绿色石化产业高度依赖浙江石油化工有限公司,浙江石油化工有限公司产值占舟山绿色石化和新材料产业产值接近98%。同时,舟山绿色石化产业存在下游新材料延伸不足、高端化产品规模较小的短板,大量化工产品停留在相对上游的产品阶段,未向下游形成明显的应用集群,整体产品附加值有限。舟山绿色石化和新材料产业未来需要重点关注新能源相关材料、电子新材料、高性能纤维和高端工程塑料等下游新材料方向,加快布局。

石化生产性服务业企业较少,须围绕全环节进行补足。生产性服务业贯穿于整条产业链的各个环节,引领产业向价值链高端提升,实现服务业与工业在更高水平上的有机融合,对促进技术进步和提高生产效率发挥着至关重要的作用,发达国家的生产性服务业占服务业的比重一般超过50%。目前,舟山的石化生产性服务业尚处于发展初期,企业较少,对产业的支撑力度不足,后续须重点围绕化工设计、工程服务、设备维保、节能环保、信息技术、物流仓储等行业生产运作中的关键服务支撑,补足产业链环节。

(二)产业链六大要素分析

1. 要素敏感度分析

产业链对资源要素敏感度高。绿色石化和新材料产业链重点关注的资源要素主要包括土地、能源、原材料等方面。土地方面,绿色石化和新材料企业建厂投产需化工用地,且须在省级化工园区内部进行生产;同时,企业通常需要拥有广阔的用地用于建设生产厂区、储罐区、废水处理设施等,石化基地需要将这些不同种类用地根据产业需求进行充分整合,对于化工用地的需求量巨大。能源方面,绿色石化和新材料企业生产过程中需要大量的电力、天然气、燃料等能源资源来驱动设备和提供热能,需要稳定可靠充足的能源供应。水资源等原材料方面,淡水尤其是原水作为重要的原料以及在冷却、溶剂、废水处理等领域的应用,绿色石化和新材料对淡水资源需求较大。

产业链对人力要素敏感度高。技术工人方面,国家政策要求化工从业工人学历必须在高中及以上,且需要接受过专业化的培训,熟悉安全管理、生产流程和操作规程,其要求远高于其他各类行业。研发人员方面,作为基础研究的直接转化,绿色石化和新材料产业需求一支具备化学工程、材料科学等相关专业背景的高水平研发团队,方便深入理解产品的结构与性能,开展新材料的合成、改性、性能测试等工作,以提高企业的技术创新能力和竞争力。

产业链对资本要素敏感度高。绿色石化和新材料企业建厂需要大量资金,尤其绿色石化类项目,投资多以十亿元计。目前,全球经济环境下行,融资环境逐渐变差,绿色石化和新材料企业对于资金的要求较之前越发提升。而新材料企业大多处于初创期,技术需要大量测试,对资本要素敏感度更加明显,有较大需求。

产业链对技术要素敏感度高。新型催化剂、高效反应器等新工艺的引入可以加快反应速率、提高反应选择性,从而降低能源消耗和原料损耗,带来生产效率的提升和生产成本的降低。国内外对绿色低碳的政策要求不断提高,也推动企业更加关注节能、减排设备和工艺的研发及使用。同时,通过创新技术手段,企业可以开发出性能更优越、环保更友好的新材料和化工产品,满足市场对于功能性、环保性的需求。由于化工产品在安全、环保等领域的特殊性,其对研发过程中的中试、放大等环节对科研院所能力、资质等要求较高。

产业链对制度要素敏感度较高。绿色石化和新材料企业对政策服务的需求更多在许可层面,快捷便利的审批通道能够大幅提高企业生产运作效率,一旦审批通道受阻,企业将面临大量库存积压的压力。同时,完备的生产安全预警和监管机制,可以为企业提供更好的安全保障。

产业链对数据要素敏感度一般。数据要素对绿色石化和新材料企业更多在于提供市场决策指导、生产优化等方面。由于绿色石化和新材料市场相对透明,供需关系比较稳定,数据对市场支撑力度有限,而生产等内部数据企业有保密需求,无法公开,政府增值服务可提供帮助很少。整体来看,绿色石化和新材料企业对数据要素需求一般。

2. 要素充分度分析

舟山绿色石化和新材料产业链资本、制度、数据要素供给相对充分。资本要素方面,现有浙江省绿色石化与新材料基金(舟山)、浙江舟山转型升级产业基金,可以为产业发展提供涵盖新技术投资—成果转化—企业孵化—企业并购—产业转型全链条全过程的资金支持。制度要素方面,在自贸区优势下,政策服务、开放服务供应相对充分,对外交流、外商落地等服务有较强有力的保障。结合综合审批的相关工作,企业在开工、经营过程中审批流程相对简单,舟山市制度要素供给能力相对充分。数据要素方面,绿色石化基地已完成智慧园区2.0版的建设工作,新材料产业大脑以化塑行业产业大脑为基础加快完善,各数字化平台的建设,已经能为企业提供各类数据场景应用,供给相对充分。

舟山绿色石化和新材料产业链资源、人力、技术要素供给能力有所欠缺。资源要素方面,舟山用地用海、管廊和仓储等基础设施,淡水等原材料,能耗和排放指标均存在供给不足的情况。人力要素方面,舟山化工领域高层次人才和用工保障方面存在一定的短板,不能充分满足企业需求。技术要素方面,企业自身研发能力有限,整体技术水平低于浙江省平均水平,且舟山市具备绿色石化和新材料领域技术供给能力的研发机构较少,无法为企业提供充足的工艺技术支撑,技术要素供给有所欠缺。

3. 产业链各环节要素需求情况

(1)产业链共性需求

能耗排放指标需求。考虑到舟山绿色石化和新材料产业链资源要素供给不充分,通过企业调研,发现舟山市本地能耗指标、排放指标紧缺,尤其在 VOC 指标方面,已无新增余量,制约新建、扩建项目报批建设,可通过合力攻坚能耗排放指标瓶颈全力满足企业需求。

危化品运输需求。结合舟山绿色石化和新材料产业链资源要素供给不充分以及优化制度要素供给的需求,发现在危化品物流方面,由于舟山跨海大桥限制危化品车辆通行,在危化品上岛、离岛等方面,现有交通条件难以满足企业需求,影响了企业经营,可通过形成危化品上岛一件事满足企业需求。

融资需求。舟山绿色石化和新材料产业链资本要素虽然供给相对充分,但是作为产业高质量发展的重要一环,在企业调研中发现,大量新材料企业对融资需求较大,尤其是石化下游产业链环节,存在供应链融资的需求,需要龙头企业提供增信服务,可通过提供资本市场服务、基金服务等举措,满足企业需求。

(2)绿色石化产业特殊需求

新项目用地用海保障需求。考虑到舟山绿色石化和新材料产业链资源要素供给不充分,通过调研发现,舟山市化工领域新项目对用地用海保障有一定需求,虽然六横、岱山、金塘、高新区等均有可继续供应的化工用地,但石化基地地处悬水孤岛,其空间拓展需要围填海工程实现,而围填海指标须经国家部委审批,实施难度极高。

专用仓储需求。考虑到舟山绿色石化和新材料产业链资源要素供给不充分，结合实地调研信息，发现舟山市化工专用仓储配备不足。由于化工需要特殊监管仓库，对于剧毒品、危化品的存储有特殊要求，相关配置不足，需求较大。同时，部分轻烃化工企业提出，围绕丙烷、丁烷的存储，舟山缺少低成本仓储设施，需要进行配置，可通过运输仓储服务满足企业需求。

专业技术工人培训、招聘需求。考虑到舟山绿色石化和新材料产业链人力要素供给不充分，结合相关数据及企业调研信息反馈，舟山石油化工、轻烃化工领域专业技术人员储备不足，市内培训规模较小，需要从市外大量引进，可通过提供人才引育服务满足企业需求。

新工艺研发和新成果的研发和购买需求。考虑到舟山绿色石化和新材料产业链技术要素供给不充分，通过对龙头企业的深入调研，发现绿色石化企业以大规模生产为主要业态，能耗的降低、排放的降低对其成本影响巨大，企业围绕相关工艺研究需求高，尤其在关键技术专利的购买、新工艺和新设备的研发配置等方面，需求较高，可发挥绿色石化新材料产业知识产权联盟作用，通过提供科创供应链服务、建设产业链对接平台等举措，满足企业需求。

（3）新材料产业特殊需求

廊道使用需求。考虑到舟山绿色石化和新材料产业链资源要素供给不充分，结合对企业调研，发现舟山市廊道资源较为拥挤，材料类企业在申请廊道使用时面临一定的困难，对开拓更多海底廊道有一定需求，可通过提供运输仓储服务，满足企业需求。

高端技术人才引进需求。考虑到舟山绿色石化和新材料产业链人力要素供给不充分，通过企业调研，发现新材料企业对新产品、新技术的研发要求高，需要大量高端科研人才进行研发，围绕其需求较大，可通过提供优质人才（项目）招引服务、产业引才引育服务满足企业需求。

新产品新成果认定需求。考虑到舟山绿色石化和新材料产业链技术要素供给不充分，通过企业调研，发现新材料企业需要不断更新优化其材料性质，并且进行定制化的产品需求配套，以满足市场对其产品不断提出的新要求。新成果、新产品需要经过业界专家认定，以便于通过各类审批、许可，对于成果认定有较大需求，可通过提供科创供应链服务满足企业需求。

知识产权转化需求。考虑到舟山绿色石化和新材料产业链技术要素供给不充分,通过企业调研,发现新材料企业成果转化需要经过小试、中试、试生产等多个环节,虽然岱山新材料研究和试验基地已能够提供部分中试服务,但是对于中试成果的进一步转化落地有较大需求,可通过提供知识产权服务满足企业需求。

开工前快速审批需求。为进一步优化制度要素的供给,为绿色石化和新材料产业链提供更优质的营商环境,通过企业调研,发现新材料企业在生产过程中往往会用到大量危化品,对于生产前的备案、审批等过程有较大的快速审批需求,可通过形成项目开工建设一件事,满足企业需求。

审批备案需求。通过企业调研,发现新材料企业在生产过程中,对于使用的各类原材料,尤其是危化品、易爆品、易制毒品等,均须向多个部门进行申请、审批、备案,同时,企业在材料运输、厂房消防安全等多个环节,需要多次进行备案、审批登记等流程。上述流程复杂耗时,企业对快速审批备案通道有较高的需求。

安全环保消防预警需求。通过企业调研,发现新材料企业在应对安全、环保、消防检查时,负担较重。同时对于安全、环保、消防的事前预警,有一定程度的需求。

建设期安全管理需求。围绕制度要素不断适应新的环境变化,进行适应性调整的需求,通过调研发现,新材料企业在建设期需要政府部门协助监管,以满足其对安全的验收要求,避免出现竣工验收安全不合格的情况,而在国家新的管理文件要求下,目前正处于管理流程优化的过渡期,化工项目建设过程的安全监管存在多头管理问题,可通过形成项目开工建设一件事,提供法律风险防范服务,满足企业需求。

协助开展资质申报需求。在进一步优化舟山资本要素供给的考虑下,发现新材料企业,尤其是初创企业,对于"科技型中小企业""高新技术企业"等认定标准了解不足,对如何申报了解不足,甚至不具备专门人员进行申报工作,对于协助申报需求较高。

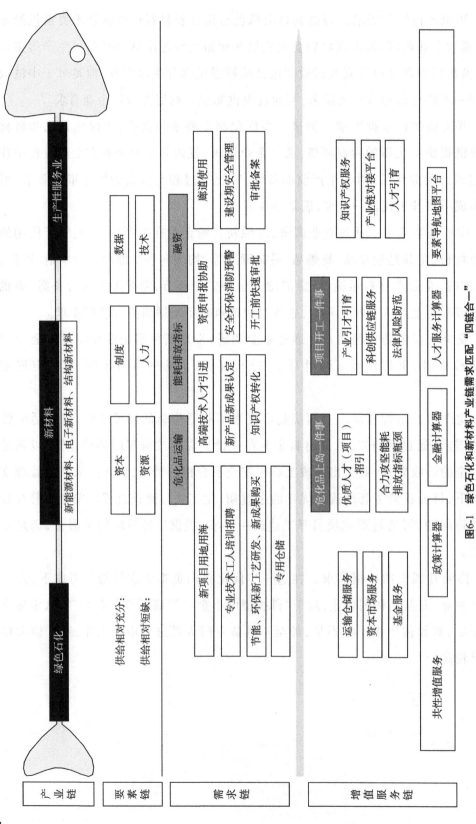

图6-1 绿色石化和新材料产业链需求匹配"四链合一"

（三）产业链全要素增值服务图谱构建

结合绿色石化和新材料产业链六大要素敏感度分析，以及舟山市各要素供给情况，构建产业链全要素增值服务图谱（见图6-2）。

1. 内圈：要素层

分析舟山市绿色石化和新材料产业链的六大要素，其中资源要素供给短缺，用橙色表示；人力要素供给短缺，用橙色表示；资本要素供给充分，用绿色表示；技术要素供给短缺，用橙色表示；制度要素供给充分，用绿色表示；数据要素供给充分，用绿色表示。

2. 外圈：服务层

根据舟山市绿色石化和新材料产业链相关企业需求，在项目增值服务板块中提出项目开工一件事、危化品上岛一件事、运输仓储服务；在人才增值服务板块中提出人才"服务计算器"增值化服务、优质人才（项目）招引服务、产业引才引育服务、人才引育服务；在金融增值服务板块中提出企业"金融计算器"增值化服务、资本市场服务、基金服务；在科创增值服务板块、知识产权增值服务板块中提出科创供应链服务、知识产权服务；在政策增值服务板块中提出产业"政策计算器"增值化服务、合力攻坚能耗排放指标瓶颈；在法治增值服务板块中提出法律风险防范服务；在数据增值服务板块中提出产业链对接平台服务、要素导航地图平台。

3. 外层：举措

外层简述了舟山市绿色石化和新材料产业链全要素增值服务体系有亮点的具体举措。

外圈的左侧方框集中展示的是对推动海洋产业链生产要素创新性配置有共性的增值化服务举措，主要包括人才"服务计算器"增值化服务、企业"金融计算器"增值化服务、产业"政策计算器"增值化服务、要素导航地图平台服务。

外圈的右侧方框集中展示的是与绿色石化和新材料产业链特殊情况相适应的有特色的增值化服务举措，主要包括项目开工一件事、危化品上岛一件事、合力攻坚能耗排放指标瓶颈、资本市场服务、人才引育服务、知识产权服务等。

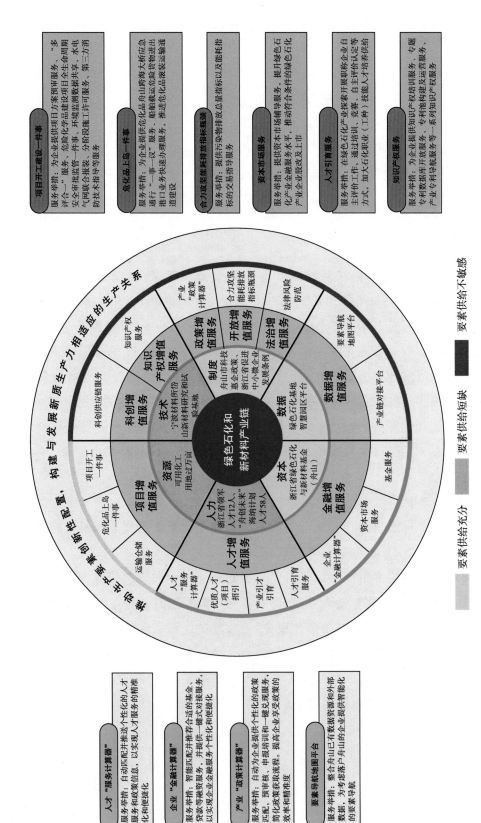

图6-2 绿色石化和新材料产业链全要素增值服务体系

二、能源资源农产品消费结算中心产业链

对能源资源农产品消费结算中心产业链进行分析，形成产业链需求匹配"四链合一"图（见图6-3），并构建产业链全要素增值服务图谱。

（一）产业链发展概况及优势短板分析

1. 产业链发展愿景

舟山围绕石油、天然气、铁矿石、煤炭、粮食、有色金属、高端蛋白七类大宗商品，做大能源资源农产品贸易核心产业以及衍生服务业，打造"1+N"产业发展体系。舟山通过聚焦仓储物流、贸易交易、金融结算等核心环节，优先做大原油/燃料油、LNG、成品油等传统能源结算规模，探索拓展生物柴油/绿色甲醇、生物航煤等新型清洁能源产品贸易。推动大宗商品交易平台建设，以浙江国际油气交易中心为主体，持续深化与上海期货交易所共同推进的期现一体化合作，不断拓展交易品类和规模；深入推进舟山国际粮油产业园、浙江农产品（水产品）贸易中心建设，做大粮食、高端蛋白贸易规模；依托铁矿石储备等重大项目，深化"浙里有矿"铁矿石交易平台建设，不断提高铁矿石交易规模；依托舟山LNG接收站项目，联动上下游做实浙江天然气交易市场。围绕贸易经纪、船舶代理、物流服务、金融服务、质检计量、跨境结算、数据分析等关联衍生服务开展补链。目前正在积极拓展"舟山价格指数体系"，持续强化区域价格影响力。

2. 产业链发展现状

2023年，舟山完成各类能源资源农产品贸易消费结算额8500亿元，其中油气类产品的消费结算额达7500亿元。中石化船供油总部、中石油低硫燃料油区域结算中心落户舟山，累计集聚油气贸易及相关企业1.17万家，成为全国油气贸易企业集聚度最高的地区。

3. 产业链优势及短板分析

能源资源供应领域，舟山已汇集了七类大宗商品。舟山已打造浙江国际油气交易中心、浙江国际农产品贸易中心、"浙里有矿"铁矿石现货交易平台三大大宗商品交易平台，提供石油、天然气、铁矿石、煤炭、粮食、有色金属、高端蛋白等大宗商品交易，包括交易资金结算、交割及相关咨询服务。

舟山能源资源农产品贸易以现货交易为主，仅油气类产品实现了期现一体化的突破，交易类型相比上海、深圳、大连等海洋城市较少。截至2024年年初，在舟山

的石油、天然气、铁矿石、煤炭、粮食、有色金属、高端蛋白等能源资源的交易都已经实现了一定规模的现货贸易的形式。其中,仅油气类产品通过浙江国际油气交易中心与上海期货交易所合作实现了期现一体化的联动,目前已经有中化兴中岙山基地项目等6个油库作为上海期货交易所原油和燃料油期货指定交割库,实现与上海期货交易所标准仓单互认互通。其他类型的大宗商品、能源资源均没有实现与期货贸易的联动。

2023年实现进口粮食中转量2780万吨,占全国17%以上。下一步,舟山将围绕石油、天然气、铁矿石、农产品、有色金属等大宗商品储运、加工、贸易、交易全产业链,分类、分步推进24个重点功能岛开发建设。

浙江自贸区舟山片区在跨境人民币结算方面取得重要突破,但其能级仍然落后于发达地区。2023年,浙江自贸区舟山片区跨境人民币业务实现结算量747.12亿元,同比增长199.2%。舟山通过细化目标、加快推进、丰富金融产品等方式,推动了跨境人民币结算业务在资源能源农产品消费结算领域的快速发展。但是,舟山的跨境人民币结算的能级仍然较低,以上海为例,上海2023年跨境人民币结算量高达20万亿元,是舟山的267倍。

（二）产业链发展要素敏感度分析

1. 要素敏感度分析

产业链对资源要素有一定敏感度。能源资源消费结算产业的核心在于贸易活动,而贸易活动对储运的需求度高,因此对土地等资源有一定的敏感度。能源资源消费结算产业主要活动在于大宗商品的采购、销售、结算等环节,虽然并不直接涉及土地的开发或使用,但结算规模的扩大必然导致储运规模的相应增长,因此储运在产业链中占据重要的地位,因此物流中心、仓库、港口等基础设施的建设和利用对于产业链的整体发展是必不可少的一环,相应地对土地等资源的需求提出了更高的需求。

产业链对人力要素敏感度较高。能源资源消费结算产业需要具备专业知识、复合背景、市场洞察力和谈判技巧的人才,对人才的敏感度较高。人才的质量和数量直接影响到贸易活动的效率、风险控制和创新能力。随着市场竞争的加剧和贸易环境的复杂化,行业的良性发展要求人才具备完善的风险管理意识和技能,能够制定有效的风险应对策略,降低贸易风险,同时具备敏锐的市场洞察力,善于在纷繁复杂的市场中抓住机会,同时,人才的创新能力也对行业的发展举足轻重,帮助企业、行业跟上发展的前沿,确保发展紧跟时代潮流。

产业链对资本要素敏感度极高。能源资源消费结算产业作为与资本高度相关的行业,各个环节都具备资金需求,包括从全球各地采购商品资源的费用、物流体系费用、财产保险费用、关税缴纳费用等环节。资本的获取性、成本以及利用效率,直接关乎到企业的盈利发展能力和风险承受能力,目前全球政治、经济局势较为复杂,市场环境多变,一旦资本市场出现波动,或者经济形势出现下滑,产业链可能面临资金压力。因此,稳定的资本要素对于产业链的稳定和发展具有重要意义。

产业链对技术要素敏感度较低。能源资源消费结算产业的核心在于贸易,贸易本身与技术的相关程度较低,但是与贸易相关的一些服务会受到技术的影响。例如,信息技术可以提高贸易活动的效率和透明度,降低交易成本;物流技术可以优化运输路线和方式,提高运输效率;数据分析技术可以帮助企业更好地把握市场趋势和客户需求。总体而言,能源资源消费结算产业对技术的敏感度较低,但是在逐渐上升。

产业链对制度要素敏感度极高。能源资源消费结算产业对政策、开放环境、法治环境等制度因素的敏感度极高,将直接影响贸易的顺利进行与企业的经营效益。首先,政府的贸易政策、关税政策、进出口管制措施等都会直接影响到能源资源等大宗商品的流通和价格。例如,贸易政策的调整可能导致贸易壁垒的增加或减少,从而影响贸易规模和贸易伙伴的选择。关税政策的变动也会影响大宗商品的成本和竞争力。其次,一个开放的市场环境能够促进贸易的自由化和便利化,降低贸易成本,提高贸易效率。相反,市场壁垒和贸易保护主义措施会阻碍大宗商品的流通,增加贸易风险。此外,一个健全的法治环境能够为贸易活动提供公平、透明和可预测的规则和制度保障,降低贸易纠纷和法律风险。

产业链对数据要素敏感度极高。在大数据时代,数据逐渐成为能源资源消费结算产业最重要的资产之一,能源资源消费结算产业对数据的敏感度极高。当前信息化数字化时代,大数据技术的迅猛发展使得数据成为各行各业中举足轻重的战略资源,通过广泛而深入的数据收集,企业能够捕获来自市场、客户和竞争对手的多样化信息,并借助高级的数据分析技术,将海量数据转化为有价值的洞察和见解。此外,数据在优化供应链、提高物流效率、优化仓储结构等方面也发挥着不可替代的作用。通过对供应链各环节的数据进行实时监控和分析,企业能够优化资源配置,降低运营成本,借助数据驱动的物流管理系统,企业能够实现快速、准确配送,同时,在资金结算行业中,海量的交易数据对企业改善交易策略也带来很大的帮助。综合上述因素,能源资源消费结算产业对数据具备极高的敏感度。

2．要素供给情况

舟山能源资源农产品消费结算中心产业链资源、制度要素供给相对充分。资源要素方面，舟山地区具备相对充足的土地等资源要素储备，并且通过科学规划和精细管理，确保了仓储行业在土地需求方面的充分保障。制度要素方面，舟山依托自贸区在"发展环境最优化"方面，通过推进行政许可事项审核流程再造，实现了油气贸易企业登记、许可"一件事一次办"，并率先实施原油非国有贸易进口、成品油非国有贸易出口等举措。

舟山能源资源农产品消费结算中心产业链资本、人力、数据要素供给相对不充分。资本要素方面，目前舟山对贸易的增值化服务虽然有一定的创新，但是难以满足企业互联互通的多层次大宗商品交易需求。人力要素方面，舟山对能源资源农产品消费结算中心产业链的省领军人才和"舟创未来"海纳计划人才较少，高层次人才供给相对薄弱。数据要素方面，虽已有浙油中心、"浙里有矿"铁矿石现货交易平台、浙江国际农产品贸易中心等大宗商品交易平台，油气等各类产品的交易数据、价格指数等数据。但其他公共部门数据，由于法律确权、收集难度等问题，依然未实现数据对公众的开放，整体上数据要素的供给相对短缺。

3．产业链各环节要素需求情况

金融服务、保险服务需求。考虑到舟山能源资源贸易结算产业链资本要素供给不充分，通过企业调研，发现产业链因为存在资金占用量大、履约周期长的特点，所以有供应链融资需求，因为存在市场波动性，企业在运输、仓储等环节存在保障需求，因此对保险服务存在需求，可通过整合贸易全流程的保险服务，形成储运保险一件事，结合金融计算器的使用，以及提供大宗商品期现贸易服务一体化、全球交易价格指数等服务，满足企业需求。

专业人才招引需求。考虑到舟山能源资源贸易结算产业链人力要素供给不充分，通过企业调研，发现由于能源资源贸易结算产业链存在省领军人才和"舟创未来"海纳计划人才较少，高层次人才供给相对薄弱等特点，因此在人才招引上，对具备专业知识、复合背景、市场洞察力和谈判技巧的人才存在需求，可通过提供优质人才（项目）招引服务、高效落实人才安居保障，满足企业需求。

贸易全流程服务需求。围绕优化舟山能源资源贸易结算产业链制度要素供给的需求，发现贸易全流程服务涵盖了产业链管理的各个方面，包括供应商选择、库存管理、物流配送等，通过优化供应链管理，企业可以实现库存最小化、交货时间缩短、成本降低等目标，提高整体运营效率，可通过油气贸易一类事、无感监管一件事、法律服务一件事等一类事、一件事服务以及贸易全流程交易平台、税务咨询服务、国际法治服务、贸易环境体验官等服务,通过提供税务咨询服务、法律风险防范、合规预防体系等服务,满足企业需求。

快速许可审批需求。围绕优化舟山能源资源贸易结算产业链制度要素供给的需求,发现快速许可审批能够大大缩短等待时间,使企业能够更快地获得所需的许可或授权,从而迅速开展业务和活动。目前,舟山在相关许可审批事项方面已经取得一定成绩,但仍有提升空间,可进一步优化企业审批流程,可通过提供危险化学品相关证书申领"一次不跑"、智慧化一站式口岸监管等服务,并优化油品增值税专票发票管理"五维四分"法,推进保税燃料油、保税船燃、绿色船燃的加注和发展,满足企业需求。

数据获取需求。考虑到舟山能源资源贸易结算产业链数据要素供给不充分,结合部门信息反馈,发现舟山市部分公共部门数据,由于法律确权、收集难度等问题,依然未实现数据对公众的开放,整体上数据要素的供给相对短缺,因此存在数据的流通/安全/公开需求,可通过提供全球交易价格指数、仓储供应信息公开服务等,可通过提供仓储供应信息公开服务、智慧化一站式口岸监管服务、"三仓"动态调整等服务,满足企业需求。

历史贸易数据共享、实时数据获取需求。考虑到舟山能源资源贸易结算产业链数据要素供给不充分,结合企业需求调研,发现能源资源消费结算产业对于数据具有较高的敏感性,各类产品的交易历史贸易数据和实时数据、价格指数等在一定程度上影响着企业的决策。因此,对历史贸易数据共享、实时数据获取存在需求,可通过全球交易价格指数服务,可通过油气大宗商品价格指数服务,满足企业需求。

市场准入和推介需求。围绕优化舟山能源资源贸易结算产业链制度要素供给的需求,发现行业准入与否能影响衍生服务类企业的整体运作,同时,衍生服务企业对于加大企业知名度、扩大市场影响力以获取更多客户有较大的需求。可通过整合形成准入准营一件事,提供供给服务清单,推动大宗商品期现货交易市场建设,满足企业需求。

人才培养、招聘需求。考虑到舟山能源资源贸易结算产业链人力要素供给不充分,通过企业调研,发现由于衍生服务相关领域人才专业度更强,远程办公的现象普遍存在,在人才培养和招聘上,对于柔性政策的提供存在较大需求。可通过提供人才全周期服务、人才评价认定等服务,满足企业需求。

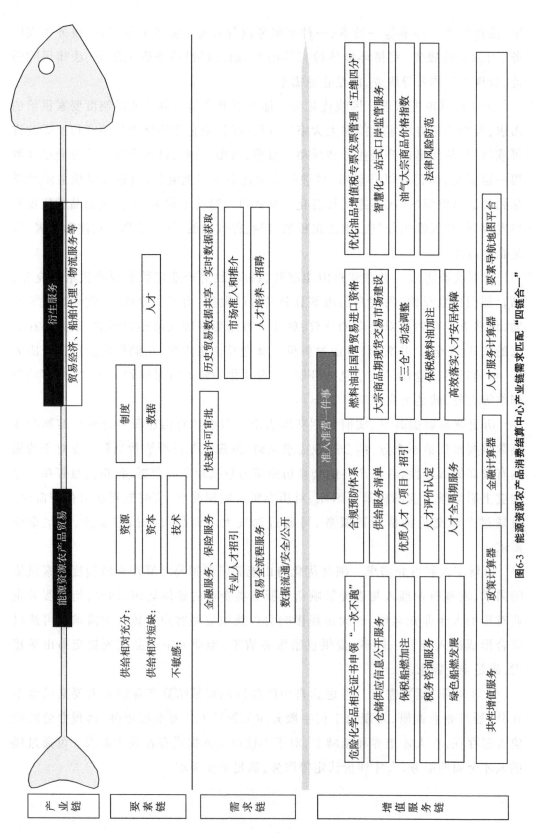

图6-3 能源资源农产品消费结算中心产业链需求匹配"四链合一"

142

（三）产业链全要素增值服务图谱构建

结合能源资源农产品消费结算中心产业链六大要素敏感度分析，以及舟山市各要素供给情况，构建产业链全要素增值服务图谱（见图6-4）。

1. 内圈：要素层

分析舟山市能源资源农产品消费结算中心产业链的六大要素，其中资源要素供给充分，用黑色表示；人力要素供给短缺，用深灰色表示；资本要素供给短缺，用深灰色表示；技术要素不敏感，用浅灰色表示；制度要素供给充分，用黑色表示；数据要素供给短缺，用深灰色表示。

2. 外圈：服务层

根据舟山市能源资源农产品消费结算中心产业链相关企业需求，在项目增值服务板块中提出仓储供应信息公开服务、准入准营一件事服务；在人才增值服务板块中提出人才"服务计算器"增值化服务、优质人才（项目）招引服务、高效落实人才安居保障服务、人才全周期服务、人才评价认定；在金融增值服务板块中提出企业"金融计算器"增值化服务；在科创增值服务板块、知识产权增值服务板块中，由于能源资源农产品消费结算中心产业链对技术要素不敏感，提供基本政务服务；在政策增值服务板块中提出产业"政策计算器"增值化服务、证书申领服务、税务服务；在开放增值服务板块中提出贸易交易服务、口岸服务；在法治增值服务板块中提出法治服务；在数据增值服务板块中提出油气大宗商品价格指数服务、要素导航地图平台服务。

3. 外层：举措

外层简述了舟山市能源资源农产品消费结算中心产业链全要素增值服务体系有亮点的具体举措。

外圈的左侧方框集中展示的是对推动海洋产业链生产要素创新性配置有共性的增值化服务举措，主要包括人才"服务计算器"增值化服务、企业"金融计算器"增值化服务、产业"政策计算器"增值化服务、要素导航地图平台服务。

外圈的右侧方框集中展示的是与能源资源农产品消费结算中心产业链特殊情况相适应的有特色的增值化服务举措，主要包括准入准营一件事、优化油品增值税专票发票管理"五维四分"服务、"三仓"动态调整服务、保税船燃加注服务、智慧化一站式口岸监管服务、油气大宗商品价格指数等。

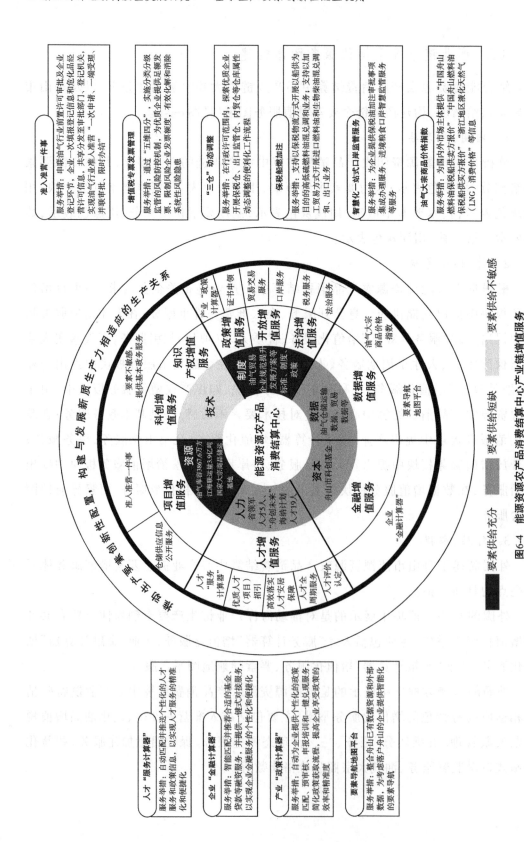

图6-4 能源资源农产品消费结算中心产业链增值服务

三、船舶与海工装备产业链

对船舶与海工装备产业链进行分析,形成产业链需求匹配"四链合一"图(见图6-5),并构建产业链全要素增值服务图谱。

(一)产业链发展概况及优劣势短板分析

1. 产业链发展愿景

舟山的船舶与海工装备产业链,以船舶制造、船舶修理两大优势领域为核心,以海工制造、船舶配套两大环节为辅助,打造了"2+2"产业发展体系。目前舟山正在着力做大做强船舶制造、船舶修理两大优势领域,强化补齐海工制造、船舶配套两大薄弱环节。船舶制造方面,舟山正在做精做专汽车滚装船、LNG双燃料动力船、穿梭油轮等优势产品,拓展甲醇动力船舶等新能源船舶、休闲游艇等特色船舶以及无人船、无人艇等智能船舶制造;船舶修理方面,舟山正在做大传统船型修理规模,拓展新能源船舶、化学品船、滚装船等船型修理。聚焦浮式天然气制取存储与应用、海上油气钻井、海上风电安装等领域,大力推动海工装备制造强链补链;船舶配套方面,舟山正在积极发展船用发动机、辅机、电推设备、LNG(甲醇)燃料设备、船舶智能系统、通讯导航设备等高端船配,加快突破船舶设计、船舶动力、关键零部件制造等短板;海工制造方面,舟山正在推动定海区、普陀区打造省级船舶产业集群核心区,岱山县建设船舶产业协同区。重点突破现代船舶驾驶集控平台、油电混动控制系统、高性能水性船舶涂料等关键技术。

2. 产业链发展现状

舟山拥有全球一流的船舶与海工装备产业,是打造临港高端制造中心城市的重要支撑。舟山拥有年1000万载重吨的造船能力和年3000余艘万吨级以上船舶的修理能力,拥有舟山市鑫亚船舶修造有限公司、中远海运重工修造有限公司、舟山龙山船厂有限公司、太平洋海洋工程(舟山)有限公司4家排名全球前10位[1]的修船厂,其造船完工量、新接订单、手持订单三大指标占有全国总量近10%,修船市场占全国比重达40%。2023年,舟山市的现代船舶与海工装备产业产值达320亿元,拥有舟山长宏国际船舶修造有限公司、中远海运重工有限公司、常石集团(舟山)造船有限公司、扬帆集团股份有限公司、浙江凯灵船厂海工机械厂、太平洋海洋工程(舟山)有限公司、舟山宁兴船舶修造有限公司、舟山市和泰船舶修造有限公司、浙江荣畅海工实业集团有限公司等船舶修造企业。

---

[1] 数据来源于英国克拉克森研究所发布的2020年全球修船厂排名。

3. 产业链优势及短板分析

舟山在船舶修理具有较强的产业链规模优势,依托龙头企业 LNG 双动力改装项目,示范效应显著。2022 年,舟山中远海运重工顺利完成超大型 LNG 双燃料动力集装箱船"CMA CGM LOUVRE"轮修理任务。本次修理为全球首例最大 LNG 双燃料动力集装箱船"带气修理"(Warm Gas Condition)[1],标志着企业在新能源船舶修理领域迈出了关键性和实质性的一步,全面开启了 LNG 双燃料动力船舶修理改装的新篇章。2023 年 10 月,全球首艘集装箱船甲醇双燃料改装项目签约仪式在舟山市鑫亚船舶修造有限公司隆重举行,根据协议,舟山鑫亚将为马士基集团新加坡籍14000 标箱集装箱船"MAERSK HALIFAX"轮改装成为甲醇双燃料动力船,使用绿色甲醇燃料航行,这也是业内首次进行此类发动机改造。[2]舟山依托龙头企业,在新能源动力改装方面发挥了极大的引领作用。此外,舟山在传统船型修理领域也保持着极大的规模,正在积极拓展新能源船舶、化学品船、滚装船等船型修理。

舟山在船舶制造优势显著,正进一步向高端化、智能化挺进。舟山拥有年 1000万载重吨的造船能力。此外,舟山还致力于打造国家船舶与海工装备产业示范基地、国际绿色修船中心和国际豪华邮轮修理改装中心,其造船量占全国 8% 以上。依托常石集团(舟山)造船有限公司、中远海运重工有限公司,舟山在汽车滚装船、LNG 双燃料动力船、穿梭油轮、化学品船、江海联运船、海事服务船等船舶制造方面具有领先优势,目前正在积极拓展甲醇动力船舶等新能源船舶、休闲游艇等特色船舶以及无人船、无人艇等智能船舶制造等高附加值领域。

舟山拥有一定的海工制造基础,但落后于船舶制造。舟山依托中远海运重工有限公司、舟山惠生海洋工程有限公司、太平洋海洋工程(舟山)有限公司,聚焦浮式天然气制取存储与应用、海上油气钻井、海上风电安装等领域,在海工装备制造有一定基础,但是规模远远落后于船舶修造。

船舶设计是舟山的薄弱环节。舟山仅有两家专门的船舶设计企业,舟山主要的船舶设计业态集中在龙头型船舶修造企业内部,中远海运重工有限公司等企业已经成功设计并生产了多型高附加值船型,如 15.4 万吨级穿梭油轮、省内首艘 7.5万吨级浮船坞等。但是,从产业链整体而言,船舶设计行业目前在国内基本为央企所垄断,舟山各大龙头企业的船舶设计业务也显著落后于中船等央企。

舟山船舶配套产业薄弱,在船舶动力、锚链、大型铸锻件等领域拥有一定的基

---

❶ 来自国际船舶网,《舟山中远海运重工完成全球首例最大 LNG 双燃料动力集装箱船修理任务》。

❷ 来自国际船舶网,《鑫亚船舶全球首艘集装箱船甲醇双燃料改装项目分段预制开工》。

础,但是能级不高。以浙江欣亚磁电发展有限公司、浙江扬帆通用机械制造有限公司、舟山中南锚链有限公司、浙江巨航智造科技有限公司、浙江澳尔法机械制造有限公司等企业为主,舟山在船用锚链、海洋系泊链、船舶动力、船杆、锚唇、舵柱等领域有一定的制造基础,在舱室机械、电子电气、甲板机械等船配领域相对落后。目前,舟山正在积极拓展船用发动机、辅机、电推设备、LNG(甲醇)燃料设备、船舶智能系统、通讯导航设备等高端船配,加快突破船舶动力、关键零部件制造等短板。

(二)产业链要素敏感度分析

1. 要素敏感度分析

产业链对资源要素的敏感度较高。船舶和海工装备产业链重点关注的资源要素主要包括土地、岸线等。修造船厂需要一定的土地面积来建设厂房、码头、仓储设施等,以确保生产活动的正常进行。然而,与其他一些行业相比,船舶修造产业并不特别依赖土地资源的丰富程度,更多的是关注土地的位置和交通条件,尤其是岸线条件,以便更好地进行物流运输和原材料采购。

产业链对人力要素的敏感度较高。船舶与海工装备产业对高级工程师等脑力劳动者与普通的体力劳动者都有较高需求。该行业需要具备专业知识和技能的人才,包括船舶设计师、工程师、技术人员和工人等。特别是在高端船舶修造领域,对人才的需求更为迫切。此外,船舶与海工装备产业链作为制造业,对劳动力也有着较高的要求。

产业链对资本要素的敏感度较高。修造船厂需要大量的资金投入,用于购买设备、原材料、支付工资等。特别是在船舶制造领域,由于生产周期长、技术难度高,对资本有一定的需求。因此,船舶修造企业需要融资能力,以确保生产顺利进行。

产业链对技术要素的敏感度极高。船舶与海工装备产业作为一个典型的技术密集型产业,对技术要求极高。随着船舶技术的不断发展和市场需求的不断变化,修造船厂需要不断更新技术和设备,以适应市场需求和提高生产效率。在船舶制造工艺方面,现代化的切割、焊接、铆接、抛光等技术应用可以确保船体、船底、甲板、船舱、机舱等部件的制造质量,提高船舶的强度和耐用性。船舶电气与自动化控制技术的采用,可以实现船舶的自动化控制、导航、通信等功能,进一步提高船舶的安全性和效率。同时,船舶设计技术也是船舶修造产业中的重要一环。通过计算机辅助设计软件,可以进行船舶结构设计和性能分析,确定最佳的船体尺寸、形状和结构布局,优化船舶性能,提高航行的安全性和效率。因此,船舶修造企业需要重视技术研发和创新,以保持技术领先地位。

产业链对制度要素的敏感度较高。政策的制定和实施对船舶修造产业有一定的影响,如产业政策的调整、环保法规的加强等。同时,船舶与海工装备产业作为一个全球化产业,其生产链和市场链都高度依赖国际贸易。因此,国际贸易政策的变动、贸易壁垒的设置以及汇率波动等因素都可能对船舶修造产业产生显著影响。例如,贸易壁垒可能导致船舶出口受阻,进而影响企业的生产计划和盈利状况。

产业链对数据要素的敏感度较高。数据在船舶设计、制造、维修和运营过程中发挥着越来越重要的作用。从船舶的性能数据到维护记录,再到市场分析,数据为企业提供了决策支持和优化生产流程的依据。因此,船舶修造企业需要重视数据的收集、分析和利用,以提升生产效率和降低成本。

2. 要素供给情况

舟山船舶和海工装备产业链资源、人力、制度、数据要素供给相对充分。资源要素方面,舟山土地供应、地理位置、交通条件、用海便利度、岸线条件等对产业链的支撑力度较强,可充分承载船舶和海工装备产业发展。人力要素方面,舟山船舶和海工装备产业拥有省领军人才80人,"舟创未来"海纳计划人才111人,高层次人才供给相对充分。虽然船舶制造和修造订单大幅恢复,对工人需求快速增加,但舟山本地的人力资源供应基本充足。制度要素方面,舟山出台各类政策推动舟山船舶和海工装备产业链发展,在政务流程的便利性、对外开放能级升级等方面,虽然在省内处于前列,但相对于江苏仍有欠缺。数据要素方面,舟山已形成船舶产业大脑,数据资源主要集中在船舶的管理、租赁、交易等方面,完成了修造船数据的初步整合。

舟山船舶和海工装备产业链资本、技术要素供给有所不足。资本要素方面,舟山围绕供应链金融提供的融资渠道难以保障船舶和海工装备企业快速增长的融资需求。技术要素方面,位于舟山本地的浙江大学海洋学院、浙江海洋大学均有涉及船舶和海工装备研发的项目,但是与上海、深圳、大连、青岛等具有较高影响力的海洋中心城市相比,舟山的船舶与海工装备产业存在着显著的研发能级不高、转化力度不够的困境。同时,舟山缺少船舶设计环节,需要与外地设计院进行合作。

3. 产业链各环节要素需求情况

(1)产业链共性需求

供应链金融需求。考虑到舟山船舶和海工装备产业链资本要素供给不充分,结合数据分析及企业调研发现,从2022年起,大量船舶修造企业订单数正迎来爆炸性增长,对资本投入的需求急剧上升。船舶和海工装备企业开工建设需要垫付大量资金,对供应链金融需求较大,可通过提供企业金融服务,满足企业需求。

安全生产需求。针对优化舟山船舶和海工装备产业链制度要素供给的需求,结合对龙头企业调研发现,在安全方面,船舶和海工装备的制造、维修环节一般在复杂、高风险的环境中进行,对于员工和财产的保障需求较高,可通过形成船舶修造安全生产一件事,提供法律风险防范服务,满足企业需求。

人才多路径招引、培育、留用、配套等需求。针对优化舟山船舶和海工装备产业链人力要素供给的需求,结合对龙头企业调研发现,造船、修船需要大量产业工人,多路径的人才招引方式以及为各类人才提供的生活居住配套成为必需,可通过提供技术技能人才培育、产才对接等服务,满足企业需求。

(2)船舶与海工装备制造产业特殊需求

船舶全生命周期管理需求。针对优化舟山船舶和海工装备产业链制度要素供给的需求,结合对龙头企业调研发现,船舶和海工装备制造企业需要围绕船舶全生命周期的各类证件、认证、许可等文件进行逐项申报、申领,流程较长,需要全生命周期管理以提高效率,可通过提供船企信息化服务、惠企政策快享等,满足企业需求。

LNG加注申请需求。针对优化舟山船舶和海工装备产业链制度要素供给的需求,结合对龙头企业调研发现,虽然舟山LNG加注业务已经开始常态化开展,但是,围绕新建LNG动力船的LNG加注的申请流程需要进一步明晰。

新船型的设计需求。考虑到舟山船舶和海工装备产业链技术要素供给不充分,结合企业和相关机构调研发现,新船型的优化设计,能够结合现有船舶的优势,进一步提高船舶性能,能较大幅度提高造船企业尤其是海工装备企业的竞争力。

(3)船舶修造产业特殊需求

锚地锚位需求。针对优化舟山船舶和海工装备产业链资源要素供给的需求,结合对龙头企业调研发现,在管理日渐严格的背景下,油船进港维修须在锚地进行洗舱作业,而能提供洗舱作业的锚位较少,已不能够满足日渐增长的修造船需求。

涉外船舶查验流程优化需求。针对优化舟山船舶和海工装备产业链制度要素供给的需求,结合对龙头企业调研发现,目前,涉外船舶进港维修查验审批流程较长,大幅影响企业生产运作效率,可通过形成外轮出入境审批一件事,满足企业需求。

绿色技术研发需求。考虑到舟山船舶和海工装备产业链技术要素供给不充分,结合企业需求调研发现,在污染物排放标准趋严、粉尘排放受限的情况下,围绕喷漆回收、水刀作业等绿色环保技术,船舶修造企业需求较大,可通过提供技术攻关服务,满足企业需求。

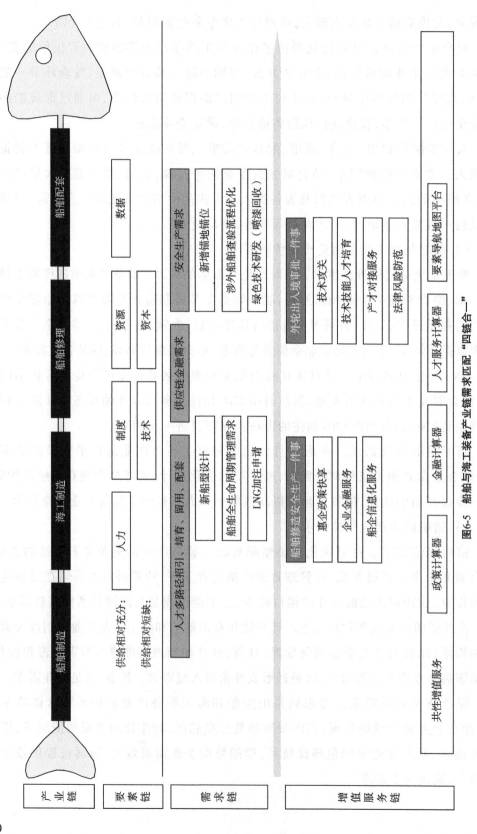

图6-5 船舶与海工装备产业链需求匹配"四链合一"

（三）产业链全要素增值服务图谱构建

结合船舶与海工装备产业链六大要素敏感度分析，以及舟山市各要素供给情况，构建产业链全要素增值服务图谱（见图6-6）。

1. 内圈：要素层

分析舟山市船舶与海工装备产业链的六大要素，其中资源要素供给充分，用黑色表示；人力要素供给充分，用黑色表示；资本要素供给短缺，用深灰色表示；技术要素供给短缺，用深灰色表示；制度要素供给充分，用黑色表示；数据要素供给充分，用黑色表示。

2. 外圈：服务层

根据舟山市船舶与海工装备产业链相关企业需求，在项目增值服务板块中提出船舶修造安全生产一件事；在人才增值服务板块中提出人才"服务计算器"增值化服务、技术技能人才培育服务、产才对接服务；在金融增值服务板块中提出企业"金融计算器"增值化服务、企业金融服务；在科创增值服务板块、知识产权增值服务板块中，提出技术攻关服务；在政策增值服务板块中提出产业"政策计算器"增值化服务、惠企政策快享服务；在开放增值服务板块中提出外轮出入境审批一件事；在法治增值服务板块中提出法律风险防范服务；在数据增值服务板块中提出要素导航地图平台服务、船企信息化服务。

3. 外层：举措

外层简述了舟山市船舶与海工装备产业链全要素增值服务体系有亮点的具体举措。

外圈的左侧方框集中展示的是对推动海洋产业链生产要素创新性配置有共性的增值化服务举措，主要包括人才"服务计算器"增值化服务、企业"金融计算器"增值化服务、产业"政策计算器"增值化服务、要素导航地图平台服务。

外圈的右侧方框集中展示的是与船舶与海工装备产业链特殊情况相适应的有特色的增值化服务举措，主要包括船舶修造安全生产一件事、外轮出入境审批一件事、技术技能人才培育、船企信息化服务等。

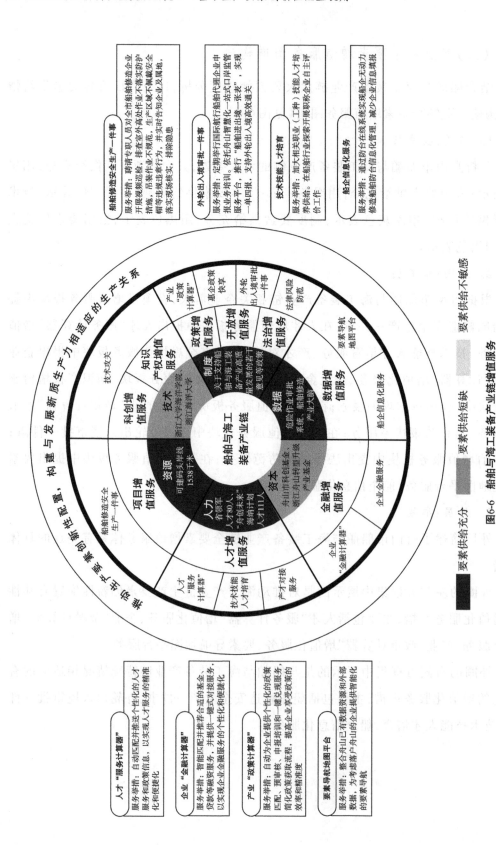

图6-6 船舶与海工装备产业链增值服务

四、数字海洋产业链

对数字海洋产业链进行分析,形成产业链需求匹配"四链合一"图(见图6-7),并构建产业链全要素增值服务图谱。

(一)产业链发展概况及优劣势短板分析

1. 产业链发展愿景

数字海洋产业链打造"1+3+N"产业发展体系,以数字海洋新基建为基础,重点发展数字海洋智能电子、数字海洋智能装备、数字海洋新服务三大重点产业,辐射支撑海洋能源、海工装备制造、海洋交通和物流、海洋渔业、海洋旅游和文化创意产业等N个关联产业发展,形成涵盖数字海洋电子设备、数字海洋新服务、数字海洋新基建的全产业链。积极推动中国(舟山)海洋科学城、定海区海洋科学城、东海实验室、舟山微芯院、甬东数字海洋经济创新产业园、普陀数字海洋经济楼宇、数字岱山创新大厦创业园区等创新载体的建设与能级提升。加速推动东海实验室(智慧海洋实验室)总部产业园区项目建设,重点谋划无人艇工程技术研究中心、无人机生产运营项目、智算中心等项目,通过存量—拟建—谋划不同批次项目持续支撑无人船艇、机器人、海洋大数据等薄弱环节补链。以东海实验室攻关方向为核心,重点突破空天海立体感知、海洋大数据技术、海洋动力系统等数字海洋技术,面向海洋感知、海洋动力系统、海洋测量控制等领域,推动上游相关核心零部件与装备制造落地。

2. 产业链发展现状

舟山数字海洋产业还处于早期探索阶段。

具体来看,在智能电子方面,舟山在能源电子板块应用场景丰富,相关产业已有一定的基础。2023年,舟山市风力发电量达到32.63亿千瓦时,占总发电量的14.46%。结合舟山坐拥长三角区域海上风场的天然优势,头部风电企业落户意愿强烈,产业发展基础较好。

在智能装备方面,舟山市水下机器人产业形成应用优势。舟山在船舶修造领域的产业基础和海洋养殖、边检口岸等应用场景有利于发展无人船艇、机器人等的制造、应用。同时,舟山着力发展的近海养殖业也为养殖类水下机器人的应用提供场所。从产业发展来看,舟山布局水下机器人产业多年,已经集聚了一批相关行业领军企业,形成了一定程度的产业集群。

在数字海洋服务产业方面,舟山市早期探索阶段,展现出了巨大的潜力和发展空间。2023年,舟山规模以上服务业企业中,信息传输、软件和信息技术服务业企业有15家,总营收31.40亿元,占规模以上服务业企业总营收的6.8%,科学研究和技术服务业企业有27家,总营收10.5亿元,占规模以上服务业企业总营收的2.3%,整体规模较小。

在数字新基建方面,舟山需求较大,目前对通信设施的建设正在稳步推进,有待进一步延链补链。

3. 产业链优势及短板分析

产业发展处于早期阶段,技术、人才劣势明显。数字海洋产业在全国范围内都处于早期探索阶段,普遍存在技术储备薄弱、相关人才不足的问题。对于舟山来说,数字海洋产业链上游的设备研发、软件开发等环节相对薄弱,尤其是无人船艇、机器人等新兴产业的整体研发水平相对薄弱。在数字海洋服务领域,大数据、区块链等产业链的高人才、资金需求也意味着舟山目前在相关产业的上游环节缺乏竞争优势。

舟山具备较强场景优势,但市场尚未形成。舟山得天独厚的海洋环境、发达的海洋渔业和口岸贸易、境内多岛屿的先天条件,以及前期在海洋新能源上的基础设施投入为其提供了海洋新基建、海洋观测设备、海洋能源电子等环节的应用优势;舟山一定规模的修造船产业基础和海洋养殖、边检口岸等充分的应用场景为发展无人船艇、机器人等高端海洋装备的制造、应用提供了产业基础。然而,由于成本、技术等一系列问题,部分数字海洋产品仍停留在示范阶段,未能实现大规模市场化,这在一定程度上限制了产业的快速发展。

(二)产业链六大要素分析

1. 要素敏感度分析

产业链对资源要素敏感度较低。数字海洋产业以中小企业为主,企业生产主要为小规模生产的运作模式,且企业生产对土地等要素无特殊需求,标准厂房、办公楼宇等即可满足其需求。同时,行业具有小规模、轻制造的特征,对能源、原材料等各类资源要求普遍较低。

产业链对人力要素敏感度高。人力要素作为创新、研发、管理的主体,在数字海洋产业链中占据核心地位。由于数字海洋产业涉及高端技术与创新,对于具备海洋科学、信息技术、数据分析等专业背景的高水平技术人才有着迫切的需求。同时,为支撑企业快速成长,高水平的管理人才不可或缺。

产业链对资本要素敏感度高。资本要素作为加速产业发展的催化剂,能够加速数字海洋产业集聚发展。由于该产业中的许多企业处于初创期,他们在研发、市场推广、基础设施建设等方面需要大量的资金投入。因此,金融服务的支撑对这些企业的成长和产业整体的发展具有显著影响。

产业链对技术要素敏感度高。数字海洋的产业链快速发展,需要不断研发新技术,以适应海洋环境监测、海洋资源开发、海洋大数据等复杂多变的领域。此外,知识产权服务保障对保护初创期乃至成熟期企业的研发成果、提高市场竞争力同样至关重要。

产业链对制度要素敏感度高。数字海洋产业作为新型行业,在产业发展过程中,经常遇到行政审批的各类问题,以及行业准入的限制条款。主动、快速的行政审批,包容开放的政策制定,以及适度的先行先试和场景共建,能够有效加速行业的发展。

产业链对数据要素敏感度高。海洋大数据作为数字海洋产业链的核心资源,对企业决策、服务优化、产品竞争力提升至关重要。企业必须依赖高质量、实时更新的数据来推动技术创新,改进服务,确保产品稳定可靠,并精准满足市场需求,从而在激烈的市场竞争中保持领先地位。

2. 要素供给情况

舟山数字海洋产业链资本、技术、数据要素供给相对充分。资本要素方面,舟山市科创基金基本能够覆盖市内数字海洋产业发展需求,结合舟山市其他资本平台、孵化平台的建设,能够对产业提供足够的资本支撑。技术要素方面,舟山建有东海实验室、舟山市东海微芯海洋数字科学研究院、国家区块链技术(海洋经济)创新中心等创新载体,基础配套基本完善,能较大程度满足区域内数字海洋相关产业的要素需求,其中海洋大数据知识产权服务体系等还处于全国领先水平。数据要素方面,海洋大数据平台、浙江科技大脑舟山平台等政府平台系统以及舟山市各机构的数字化平台提供了较为完备的海洋大数据支持,数据要素集聚。

舟山数字海洋产业链人力、制度要素供给能力有所欠缺。人力要素方面，数字海洋产业的人力要素供给呈现出相对于当前较小的产业规模比较充分，但在绝对数量上不足的状况。制度要素方面，数字海洋企业涉及范围较广，行业专项政策难以覆盖，且政策持续性不足，前期政策兑现较为困难。同时，数字海洋行业发展需要更多场景及特批事项支持，目前，政府缺少相关体制机制和服务手段。

3. 产业链各环节要素需求情况

（1）产业链共性需求

融资需求。舟山数字海洋产业链资本要素虽然供给相对充分，但是作为产业高质量发展的重要一环，需要进一步优化。在企业调研中发现，产业链以中小企业为主，在研发、市场推广、生产线建设等方面对资金存在较大需求，对融资需求较高，尤其围绕融资渠道的获取和审核，需要更多指导和服务，可通过提供基金服务、数字海洋产业金融服务，满足企业需求。

政策的推广和兑现需求。针对舟山数字海洋产业链制度要素供给不充分的进一步分析，发现中小企业在政策获取和兑现方面具有天然劣势，需要进一步提高政策的推广力度，并进一步完善兑现机制，可通过提供惠企政策服务、数字经济培训服务满足企业需求。

（2）电子设备产业特殊需求

新项目孵化和新场景示范需求。考虑到舟山数字海洋产业链制度要素供给不充分，通过企业调研，发现数字海洋电子设备发展速度快，企业需要在创新和研发方面保持领先地位。通过新项目孵化，可以快速将创意转化为产品，加速技术成果的商业化进程。同时，通过新场景示范，企业能够展示其产品的创新性和实用性，增强市场竞争力，可通过提供科技攻关服务、技术对接服务、法律风险防范服务、项目全流程服务等满足企业需求。

新产品海洋环境测试需求。舟山数字海洋产业链技术要素充分，但是为进一步增强技术要素供给，打造舟山产业名片，通过企业调研，发现企业在海洋环境测试方面需要更强大的支撑。海洋环境具有高盐、高湿、高腐蚀性等特点，这对电子设备的性能和可靠性提出了更高的要求。企业需要确保其产品能够在海洋环境中稳定运行，围绕海洋环境展开实用性测试，以满足海洋作业的需求，可通过提供科创平台服务满足企业需求。

（3）数字海洋新服务产业特殊需求

市场推广需求。考虑到舟山数字海洋产业链制度要素供给不充分，通过企业调研，发现数字服务企业对市场推广的需求尤为迫切。在竞争中，企业不仅要有创新的产品和服务，还需要有效的市场推广策略和渠道。对于初创型企业，通过政府的推广平台、行业展会、在线营销等多种渠道，加强产品和服务的市场宣传，能够快速提高企业知名度，可通过提供市场推广服务、应用场景机会清单满足企业需求。

专业化技术成果运营机构需求。针对优化舟山数字海洋技术要素供给的需求，通过对东海实验室和研发型企业的调研，发现随着企业和研发机构的技术成果积累，如何有效运营和管理技术成果，保护企业的核心竞争力，成为企业和研发机构面临的重要问题。同时，企业和研发机构对于通过寻求第三方专业化技术成果运营机构，加强知识产权的保护，通过法律手段防止技术成果的侵权和泄露，表现出较高需求，可通过优化新型研发机构的制度满足机构需求。

数据的获得、使用、保护需求。针对优化舟山数字海洋数据要素供给的需求进行深入研究，发现数字服务企业对数据的全生命周期管理有着严格的要求。数据作为数字服务企业的核心资产，其获得、使用、保护和算力服务的需求直接影响企业的竞争力，可通过提供数据知识产权服务一件事、公共数据资源供给服务等满足企业需求。

算力服务需求。针对优化舟山数字海洋数据要素供给的需求进行深入研究，发现随着大数据和人工智能技术的发展，企业对算力服务的需求也在不断增加，需要通过云计算、边缘计算等技术提升数据处理和分析的能力，可通过建设智算中心满足企业需求。

高水平人才引育需求。考虑到舟山数字海洋产业人才供给不充分，通过企业调研，发现数字海洋企业对高水平人才需求较大。企业在研发过程中需要引入大批高水平研发人才，而在生产过程中也需要匹配相应高水平技能人才，行业内企业普遍对各类型高水平人才需求较大，可通过提供优质人才（项目）招引、人才全周期服务、产才对接服务、技能人才培养等服务，满足企业需求。

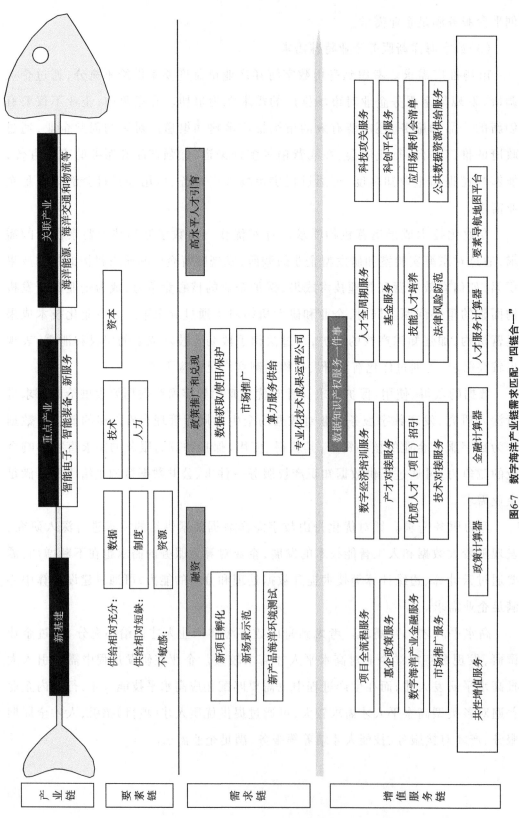

图6-7 数字海洋产业链需求匹配"四链合一"

（三）产业链全要素增值服务图谱构建

结合数字海洋产业链六大要素敏感度分析，以及舟山市各要素供给情况，构建产业链全要素增值服务图谱（见图6-8）。

1．内圈：要素层

分析舟山市数字海洋产业链的六大要素，其中资源要素不敏感，用浅灰色表示；人力要素供给短缺，用深灰色表示；资本要素供给充分，用黑色表示；技术要素供给充分，用黑色表示；制度要素供给短缺，用深灰色表示；数据要素供给充分，用黑色表示。

2．外圈：服务层

根据舟山市数字海洋产业链相关企业需求，在项目增值服务板块中提出项目全流程服务；在人才增值服务板块中提出人才"服务计算器"增值化服务、数字经济培训服务、优质人才（项目）招引服务、产才对接服务、人才全周期服务、技能人才培养服务；在金融增值服务板块中提出企业"金融计算器"增值化服务、数字海洋产业金融服务、基金服务；在科创增值服务板块、知识产权增值服务板块中提出科技攻关服务、科创平台服务、技术对接服务；在政策增值服务板块中提出产业"政策计算器"增值化服务、惠企政策服务；在法治增值服务板块中提出法律风险防范服务；在数据增值服务板块中提出数据知识产权服务一件事、公共数据资源供给服务、要素导航地图平台服务。

3．外层：举措

外层简述了舟山市数字海洋产业链全要素增值服务体系有亮点的具体举措。

外圈的左侧方框集中展示的是对推动海洋产业链生产要素创新性配置有共性的增值化服务举措，主要包括人才"服务计算器"增值化服务、企业"金融计算器"增值化服务、产业"政策计算器"增值化服务、要素导航地图平台服务。

外圈的右侧方框集中展示的是与数字海洋产业链特殊情况相适应的有特色的增值化服务举措，主要包括数据知识产权服务一件事、数字海洋产业金融服务、产才对接服务、科创平台服务、公共数据资源供给服务等。

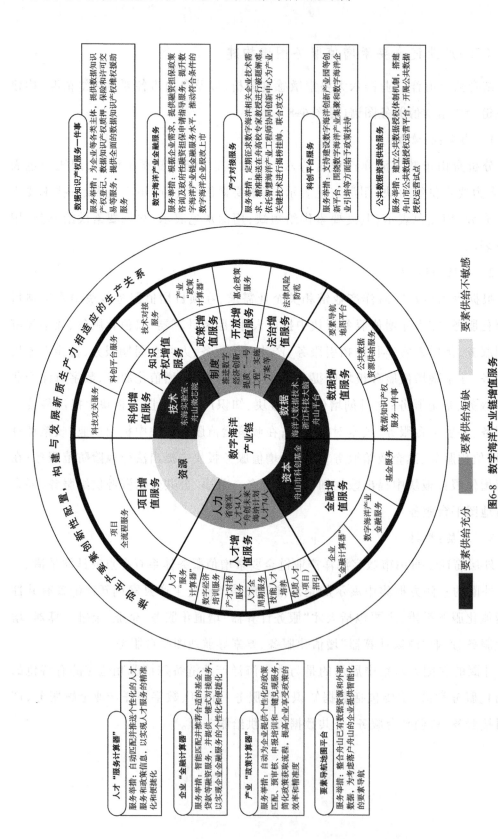

图6-8 数字海洋产业链增值服务

五、"一条鱼"产业链

对"一条鱼"产业链进行分析,形成产业链需求匹配"四链合一"图(见图6-9),并构建产业链全要素增值服务图谱。

(一)产业链发展概况及优势短板分析

1. 产业链发展愿景

打造"2+4+3+1"产业发展体系,围绕海水养殖、海洋捕捞两大基础产业,积极推进产业强链;围绕精深加工、现代商贸、渔旅休闲、海洋生物医药四大延伸产业,以及冷链物流、高端装备、高技术服务三大支撑产业和一批融合业态,积极推动产业延链补链。加强育种技术攻关,重点开发大黄鱼、厚壳贻贝、梭子蟹等养殖品种,培育海马等新养殖品种。提升远洋捕捞和运输能力,打造10艘以上远洋运输船,推进基里巴斯渔业合作项目。延长鱿鱼、金枪鱼等产品精深加工利用产业链条,发展休闲食品、预制菜、罐头食品。加强海洋活性物质开发,重点培育海洋生物酶、脂类、蛋白类等海洋生物医药及美妆产品。围绕鱿鱼、金枪鱼等优势品种,依托带鱼、贻贝、大黄鱼等地理标志品牌,做强交易功能。重点打造舟山渔业育种育苗科创中心、远洋渔业基地、展茅工业园、长三角海洋生物医药创新中心、舟山国际水产城五大产业平台。积极谋划现代海洋食品产业园及检验检测中心、海洋牧场工程技术创新研究中心等创新项目,打造远洋产业创新服务综合体,加强产学研深层合作和成果转化,提升水产品产业链全值化、高值化利用水平。

2. 产业链发展现状

舟山市"一条鱼"产业链迅速发展,尤其是远洋渔业领域,发展态势良好。2023年,舟山市渔业总产值330.1亿元,占当年舟山市地区生产总值的15.7%,规模以上工业企业中,水产品加工业总产值137.81亿元,占规模以上工业总产值的3.58%。具体来看:

海水养殖领域。舟山渔业长期以海洋捕捞为主。作为重要港口,舟山许多沿岸、沿海水域需要供大型船只行驶及入口待泊,无法进行规模化养殖。但随着科技不断创新,舟山渔业也在大力发展海水养殖、岛内内湾栖息地修复增养殖,推进养殖绿色发展,提高养捕产量比重。2017—2023年,舟山市海水养殖产量从24.23万吨增长到31.30万吨,其中,贻贝是最主要的养殖品种,2023年贻贝产量为21.94万吨,占养殖总产量的70.10%。从海水养殖育种技术上看,舟山目前重点开发大黄鱼、厚壳贻贝、梭子蟹等具有国家地理认证、竞争力强的养殖品种,并着力培育海马等新养殖品种。在海水养殖相关的水产饲料、水产用药、养殖设备、养殖服务等支持产业中,重点布局水产饲料,同时兼顾其他各板块。从业态融合上看,舟山市目前也在结合数字海洋相关产业,开发数字渔场、物联网等新兴数字技术与海水养殖业融合发展。

海洋捕捞领域。2017—2023年,舟山市的海洋捕捞总产量由141.82万吨增长至164.3万吨。其中,远洋捕捞量由38.22万吨递增到79.7万吨,远洋捕捞占海洋捕捞总产量比重从26.95%快速增长到48.51%,产业呈现出由国内近海捕捞向远洋捕捞的转移趋势,舟山目前拥有远洋渔船670艘,远洋船队规模全国第一。舟山市计划在未来打造10艘以上远洋运输船,推进基里巴斯渔业合作项目,同时打响舟山品牌,培育带鱼、贻贝、大黄鱼等地理标志品牌。从发展传统海洋捕捞、运输设备的业态融合上看,结合舟山市数字海洋产业的相关布局,利用卫星导航、人工智能渔情预测等智能化涉渔装备进一步赋能传统海洋捕捞业,实现业态融合发展,也是目前舟山海洋捕捞的一个发展趋势。

海产品加工领域。截至2023年年底,舟山拥有规模以上水产品加工企业92家,2023年规模以上水产品加工业总产值达137.81亿元。舟山的海产品加工产业可大致分为三个板块:以鱿鱼、金枪鱼等海产品为主,生产休闲食品、预制菜、罐头食品的海产品精深加工;海洋生物酶、脂类、蛋白类等海洋生物医药及美妆产品开发;鱼粉、饲料等水产品废弃物的加工利用。其中,海产品精深加工产业发展时间长,当前布局主要集中在产业链补链和自动化生产设备升级上,而海洋生物医药、海产品废弃物利用属于新兴的海产品产业,目前产业布局处在前期探索阶段。

3. 产业链优势及短板分析

产业链上游完备、成熟度高。舟山"一条鱼"产业的核心优势在于产业链上游的海洋养殖、远洋捕捞产业规模较大、发展成熟度高、配套产业成熟度高,远洋渔业船队规模、产量、金枪鱼加工量等位居全国前列,与上游产业高度相关的冷链物流、交易系统也比较完善。

下游精深加工不够"精"、不够"深"。目前,"一条鱼"产业链下游部分新兴产业布局不足,发展程度较低,普遍存在不够"精"、不够"深"的问题,产业正在经历从粗加工向精深加工的升级过程,而海洋生物医药、渔业旅游等,均处于初步探索阶段,缺乏完整的产业生态。此外,在业态融合发展方面,舟山传统渔业有一定的信息化基础,如北斗船用设备的普及等,但亟需进一步融合发展,大数据、物联网等新兴数字技术的融合程度依然有较大的提升空间。

(二)产业链六大要素分析

1. 要素敏感度分析

产业链对资源要素敏感度一般。"一条鱼"产业对土地等要素无特殊需求,对冷库等配套仓储设施有一定需求,整体对资源要素需求有限。

产业链对人力要素敏感度高。由于远洋渔业对劳动力需求极大,且因为工作环境和条件在招工上面临较大困难,企业对人力要素保障需求较高。

产业链对资本要素敏感度高。"一条鱼"产业链,尤其是远洋渔业,为减轻企业经营中风险带来的财务压力,确保企业稳定运营,企业对于保险需求旺盛。此外,资本要素还可能涉及融资租赁、供应链金融等,为企业提供资金流动性支持。

产业链对技术要素敏感度较高。"一条鱼"产业链围绕精深加工环节有进一步做精做深的需求,同时围绕养殖、设备等环节,技术升级能够大幅提高产量,降低人力成本,企业敏感度较高。

产业链对制度要素敏感度高。制度要素中开放服务可提高企业资金运转效率,"一条鱼"产业链中远洋渔业板块需要更高的通关运行效率,以保障渔获的快速交付,提高资金运转效率的同时,节约冷链物流开支,对开放服务需求较大。同时,制度要素的高效集成,能更方便产业内务工人员出入境,为行业发展提供支撑。

产业链对数据要素敏感度高。"一条鱼"产业链对物流仓储、价格、气象、环境等各类数据极为敏感,数据集成发布能为产业发展提供可靠支撑。同时,数字化交易平台的建设,也能大幅降低企业渠道成本,为企业发展提供更强大的动力支撑。

2. 要素供给情况

舟山"一条鱼"产业链人力、资本、技术要素供给相对充分。人力要素方面,舟山现有产业领域院士1人、定向委托培养远洋渔业专业人才111人;同时,通过与西部的劳动力合作以及开展的国际劳工合作,基本上解决了行业内劳工缺少的问题。技术要素方面,舟山渔业育种育苗科创中心、浙江大学舟山海洋研究中心、长三角海洋生物医药创新中心等高等级研发平台已经建成并投入使用,围绕远洋渔业、海洋养殖以及其他各个环节形成了全覆盖的技术支撑体系。资本要素方面,舟山市"一条鱼"产业链贷款额度相对较大,能够为企业提供强有力的资金保障,且舟山市持续推进远洋渔业互助保险工作,为相关企业提供了充分的金融保障。

舟山"一条鱼"产业链资源、制度、数据要素供给有所欠缺。资源要素方面,产业水产品加工等关键环节所需的土地资源严重不足。制度要素方面,"一条鱼"产业链上层政策充分,但细分领域的政策相对缺乏,缺少实际落地渠道。数据要素方面,现有的"远洋云+"等服务在一定程度上提供了产业所需要的数据要素,但尚未形成一体化运作的数字平台,产业运用数据不方便、不准确的情况常有出现。

3. 产业链各环节要素需求情况

(1)养殖捕捞产业特殊需求

养殖用海需求。考虑到"一条鱼"产业链资源要素供给不充分,结合企业和部门调研,发现新的海洋利用政策对养殖企业提出新的要求,海洋立体空间审批成为下一步发展方向,可通过提供养殖用海(海域使用)区域论证满足企业需求。

口岸业务快捷办理需求。考虑到"一条鱼"产业链制度要素供给不充分,通过各相关部门走访和企业调研,发现口岸业务快捷办理能够提高远洋渔业企业通关效率,提高企业的获得感,可通过一站式口岸业务办理满足企业需求。

捕捞端惠企政策直达快享、咨询及服务在线办理等需求。考虑到"一条鱼"产业链制度要素供给不充分,通过企业调研,发现惠企政策直达快享、咨询及服务在线办理等能够为企业提供更高效的政策咨询和政策推送服务,为企业享受相关政策提高便利度,可通过提供惠企政策快享等举措满足企业需求。

产品品牌打造需求。考虑到"一条鱼"产业链制度要素供给不充分,通过企业调研,发现舟山水产品及其下游各类食品、化妆品等产品,在地区公共品牌建设、独立品牌建设等方面仍有欠缺,可通过形成品牌电商服务一件事、食品生产许可审批一件事,提供渔业品牌宣传推介打造、法律风险防范等举措满足企业需求。

船员培训、招聘需求。为进一步优化舟山"一条鱼"产业链人力要素供给,发现对于远洋渔业企业,船员需求较高,对船员培训、招聘具有持久广泛的需求,可通过提供船员招聘培训、高层次人才服务等举措满足企业需求。

养殖技术对接合作需求。结合进一步优化"一条鱼"产业链技术要素供给的需求,发现先进的养殖技术能够提高水产品产量,为企业带来更高利润,企业与高校、研究院所的对接需求强烈。

防病害、育种等养殖技术突破需求。结合进一步优化"一条鱼"产业链技术要素供给的需求,发现舟山本地水温低等外部环境不利因素导致地区养殖过程中,病害情况较为严重,需要加强防病害、育种等养殖技术的攻坚突破。

渔船码头调度需求。考虑到"一条鱼"产业链数据要素供给不充分,结合企业调研,发现渔船码头实时数字化调度能够大幅提高停泊效率,并保障安全,可通过形成远洋渔业一类事满足企业需求。

（2）物流加工产业特殊需求

药、妆、械、特、消字号报批需求。考虑到"一条鱼"产业链制度要素供给不充分，通过企业调研，发现对于海洋生物医药，在产品生产报备过程中，需要进行字号审批，对其需求较高，可通过形成字号审批一件事满足企业需求。

产业工人招引培育留用需求。为进一步优化舟山"一条鱼"产业链人力要素供给，发现水产企业需要一支稳定且熟练的工人队伍来保证生产效率和产品质量，对工人的招聘、培训、培育和留用有较大需求。

智能加工设备的研发和引进需求。结合进一步优化"一条鱼"产业链技术要素供给的需求，发现物流加工企业需要先进的智能加工设备来提高生产效率和产品竞争力，可通过打造水产品精深加工全流程自动化改造提升公共服务平台，提供智能化专家诊断服务满足企业需求。

新产品研发和检验检测需求。为进一步优化舟山"一条鱼"产业链技术要素供给，发现企业对新产品研发和检验检测需求高，可通过建设预制菜公共服务平台、海洋生物医药创新中心，提供产业创新服务、水产品检测检验服务满足企业需求。

原材料收购信息需求。考虑到"一条鱼"产业链数据要素供给不充分，结合企业调研，发现原材料的质量和供应稳定性对物流加工企业的运营至关重要。关注原材料收购信息，能够及时获取市场动态，优化采购决策，保证生产链的顺畅运作，可通过提供远洋渔业产业大脑满足企业需求。

（3）衍生服务产业特殊需求

金融服务需求。舟山"一条鱼"产业链资本要素虽然供给相对充分，但是作为产业高质量发展的重要一环，在企业调研中发现，衍生服务企业在发展过程中需要资金支持来扩大业务规模、提升服务质量或进行市场开拓，可通过形成产业链金融服务一件事满足企业需求。

产品在线交易需求。考虑到"一条鱼"产业链数据要素供给不充分，通过企业调研，发现通过在线交易平台能够更有效地连接供需双方，提高交易效率，降低成本，并扩大市场范围，围绕舟山品牌，建立公共在线交易平台，成为众多"一条鱼"产业链企业的需求，可通过形成远洋贸易交易一件事满足企业需求。

科技服务需求。结合进一步优化"一条鱼"产业链技术要素供给的需求，发现衍生服务企业需要利用先进的科技服务来提升自身的服务能力和竞争力。这包括采用新技术来改善客户体验、优化运营流程或开发新的服务模式，可通过提供水产品检测检验服务、远洋渔业产业大脑等举措满足企业需求。

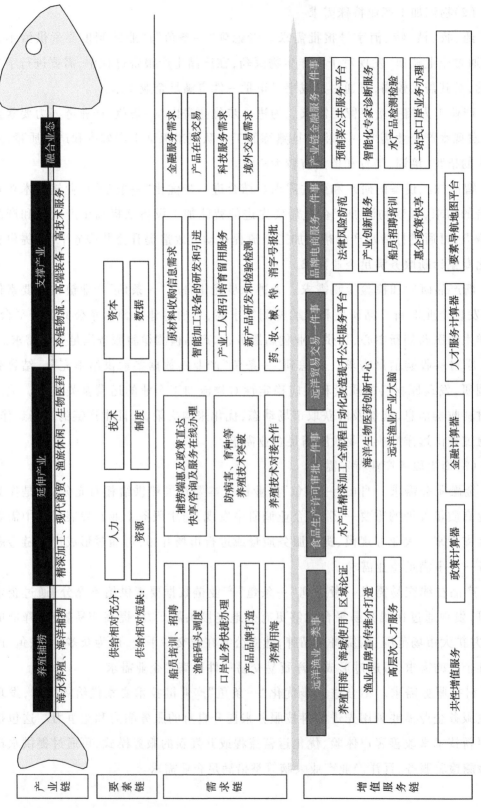

图6-9 "一条鱼" 产业链需求匹配 "四链合一"

（三）产业链全要素增值服务图谱构建

结合"一条鱼"产业链六大要素敏感度分析,以及舟山市各要素供给情况,构建产业链全要素增值服务图谱(见图6-10)。

1. 内圈:要素层

分析舟山市"一条鱼"产业链的六大要素,其中资源要素供给短缺,用深灰色表示;人力要素供给充分,用黑色表示;资本要素供给充分,用黑色表示;技术要素供给充分,用黑色表示;制度要素供给短缺,用深灰色表示;数据要素供给短缺,用深灰色表示。

2. 外圈:服务层

根据舟山市"一条鱼"产业链相关企业需求,在项目增值服务板块中提出养殖用海(海域使用)区域论证服务、食品生产许可审批一件事;在人才增值服务板块中提出人才"服务计算器"增值化服务、船员招聘培训服务、高层次人才服务;在金融增值服务板块中提出企业"金融计算器"增值化服务、产业链金融服务一件事;在科创增值服务板块、知识产权增值服务板块中提出科创平台建设、产业创新服务、智能化专家诊断服务、水产品检测检验;在政策增值服务板块中提出产业"政策计算器"增值化服务、惠企政策快享;在开放增值服务板块中提出远洋贸易交易一件事、一站式口岸业务办理;在法治增值服务板块中提出法律风险防范服务;在数据增值服务板块中提出远洋渔业产业大脑、要素导航地图平台服务。

3. 外层:举措

外层简述了舟山市"一条鱼"产业链全要素增值服务体系有亮点的具体举措。

外圈的左侧方框集中展示的是对推动海洋产业链生产要素创新性配置有共性的增值化服务举措,主要包括人才"服务计算器"增值化服务、企业"金融计算器"增值化服务、产业"政策计算器"增值化服务、要素导航地图平台服务。

外圈的右侧方框集中展示的是与"一条鱼"产业链特殊情况相适应的有特色的增值化服务举措,主要包括数据知识产权服务一件事、数字海洋产业金融服务、产才对接服务、科创平台服务、公共数据资源供给服务等。

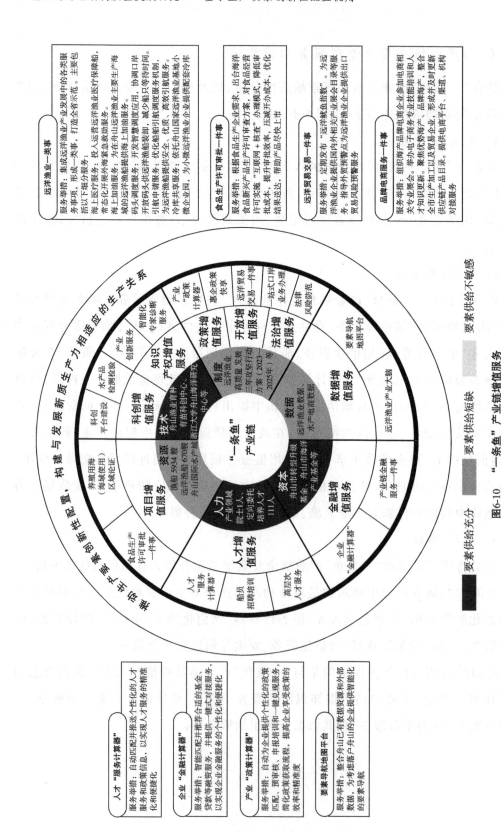

图6-10 "一条鱼"产业链增值服务

六、清洁能源和装备制造产业链

对清洁能源和装备制造产业链进行分析,形成产业链需求匹配"四链合一"图(见图6-11),并构建产业链全要素增值服务图谱。

(一)产业链发展概况及优势短板分析

1. 产业链发展愿景

清洁能源和装备制造产业链打造"5+N"产业发展体系,按照"可再生能源+储能+联合制氢+蓝碳"技术路线,重点发展光伏产业、储能产业、风电产业、LNG综合利用产业和氢能"制、储、运、加、用"一体化产业,形成五大优势领域;积极探索核能、潮流能、生物燃料、CCUS技术应用等N个潜力领域。重点打造"一岛一港三园"产业布局,谋划推进六横清洁能源产业岛、岱山深远海风电母港、高新区光伏装备制造产业园、普陀氢能装备制造产业园、嵊泗小洋山新能源装备制造产业园建设。围绕氢能、绿色甲醇、冷能利用等方向开展补链工作,积极推动深远海漂浮式海上风电、TOPCon电池、电解制氢设备等新型工艺技术突破。

2. 产业链发展现状

舟山清洁能源和装备制造产业链目前处于快速成长阶段。清洁能源和装备制造产业链,按照"可再生能源+储能+联合制氢+蓝碳"技术路线,聚焦"风、光、储、氢、LNG"等五大清洁能源及N种潜力领域,构建"5+N"产业发展体系。

2023年,舟山清洁能源总容量达到193万千瓦,风、光、电、储、氢等清洁能源领域重大项目相继导入,在应用端的加快集聚带动下,产业链发展加速。

应用端形成规模。从应用端来看,中国广核集团有限公司、浙江省能源集团有限公司、国电电力发展股份有限公司、龙源电力集团股份有限公司等企业已开始进行风电、光伏等资源的开发,大批项目已经建成投产,目前仍有部分项目建设中。

装备端加快项目集聚。远景能源定海海上风电智能工厂、浙江润海新能源12GW高效异质结太阳能电池片生产及组件项目、富通住电海缆项目、惠生海上风电及浮式风电项目、正源标准件项目等龙头项目已经建成投产并稳定运行,对产业发展提供了强有力的支撑。

3. 产业链优势及短板分析

基础资源丰富。作为一座群岛之城,舟山市拥有着2.08万平方千米的海域和2085个岛屿。其风资源、光资源和滩涂资源十分丰富,因此规划中包含了近、中、远期光伏和风电装机的开发计划。由于舟山拥有高年平均风速、大平均风功率密度以及集中的风能资源,因此被确定为浙江重点打造的四个海上风电基地之一。此外,舟山的太阳总辐照量和平均日照时数均位居沿海城市前列,拥有丰富的太阳能资源。因此,舟山在开发海洋清洁能源方面具备天然的优势和必要性。

技术实力薄弱。舟山清洁能源和装备制造领域项目以发电、能源综合利用以及相关配套制造为主,涉及研发较少。同时,舟山清洁能源和装备制造领域人才梯队未能形成,头部领军人才缺失。在研发项目和人才的双重短板下,产业链整体技术实力薄弱。

(二)产业链六大要素分析

1. 要素敏感度分析

产业链对资源要素敏感度较高。清洁能源和装备制造产业链重点关注的资源要素主要包括土地、岸线、能源、原材料、交通、风场和滩涂等方面。清洁能源和装备制造产业链根据其细分领域不同,差异较大。对于新能源发电应用,其对海域使用有强烈需求,同时陆上风电、陆上光电对滩涂、屋顶等相关资源的需求强烈,而制造和运维端,尤其是海上风电、海缆等相关业态对港口有较强需求。常规装备制造环节,更多关注工业用地的使用,但企业往往会提出配套发电场需求。对原材料、能源等资源方面,无论生产过程中的需求以及发电项目运营过程中的需求,均处于较高水平。

产业链对人力要素敏感度较高。运维方面,对专业性人才,尤其是海上作业的专业人才要求较高;制造方面,清洁能源和装备制造产业链需要具备高水平的技术工人,包括机械工程师、电气工程师、材料工程师等。同时,为满足行业研发需求,清洁能源和装备制造产业链还需要一支强大的研发团队,负责新技术的研发和创新。

产业链对资本要素敏感度高。清洁能源和装备制造产业链属于资本密集型产业,对于全产业链,包括发电与设备制造环节,均需要大量前期资本投入,对资金消耗量大,敏感度高。

产业链对技术要素敏感度高。产业链技术要素关系清洁能源的使用效率,而对于清洁能源和装备制造产业,能源利用效率的提升关乎企业生存,故太阳能、风能、生物能等清洁能源相关企业对于研发的投入巨大,以期能获得更高的能源利用效率和降低环境污染。

产业链对制度要素敏感度一般。新能源退补基本完成,对政策需求较少,仅氢能作为处于示范期的行业,需要部分政策倾斜。行业目前受市场制约较大,现状以对内贸易为主,亟须开拓海外市场以扩大市场规模,对开放服务需求较高。

产业链对数据要素敏感度较低。电力价格数据透明度较高,且行业对数据需求较少,数据对产业的发展带动力度不大,仅个别园区对相关能源数据服务有需求。

2. 要素供给情况

舟山清洁能源和装备制造产业链资本、制度要素供给相对充分。资本要素方面,现有清洁能源产业发展专项资金、浙江舟山转型升级产业基金,可以为产业发展提供涵盖新技术投资—成果转化—企业孵化—企业并购—产业转型全链条全过程的资金支持。制度要素方面,在自贸区优势下,政策服务、开放服务供应相对充分,对外交流、外商落地等服务有较强保障。但是在各类能源利用的综合审批、新能源应用示范试点等方面,制度要素供给有待进一步加强。

舟山清洁能源和装备制造产业链资源、技术、人力要素供给有所不足。资源要素方面,工业用地和岸线资源较为丰富,能源和原材料供应充分,但是受政策影响,舟山风电、光伏资源大幅减少,近海风场已无新增空间,光伏除岱山长涂渔光互补三期外,无新增可开发滩涂光伏资源。舟山能耗、排放指标短缺,影响部分制造类项目落地。技术要素方面,地方研发转化能力不够,缺少进行产业研究和转化的专业机构,科创服务供给偏少。人力要素方面,在用工保障方面存在一定的短板,现有省领军人才4人,高层次人才缺口较大。

3. 产业链各环节要素需求情况

(1)产业链共性需求

能耗排放指标需求。考虑到舟山清洁能源和装备制造产业链资源要素供给不充分,结合部门走访和企业调研,发现舟山市本地能耗指标、排放指标紧缺,主要表现在氮氧化合物、VOC等指标,已无新增余量,制约新建、扩建项目报批建设,可通过合力攻坚能耗排放指标瓶颈全力满足企业需求。

全球市场拓展和政策需求。舟山清洁能源和装备制造产业链制度要素虽然供给相对充分,但是作为产业高质量发展的重要一环,在企业调研中发现,新能源装备国内市场趋近饱和。在此情况下,一方面,如何开拓全球市场成为企业的核心需求。另一方面,对于氢能、储能、海洋能等新兴业态,企业对相关政策扶持有一定需求,可通过应用场景机会清单满足企业需求。

示范场景建设需求。舟山清洁能源和装备制造产业链制度要素虽然供给相对充分,但是作为产业高质量发展的重要一环,在企业调研中发现,储能、新能源、LNG综合利用等环节企业对于示范场景需求更多。示范场景建设可以帮助企业展示其创新成果,与政府、行业伙伴以及公众进行更深入的交流和合作,共同探索和解决过程中遇到的技术、经济和政策问题,可通过探索余电上网满足企业需求。

(2)风电、光伏产业特殊需求

用地用海报备、审批需求。考虑到舟山清洁能源和装备制造产业链资源要素供给不充分,结合企业调研,发现舟山市风电、光伏项目主要处于批复前期和建设期,对于用海用地的报备审批需求较大。同时,风电、光伏制造项目往往配套发电项目,一体化审批能够加速项目落地,可通过形成海域立体空间审批一件事、项目开工一件事满足企业需求。

大型公共码头需求。考虑到舟山清洁能源和装备制造产业链资源要素供给不充分,通过企业调研,发现舟山市缺少大型公共码头配套设施,不能满足为清洁能源和装备制造产业提供大型装备的物流需求,需要完善配置。

高水平技术人才需求。考虑到舟山清洁能源和装备制造产业链人力要素供给不充分,结合企业调研,发现风电、光伏项目,尤其是海上风电项目,对于项目工程建设人员、项目运维人员等有较高要求,需要配套相关政策吸引相关人才来舟,可通过提供优质人才(项目)招引、产才对接服务,做好企业人力资源合规指引满足企业需求。

上下游技术合作需求。考虑到舟山清洁能源和装备制造产业链技术要素供给不充分,通过企业调研,发现由于舟山风电、光伏企业中间聚焦在应用端,对于上游技术的需求更多。且作为下游应用企业,能够一定程度地影响上游研发方向。由于风电、光伏项目的能源利用率能大幅度影响企业利润,风电、光伏应用企业倾向于与上游开展合作研发,以提高产品性能,可通过提供技术对接服务满足企业需求。

(3)储能产业特殊需求

新产品、新技术的研发和成果转化需求。考虑到舟山清洁能源和装备制造产业链技术要素供给不充分,通过企业调研,发现电储能技术处于快速更新期,固态电池、钠电池等高性能、低成本电池技术加速成熟,预期对现有市场造成冲击。氢能技术处于场景示范应用初期,技术逐步成熟并走向市场化。围绕电储能和氢能,新技术、新产品的研发至关重要,同时,成果快速转化也能加速产品市场占有率的提高,为企业带来新的增长点,可通过提供科创供应链服务、资本市场对接、法律风险防范等举措满足企业需求。

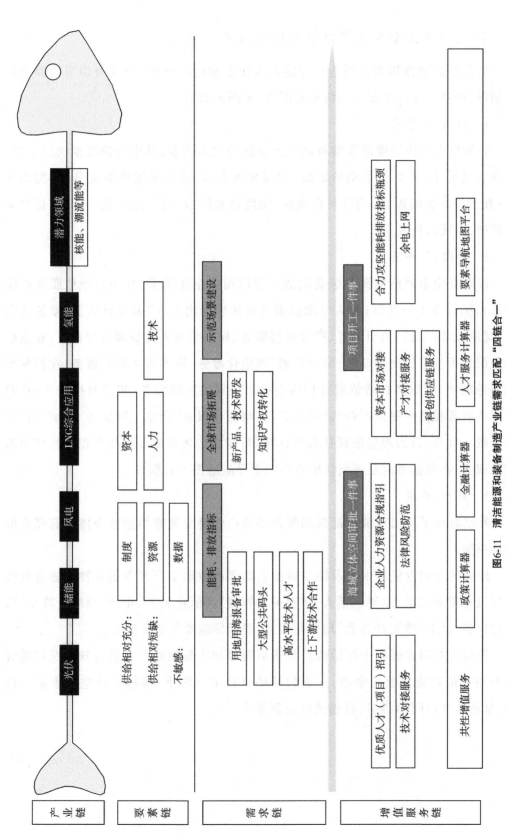

图6-11 清洁能源和装备制造产业链需求匹配"四链合一"

（三）产业链全要素增值服务图谱构建

结合清洁能源和装备制造产业链六大要素敏感度分析，以及舟山市各要素供给情况，构建产业链全要素增值服务图谱（见图6-12）。

1. 内圈：要素层

分析舟山市清洁能源和装备制造产业链的六大要素，其中资源要素供给短缺，用深灰色表示；人力要素供给短缺，用深灰色表示；资本要素供给充分，用黑色表示；技术要素供给短缺，用深灰色表示；制度要素供给充分，用黑色表示；数据要素不敏感，用浅灰色表示。

2. 外圈：服务层

根据舟山市清洁能源和装备制造产业链相关企业需求，在项目增值服务板块中提出项目开工一件事；在人才增值服务板块中提出人才"服务计算器"增值化服务、优质人才（项目）招引服务、产才对接服务、做好企业人力资源合规指引；在金融增值服务板块中提出企业"金融计算器"增值化服务、资本市场对接服务；在科创增值服务板块、知识产权增值服务板块中提出科创供应链服务、技术对接服务；在政策增值服务板块中提出产业"政策计算器"增值化服务、余电上网服务、海域立体空间审批一件事、合力攻坚能耗排放指标瓶颈；在法治增值服务板块中提出法律风险防范服务；在数据增值服务板块中提出要素导航地图平台服务。

3. 外层：举措

外层简述了舟山市清洁能源和装备制造产业链全要素增值服务体系有亮点的具体举措。

外圈的左侧方框集中展示的是对推动海洋产业链生产要素创新性配置有共性的增值化服务举措，主要包括人才"服务计算器"增值化服务、企业"金融计算器"增值化服务、产业"政策计算器"增值化服务、要素导航地图平台服务。

外圈的右侧方框集中展示的是与清洁能源和装备制造产业链特殊情况相适应的有特色的增值化服务举措，主要包括项目开工一件事、海域立体空间审批一件事、优质人才（项目）招引、科创供应链服务等。

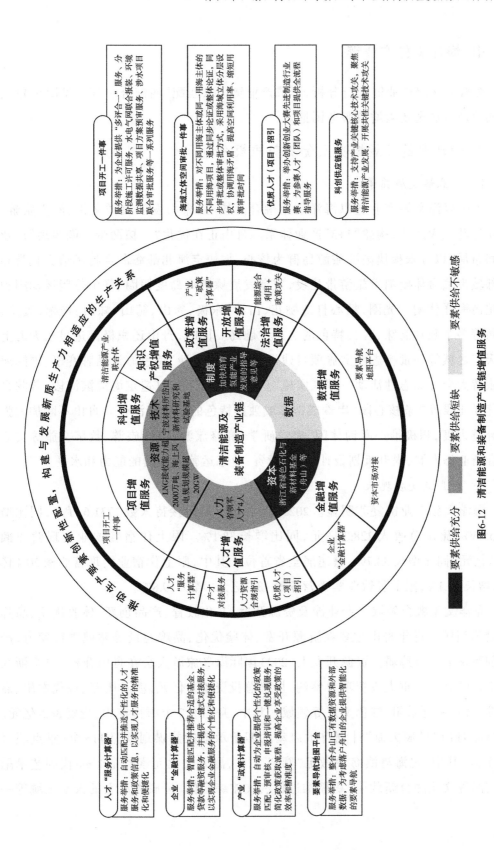

图6-12　清洁能源和装备制造产业链增值服务

七、海洋文旅产业链

对海洋文旅产业链进行分析,形成产业链需求匹配"四链合一"图(见图6-13),并构建产业链全要素增值服务图谱。

(一)产业链发展概况及优劣势短板分析

1. 产业链发展愿景

舟山海洋文旅产业链以海洋文旅融合为核心,聚力发展海洋文化、海洋旅游、海洋运动三大产业,构建"1+3"产业体系。舟山正在优化"一核两带三圈多岛"产业空间布局,以普朱板块国际旅游岛群为核心,加快定海北部海岛乡村风情文化带和南部城市滨海休闲消费旅游带建设,重点发展嵊泗列岛度假圈、岱山休闲运动圈和普陀湾海洋休闲观光圈,精心打造桃花、白沙、东极、秀山、衢山、嵊山、枸杞、黄龙、花鸟等多个独具韵味、各具特色的文旅主题岛。同时,舟山还积极推进星辰大海上的天空之城等一批标志性文旅项目建设,打造"山海沙"特色海洋品牌赛事、国际海岛旅游大会等标志性活动。深入实施"星辰大海"计划,打造定海湾滨海段、普陀自在莲洋北段等7条核心段,串珠成链形成独具特色的城市滨海带。舟山不断加大强链补链力度,积极推进海钓休闲、海洋研学、禅修旅游、康养旅游、数字文旅等文旅融合新业态发展,提升策划设计、项目投资、业态运营等方面的能力和水平。

2. 产业链发展现状

海洋文旅产业链复苏明显。2023年,舟山市旅游接待人数1731.6万人,同比增长55.6%,旅游总收入228.3亿元,同比增长38.1%。限上住宿餐饮业实现营业额34.3亿元,同比增长33.7%,增速居全省首位。其中,限上住宿业实现营业额20.4亿元,增长45.1%;限上餐饮业实现营业额13.9亿元,增长19.8%。

海洋文旅融合领域。产业涉及资源开发、文化教育、产品创新、体验优化、品牌建设等领域。近年舟山主要在资源开发、体验优化、品牌建设等领域进行发力,产品创新领域相对薄弱。资源开发上,2023国际海岛旅游大会在舟山开幕,14个浙江省十大海岛公园重大投资项目签约,协议总投资83.5亿元,涉及康养、现代农旅、商业综合体、主题乐园、红色文旅等领域。其中,舟山有7个项目签约,投资36.5亿元。2023年舟山"星辰大海"计划首批启动的四条示范段共谋划项目113个(重点项目37个)。其中,定海湾滨海段做足"廊+"文章,融入文化元素打造Lime快闪艺术融合空间等文旅融合新载体,积极推进保利文旅综合体、星辰大海上的天空之城等一批标志性文旅项目建设;体验优化上,举办了十大海岛公园2023长三角文旅惠民市集活动、"诗画浙江　海上花园"十大海岛公园走进长三角推广等活动;品牌建设上,成功举办"小岛你好"公共建筑与艺术装置设计国际大赛。按照"一岛一主题"发展构想实施"3+3"海岛公园主题IP打造。

海洋旅游领域。产业涉及旅游项目开发、海岛住宿、特色餐饮、休闲娱乐。近几年舟山在旅游产业上全方位发力建设。项目开发上,朱家尖黄金海岸段依托优越自然环境,成功打造冲浪主题公园等新业态项目;住宿业上,打造"岛居舟山"民宿品牌。挑选"浙韵千宿"培育名单,形成普陀区虾峙镇河泥槽村、嵊泗县五龙乡会城村创建星级海岛精品民宿聚落;餐饮建设上,新城十里海街段提升城市滨海夜经济建设,成功培育舟山海鲜烧烤夜市等特色餐饮项目,推动"百县千碗·舟山味道"餐饮品牌打造;休闲娱乐上,深化定海北部海岛乡村风情旅游带和南部城市滨海休闲消费旅游带建设,重点发展嵊泗列岛度假圈、岱山休闲运动圈和普陀湾海洋休闲观光圈,精心打造桃花岛、白沙岛、岱山岛等多个各具特色的海洋旅游产业主题岛屿。

海洋文化领域。产业涉及文化展览、演出活动、文创IP、传媒服务。近年舟山主要在文化展演、演出活动等领域进行发力,文创IP领域、传媒服务领域有待加强。舟山打造"海洋文化长廊",擦亮舟山海洋文化底色。建设文物考古联动平台,设立"浙江海洋考古舟山工作站",成立"浙江大学艺术与考古学院考古文博教学实践基地"。建成嵊泗黄家台考古遗址公园,新增乡村博物馆10家;省、市、县联动打造"跟着考古去旅行"研学游活动品牌,推出"走读昌国——跟着考古(博物馆)去旅游"主题线路4条;与浙江音乐学院建立校地合作机制,培育"星空下的音乐会"音乐品牌,举办东海音乐节、银河列车音乐节、"有粉就浪"音乐节以及"嗨歌吧""跟着音乐去露营"系列活动;打造"舟山心意"文创品牌,2023年设计研发文创产品35件,完成两个线下店落地运营及两个线上店搭建,2023年组织"舟山心意"营销体验活动20余场,入驻文创企业19家、产品235件;舟山群岛旅游微信公众号、舟山群岛旅游微信视频号、舟山群岛旅游抖音号、舟山市文广旅体局官方微博等传媒渠道不断建设运营。

海洋运动领域。产业涉及包括休闲运动、水上运动装备、赛事活动。近年舟山主要在赛事活动领域进行发力,水上休闲、水上运动装备等领域处于起步阶段。舟山打造"山海沙"三大赛事体系,结合海洋海岛资源成功举办1390海岛越野赛、环舟山自行车骑游大会、斯巴达勇士赛舟山站、全国沙滩足球赛、全国海钓精英赛、帆船跳岛拉力赛、舟山群岛马拉松等特色精品赛事。2023年完成改造或新增嵌入式体育场地设施建设面积3.57万平方米,"环浙步道"60千米。

3.产业链优势及短板分析

海洋文旅融合优势突出,品牌形象与市场拓展存在缺口。海钓休闲、海洋研学、禅修旅游、康养旅游、数字文旅等文旅融合新业态不断涌现。2023年,舟山"星辰大海"计划,围绕舟山本岛约298千米的海岸线,对文旅资源进行全面梳理,有针对性地拓展文旅新业态。但是舟山海洋文旅形象辐射范围主要集中在华东地区,在全国范围内并未成为标志性海洋旅游目的地,缺乏国家级海洋旅游的标志性形象。

海洋旅游产业基础优势突出,高端产品存在缺口。舟山以其得天独厚的地理位置和丰富的海洋资源,打造了以海洋旅游为主的系列优势产业,依托众多精品酒店和渔村升级改造工程,海岛度假、休闲渔村等休闲住宿产业发展较完善。高品质旅游产品与项目体验存在发展空间,邮轮、游艇、游船并称为"三游"产业。舟山缺乏邮轮国内沿海游常态化运营,未纳入国际旅游"一程多站"航线。以游艇为载体的休闲聚会、海上观光、岛际交通产品有待普及,游艇修造、游艇装备、游艇培训等上下游产业链需要进一步完善。

海洋文化产业资源优势突出,市场拓展存在缺口。凭借舟山丰富的文化资源,舟山建设了"海洋文化长廊"、文物考古联动平台、嵊泗黄家台考古遗址公园、乡村博物馆、"跟着考古去旅行"研学游活动,推出"走读昌国——跟着考古(博物馆)去旅游"主题线路,推出系列文化展览、演出活动、文创IP,但是在传媒服务方面影响有限。例如,音乐会、音乐节等活动的吸引范围与力度不大,主要局限于浙江省当地,舟山文创的IP形象并未深入人心,获得广泛的认知,传播与营销尚有待加强。

海洋运动产业体验产品丰富,装备制造存在缺口。舟山丰富的海洋生物资源和清澈的海水,为潜水、垂钓、海上游艇等水上活动提供了极佳的条件,目前发展了海岛越野、骑行赛、海钓赛、帆船拉力赛等一系列赛事活动,构建"山海沙"三大赛事体系,从产业链下游丰富了产品体系。但是相对于国内外其他知名的海洋运动目的地,舟山在国内外的知名度和影响力还不够强。在产业链上游,体育装备的研发、设计、制造存在一定缺口。在产业链的中游,海洋运动的基础设施供给有待加强,应增加潜水、帆船等项目的专业培训中心、装备租赁店铺以及专业救援团队的数量。同时,舟山在海洋运动领域的专业人才培养和引进方面还存在不足,特别是在专业教练、运动医疗、活动策划等方面的人才短缺。

（二）产业链要素敏感度分析

1. 要素敏感度分析

产业链对资源要素敏感度较高。海洋文旅重点关注的资源要素包括自然、人文景观、用地用海等。资源作为海洋文旅产业的基础，是产业发展的第一敏感要素，丰富的海洋和岛屿资源是吸引游客的关键，也是开发新产品和体验的基石。随着文旅融合的不断深入，旅游者对文化认识、感知、体验的需求不断增加。拥有丰富的人文历史、风俗、地方艺术等人文资源，以及进一步开发转化为产品形态的能力尤为重要。

产业链对人力要素敏感度较高。海洋文旅的服务业性质决定了其对人才要求较高，专业人才是实现海洋旅游产业可持续发展的关键。文旅产业的人才属性在各类产业中极具特殊性，基础型人才包括住宿、餐饮、景区的基础服务业人员，但是经济和社会发展导致文旅产业对高水平、复合型、应用型人才的需求不断增加，包括创业型人才、直播型人才、创意型人才等。

产业链对资本要素敏感度较高。资本的投入力度和文旅项目的体验高度相关，2023年，国内领先的文旅集团共达成了143项重大文旅项目的投资协议，其中94个项目公开了投资额，总计高达2970亿元人民币。这表明，充足的资本注入是打造具有市场竞争力文旅项目的关键因素。只有资金充足，才能确保项目的成功和卓越体验。

产业链对技术要素敏感度较低。技术要素主要影响文旅产品开发，舟山现有旅游资源开发较好，从旅游食住行游购娱六方面能够较好地满足游客的需求。

产业链对制度要素敏感度较高。制度要素在文旅产业发展中有较强发展促进作用，尤其对于美丽乡村、全域旅游、红色旅游等项目的打造，项目补贴需求度高，对制度要素较为敏感。

产业链对数据要素敏感度较高。海洋文旅产业依赖于对市场趋势、消费者行为和环境变化的深入理解来制定其业务策略。通过收集和分析数据，企业能够更好地预测旅游需求，优化旅游产品和服务，提高运营效率和客户满意度。

2. 要素供给情况

舟山海洋文旅产业链资源、数据要素供给相对充分。资源要素方面，舟山集海岛风光、海洋文化和佛教文化于一体的海洋旅游资源在长江三角洲地区城市群中具有较大的竞争力。数据要素方面，舟山围绕"浙江海岛公园大数据应用系统"，打造"海岛文e家""舟游列岛""舟导好游"等一批文化旅游服务监管平台,形成了"品质文化惠享·浙里文化圈""游浙里""浙里文物"等数字化应用场景,智慧旅游便民服务"一卡通"应用场景建设基本完成,数据支撑力度较大。

舟山海洋文旅产业链人力、资本、制度要素供给有所欠缺。人力要素方面,舟山文旅产业快速发展,文化艺术、公共服务、文博行业、产业发展、乡村振兴、科技创新、创意策划、交流传播等多类型全方位人才缺口较大。尤其是导游、项目策划类人才,亟须加快引进。资本要素方面,舟山文旅扶持资金重点用于公共项目与文化、广电、旅游和体育行业纾困。但是,舟山存在融资渠道单一、资金规模有限等现象,导致一些创新项目和市场推广活动难以实施,限制了产业的多元化发展和市场拓展能力。制度要素方面,海洋文旅产业不断涌现出新的服务模式和体验方式,原有制度尚未进行适应性调整,供给偏弱。

3. 产业链各环节要素需求情况

新业态行政服务需求。考虑到海洋文旅产业链制度要素供给不充分,结合企业调研,发现海洋文旅企业新业态多,这些新业态往往需要更为灵活和创新的监管政策来适应。然而,现有的制度可能还未及时更新以适应这些变化,导致监管滞后,无法为新业态提供足够的指导和支持,可通过形成项目开工一件事满足企业需求。

大型品牌活动和宣传推广服务需求。考虑到海洋文旅产业链制度要素供给不充分,结合企业调研,发现目前舟山海洋文旅宣传推广依旧存在不足,而海洋文旅类企业对于舟山旅游品牌宣传要求较高,对政府组织大型品牌活动、开展各类宣传推广活动有一定需求,可通过提供惠企政策快享等举措满足企业需求。

服务提升需求。考虑到海洋文旅产业链制度要素供给不充分,结合企业调研,发现舟山市内公共交通作为主要交通方式,在景区间的接驳以及站点播报等方面有所欠缺。舟山住宿业民宿占比较大,各类民宿质量参差不齐,对于服务质量提升有较高需求。可通过海岛民宿服务提升行动、交通出行服务等举措满足企业需求。

考虑到海洋文旅产业链资本要素供给不充分,结合企业调研,发现舟山文旅企业以中小企业为主,对资金需求大,可通过提供贷款服务、抵押服务等举措满足企业需求。

专业人才招引和培育需求。考虑到海洋文旅产业链人力要素供给不充分,结合企业调研,发现通过优秀的人才队伍能够快速发现新机遇,并做好宣传推广工作,从而在文旅产品开发、推广上取得突破,因此企业对于高水平从业人员需求较大。可通过提供人才评价认定、乡创客全流程服务等举措满足企业需求。

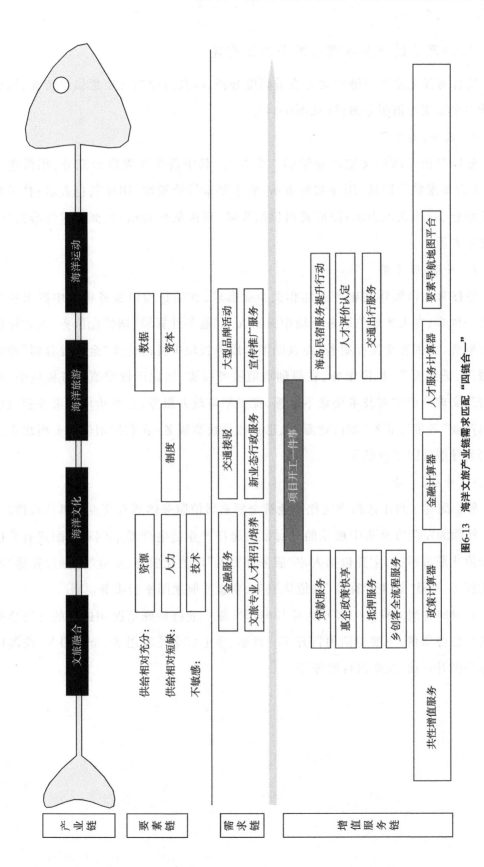

图6-13 海洋文旅产业链需求匹配"四链合一"

(三)产业链全要素增值服务图谱构建

结合海洋文旅产业链六大要素敏感度分析,以及舟山市各要素供给情况,构建产业链全要素增值服务图谱(见图6-14)。

1. 内圈:要素层

分析舟山市海洋文旅产业链的六大要素,其中资源要素供给充分,用黑色表示;人力要素供给短缺,用深灰色表示;资本要素供给短缺,用深灰色表示;技术要素不敏感,用浅灰色表示;制度要素供给短缺,用深灰色表示;数据要素供给充分,用黑色表示。

2. 外圈:服务层

根据舟山市海洋文旅产业链相关企业需求,在项目增值服务板块中提出项目开工一件事;在人才增值服务板块中提出人才"服务计算器"增值化服务、人才评价认定服务、乡创客全流程服务;在金融增值服务板块中提出企业"金融计算器"增值化服务、贷款服务、抵押服务;在科创增值服务板块、知识产权增值服务板块中,由于海洋文旅产业链对技术要素不敏感,提供基本政务服务;在政策增值服务板块中提出产业"政策计算器"增值化服务、惠企政策快享服务;在数据增值服务板块中提出要素导航地图平台服务。

3. 外层:举措

外层简述了舟山市海洋文旅产业链全要素增值服务体系有亮点的具体举措。

外圈的左侧方框集中展示的是对推动海洋产业链生产要素创新性配置有共性的增值化服务举措,主要包括人才"服务计算器"增值化服务、企业"金融计算器"增值化服务、产业"政策计算器"增值化服务、要素导航地图平台服务。

外圈的右侧方框集中展示的是与海洋文旅产业链特殊情况相适应的有特色的增值化服务举措,主要包括项目开工一件事、乡创客全流程服务、贷款服务、海岛民宿服务提升行动、交通出行服务等。

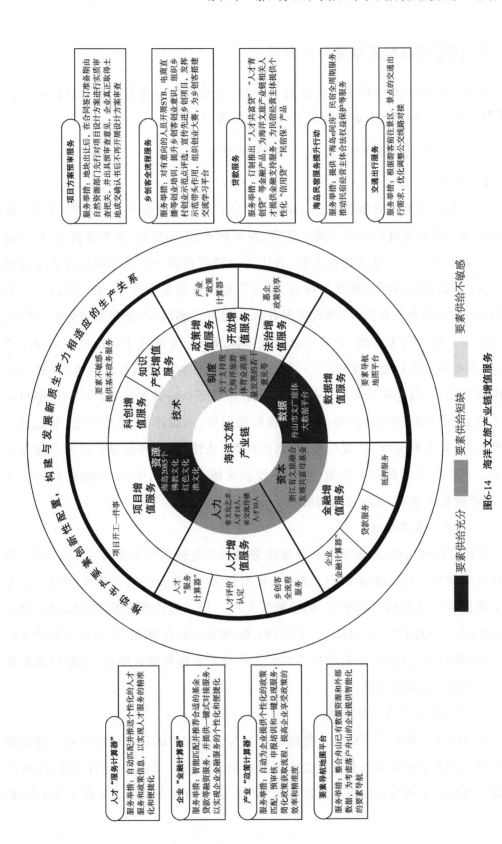

图6-14 海洋文旅产业链增值服务

八、港航物流和海事服务产业链

对港航物流和海事服务产业链进行分析,形成产业链需求匹配"四链合一"图(见图6-15),并构建产业链全要素增值服务图谱。

(一)产业链发展概况及优劣势短板分析

1. 产业链发展愿景

舟山港航物流和海事服务产业链打造"2+5"产业发展体系,发展港口服务、航运服务两大港航物流产业以及锚地供应、海员服务、船舶交易、船舶维修、航运金融五大海事服务产业。港航物流方面,舟山通过锚定世界一流强港建设发展港航物流产业,打造亿吨级大宗散货泊位群、千万标箱级集装箱泊位群;加密纵深江海直达航线,开拓新业务新货种,梯次发展壮大江海直达船队,不断提升江海联运辐射长江能力。海事服务方面,舟山通过聚焦国际海事服务基地建设发展海事服务产业,做强东北亚保税燃料加注中心,常态化开展绿色新型燃料加注业务,优化完善锚供基础配套;做大船员管理服务规模,积极拓展船员培训评估、船员消费、船员换班等业态;做优船舶交易市场,集聚发展船舶交易、船舶评估、船舶经纪、船舶进出口等业务;提升船舶维修、航运金融、航运保险、法律咨询、仲裁等方面的专业服务能力。以小干岛为服务主阵地,加快建设国家级船员评估中心、国际船东商会大楼、海事服务产业园、保税船用润滑油供应基地等项目。

2. 产业链发展现状

依托宁波舟山港,港航物流和海事服务领域产业链发展持续向好。2023年,宁波舟山港完成货物吞吐量13.24亿吨,同比增长4.9%,连续15年位居全球第一。完成集装箱吞吐量3530万标准箱,同比增长5.9%。宁波舟山港集装箱航线总数稳定在300条以上,其中"一带一路"航线达130条,密布的航线将200多个国家和地区的600多个港口织点成网,让宁波舟山港成为全球重要港航物流中心、战略资源配置中心和现代航运服务基地。

3. 产业链优势及短板分析

舟山拥有着世界领先的港口集疏运体系与全国前列的江海联运体系。舟山地处我国东部黄金海岸线与长江黄金水道交汇处,背靠长三角广阔经济腹地,是我国东部沿海和长江流域走向世界的重要海上门户。舟山拥有航运企业数近300家,船舶总运力 830 万吨,物流节点拓展至长江 30 多个港口,已率先投运全国首艘特定航线江海直达船,开辟江海联运直达通道。舟山正在围绕打造绿色海港枢纽港口、打造数智化港口生态、推动辐射全球枢纽共建三个方向重点发力,持续提升舟山江海联运能级,做强枢纽功能。

舟山聚焦保税燃料加注、海事人员管理服务、船舶经纪与交易、海事金融与仲裁建设,海事服务“软实力”显著提升。舟山继 2022 年保税船用燃料油加注量突破 600 万吨后,2023 年舟山保税船用燃料油加注量高达 704.64 万吨,同比增长 16.95%,跻身全球第四大加油港。舟山打造了海员服务中心,为船员持续提供船员培训评估、船员消费、船员换班。位于舟山的全球首个船舶在线交易平台“拍船网”用户总量突破 10 万人。舟山海事金融与仲裁的发展虽然相对滞后于其他先进地区,但已谋划了小干现代海事服务功能岛,目标打造国家级船员评估中心、国际船东商会大楼、海事服务产业园、保税船用润滑油供应基地等项目。

(二)产业链要素敏感度分析

1. 要素敏感度分析

产业链对资源的敏感度较高,主要体现在地理空间的利用上。资源对港航物流产业的影响主要体现在港口和航线的地理分布上。例如,港口所在地的水深、岸线长度、地质条件等直接影响港口的建设规模和船舶的停靠能力。同时,航线周边的海洋环境、气象条件等也会影响船舶的航行安全和效率。海事服务产业虽然不像港航物流那样直接受自然资源影响,但也须考虑船舶在不同海域的航行条件,例如海盗活动频繁的海域、风浪较大的海域等,这些都可能会影响海事服务的提供。

产业链对人才的敏感度较高。港航物流和海事服务产业需要高素质的管理人才、物流操作人才和技术支持人才,在物流规划、船舶调度、货物跟踪等方面发挥着关键作用。

产业链对资本的敏感度较高。港航物流产业是一个资本密集型产业,需要大量的资金投入用于港口建设、船舶购置、物流设施升级等方面。海事服务产业虽然资本需求相对较低,但也需要一定的资金支持用于船舶维护、设备更新和业务拓展。资本状况同样影响着海事服务企业的运营和发展。

产业链对制度的敏感度极高。政府的自贸区政策、航运政策、关税政策等直接影响港口的货物吞吐量、船舶的航行路线以及物流企业的运营成本和市场竞争力。海事政策、航运安全法规、船舶登记制度等都会对海事服务企业的运营产生影响。

此外,一个开放的市场环境能够促进贸易的自由化和便利化,为港航物流产业提供更多的发展机会。国际贸易协定的签订、多边贸易体系的完善以及贸易壁垒的降低等,都有助于港航物流产业扩大市场规模、提高运营效率。开放的环境也意味着更多的国际竞争和规则约束,国际海事法规和标准对海事服务企业与国际同行的合作与交流的影响也会更多。

产业链对数据的敏感度极高。数据在港航物流产业中扮演着越来越重要的角色。通过收集和分析货物信息、船舶信息、市场信息等数据,港口物流可以优化物流路径、提高运输效率、降低运营成本。海事服务产业也需要利用数据进行业务分析和决策支持。例如,通过收集船舶运行数据、海上气象数据等,海事服务企业可以为客户提供更精准的服务和解决方案。

产业链对技术的敏感度一般。新技术应用能够提高产业运作效率,同时港航物流和海事服务需要配套大量检验检测服务,以提高其长周期生产运作的安全性和可靠性。

2. 要素供给情况

舟山港航物流和海事服务产业链资源、资本、技术、制度、数据要素供给相对充分。资源要素方面,舟山资源要素整体较为充分,港口资源丰富,物流设施较为完备,海事服务业态较为完整。但依旧存在锚地、公共码头、燃料加注码头等资源要素缺少的情况。资本要素方面,舟山市银行对港航物流和海事产业链贷款额度高,并依托浙江省海洋港口发展产业基金、舟山市科创基金等产业基金,能基本满足行业需求。技术要素方面,现有技术基本能够满足产业链需求。制度要素方面,自贸区建设,为港航物流和海事服务产业给予了大量的政策倾斜与突破。数据要素方面,围绕江海联运平台等一系列数字化平台建设,形成了服务产业的数据要素支撑能力。

舟山港航物流和海事服务产业链人力要素供给有所欠缺。主要表现在船员年龄大且素质不高,金融等配套行业需要大量高水平人才,第三方物流企业缺少专业人才供应等。

3. 产业链各环节要素需求情况

(1)港航物流产业特殊需求

江海联运需求。结合进一步优化港航物流和海事服务制度和数据要素供给的需求,发现江海联运能够大幅度带动内陆与沿海城市高效连通催生。长期以来,海船难入江,江船难出海,在很大程度上制约了长江沿线大宗物资的运输效率,为进一步连通内陆与沿海地区,围绕"江海联运"进行货物运输方式优化、散货准班轮运输航线开辟、快速新通道开通等工作是做好港航服务的重要一环,可通过形成江海直达物流组织一件事、江海联运货源组织一件事满足企业需求。

锚地拓展和配套码头需求。结合进一步优化港航物流和海事服务资源要素供给的需求,发现舟山在港航物流和海事服务产业链快速发展的过程中,现有锚地和配套码头已出现紧缺的迹象。而在当前阶段,舟山海底光缆布局密集,国际航线繁多,商船渔船交织,划定锚地较为困难。同时,舟山码头以货主为主,公共码头较少,燃料加注码头缺乏,可通过提升基础设施满足企业需求。

船舶物料供应需求。结合进一步优化港航物流和海事服务资源和制度要素供给的需求,通过调研发现,大量船舶在舟山须进行船舶物料补给工作,围绕船舶航行所需各类物料的快速及时补给,成为大部分船东、物流公司的需求,可通过提供船舶物料供应服务满足企业需求。

保险需求。结合进一步优化港航物流和海事服务资本要素供给的需求,通过调研发现,航运货物大宗属性对保险产品提出较高需求。通过航运运输的货物多为大宗商品,商品价值总额较高,一旦遭遇水淹、暴风等运输风险,将会造成较大财产损失,在此基础上,货物运输保险、集装箱保险等航运保险可以有效分散航运运输途中造成的风险,可通过提供"一揽子"航运保险服务满足企业需求。

智慧化管理需求。结合进一步优化港航物流和海事服务制度和数据要素供给的需求,发现港口智慧化管理有较高需求。2023年,宁波舟山港完成集装箱吞吐量3530万标准箱,数量多,情况复杂,存在智慧化管理需求。通过建立集装箱信息管理系统,可以实现对集装箱信息的实时监控和追溯,包括集装箱的尺寸、容量、运输路线、运输时间等信息,以确保集装箱的运输过程更加透明和可控,可通过提供智慧港口监管服务、锚位智能预约服务满足企业需求。

政策推广和兑现需求。结合进一步优化港航物流和海事服务制度供给的需求,通过企业调研发现,企业对于企业认定、政策兑现等方面有一定需求,对于舟山市公共品牌的打响需求较大。可通过培育壮大航运龙头企业、惠企直达快享、航运会展文化服务等举措满足企业需求。

（2）海事服务产业特殊需求

海员综合服务需求。结合进一步优化港航物流和海事服务人力和制度要素供给的需求，发现舟山港实现国际高水平港口对做好国际海员服务提出更高需求。舟山港日常接待来自世界各国的船员，船员是水上交通运输的重要人才资源，对保障海上物流链畅通，稳定水上交通安全形势，服务和推进海洋强国、交通强国建设等重大战略至关重要，同时，国际船员也是传播中国形象的重要载体和渠道，做好国际海员服务对舟山港提升国际形象至关重要，可通过形成国际海员服务一件事、船员入出境一件事，提供船员教育培训、船员业务咨询、人才招引服务满足企业需求。

保税燃料油加注配套服务需求。结合进一步优化港航物流和海事服务制度要素供给的需求，发现舟山港保税燃料油加注业务保持高速增长趋势，但相关配套服务还有待完善。保税燃料油加注业务涉及进出口查验、出入境登轮检查、核对证件、人员核查、船舶申报等手续流程，将手续优化并持续完善金融、数据、推介等配套服务可以有效提升港口的市场竞争力和国际航运枢纽地位，可通过形成保税船燃加注一件事满足企业需求。

新型燃料试点需求。结合进一步优化港航物流和海事服务制度要素供给的需求，通过企业调研，发现部分船运企业响应双碳号召对舟山争取新型燃料试点提出需求。为了响应降低碳排放的倡议，船运企业对新型清洁燃料表现出了浓厚的兴趣。舟山作为重要的港口城市，需要争取新型燃料试点，加快开展更多清洁燃料加注工作，可通过推动绿色船燃发展满足企业需求。

船舶综合服务。结合进一步优化港航物流和海事服务制度和技术要素供给的需求，通过企业调研，发现企业围绕船舶技术、船舶出入境、船舶交易、船舶维修等船舶综合服务有较高需求。可通过形成船舶进出境一件事、船舶交易一件事、外轮维修一件事满足企业需求。

涉外法律服务需求。结合进一步优化港航物流和海事服务制度供给的需求，通过企业调研，发现海事服务企业涉外事务较多，常面临国际法律纠纷，对涉外法律服务有较大需求。可通过提供国际海事纠纷处理服务满足企业需求。

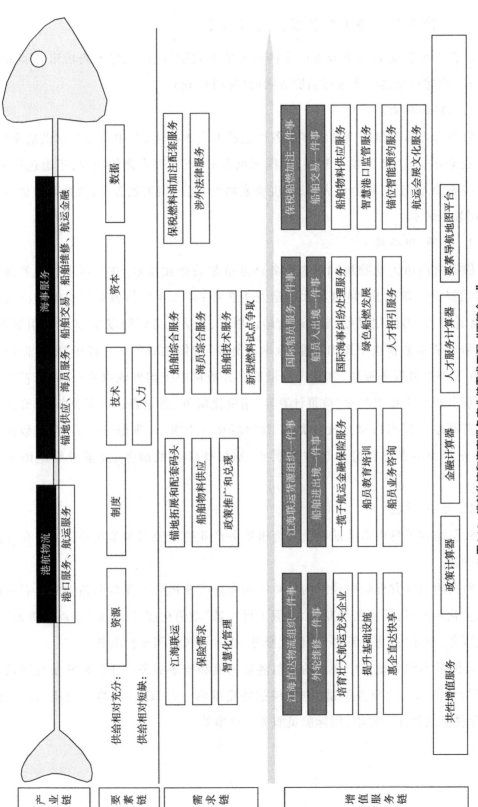

图6-15　港航物流和海事服务产业链需求匹配"四链合一"

(三)产业链全要素增值服务图谱构建

结合港航物流和海事服务产业链六大要素敏感度分析,以及舟山市各要素供给情况,构建产业链全要素增值服务图谱(见图6-16)。

1. 内圈:要素层

分析舟山市港航物流和海事服务产业链的六大要素,其中资源要素供给充分,用黑色表示;人力要素供给短缺,用深灰色表示;资本要素供给充分,用黑色表示;技术要素供给充分,用黑色表示;制度要素供给充分,用黑色表示;数据要素供给充分,用黑色表示。

2. 外圈:服务层

根据舟山市港航物流和海事服务产业链相关企业需求,在项目增值服务板块中提出提升基础设施、培育壮大航运龙头企业;在人才增值服务板块中提出人才"服务计算器"增值化服务、船员教育培训服务、船员业务咨询服务、人才招引服务;在金融增值服务板块中提出企业"金融计算器"增值化服务、"一揽子"航运保险服务;在科创增值服务板块、知识产权增值服务板块中提出外轮维修一件事;在政策增值服务板块中提出产业"政策计算器"增值化服务、惠企直达快享服务;在开放增值服务板块中提出口岸开放一类事、江海联运一类事、海事服务一类事;在数据增值服务板块中提出智慧港口监管服务、锚位智能预约服务、要素导航地图平台服务。

3. 外层:举措

外层简述了舟山市港航物流和海事服务产业链全要素增值服务体系有亮点的具体举措。

外圈的左侧方框集中展示的是对推动海洋产业链生产要素创新性配置有共性的增值化服务举措,主要包括人才"服务计算器"增值化服务、企业"金融计算器"增值化服务、产业"政策计算器"增值化服务、要素导航地图平台服务。

外圈的右侧方框集中展示的是与港航物流和海事服务产业链特殊情况相适应的有特色的增值化服务举措,主要包括外轮维修一件事、江海直达物流组织一件事、保税船燃加注一件事、国际船员服务一件事等。

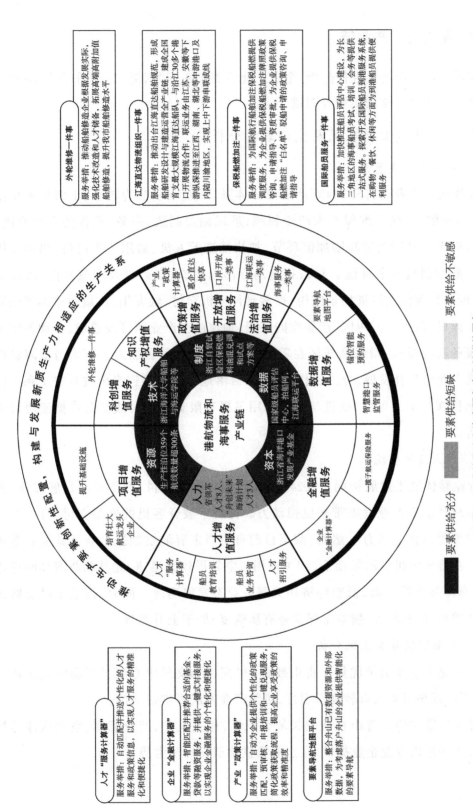

图6-16 港航物流和海事服务产业链增值服务

九、现代航空产业链

对现代航空产业链进行分析,形成产业链需求匹配"四链合一"图(见图6-17),并构建产业链全要素增值服务图谱。

(一)产业链发展概况及优势短板分析

1. 产业链发展愿景

现代航空产业链打造"1+3"产业发展体系,以航空制造为核心,下游拓展低空经济、民航服务、航空维保三大产业领域,形成涵盖制造、服务、维保的全产业链。谋划布局大飞机产业链高附加值环节,加快推进无人机、通用飞机设备、机场专用设备等航空制造环节补链。积极打造岛际岛内物流、客运以及应急救援、医疗救护、地理测绘等低空经济场景应用,探索延伸飞机交付、融资租赁、航空培训等民航服务。择机打造"一园两区"产业空间布局,加速航空产业园开发建设,推动普陀山机场服务功能提升,增强高新区在零部件环节的产业配套能力。探索与上海临港大飞机产业园互补发展、分工协作,加快项目落地。积极推进舟山波音完工和交付中心项目恢复正常运行,推进与中国商用飞机有限责任公司战略合作框架协议细化落实。

2. 产业链发展现状

行业整体处于发展初期。2024年,波音客机恢复交付,低空经济发展加速,为舟山市现代航空产业发展带来更强动力。得益于波音客机的恢复交付,舟山航空产业发展重新恢复活力。然而,截至目前舟山尚未有航空制造企业及其配套企业落户。在普陀山机场的带动下,相关通用航空发展较为迅速,尤其围绕海岛间应急救援、海洋探测等方面,低空经济相关服务业态发展迅速。同时,得益于民航航线的不断增加,民航服务、航空维保业务有所恢复,处于上升态势。

3. 产业链优势及短板分析

拥有龙头企业引领优势。舟山波音737完工和交付中心项目逐步恢复正常运行,对于后续项目导入有较强牵引性,可为产业发展提供强支撑。

资源供给劣势。舟山在航空领域无积累,相关人才、产业配套、空间载体等均不能够为领域内专业企业提供,在全要素供给层面处于劣势。

(二)产业链六大要素分析

1. 要素敏感度分析

产业链对资源要素敏感度较高。现代航空产业链重点关注的资源要素包括土地、基础设施、空域等。土地方面,产业链对土地供给敏感,但无特殊需求。空域方面,全产业链需要充足的空域支撑其业务进行,对空域资源敏感度较高。基础设施配套方面,需要完善的基础设施配套助力其业务开展,敏感度较高。

产业链对人力要素敏感度普遍较高。无论是飞机还是无人机制造,均对高等级科研人才有较高需求。同时,飞机制造要求工人有相关从业资格,对工人要求较高。

产业链对资本要素敏感度较高。飞机制造以大项目为主,投资量大。配套制造项目对产业链金融、配套基金需求较大,而无人机制造企业、低空经济企业以中小企业为主,需要大量前期投入资金以支撑企业发展。

产业链中无人机制造领域对技术要素敏感度高。飞机制造领域,技术由美国波音公司、中国商用飞机有限责任公司等整机厂商直接掌握,对技术要素敏感度较低,而无人机领域技术发展迅速,技术更新迭代快,对技术要素敏感度较高。

产业链对制度要素敏感度普遍较高。飞机、无人机制造企业需要开展各类试飞测试,低空经济业务开展对空域有极高的需求,行业整体对于空域管制等限制有较强制度突破需求,对于产业准入、生产准入等需求较高。

产业链对数据要素敏感度相对较高。对于制造环节,数据能够帮助企业更好开展研发工作,但并非关键要素,需求一般。但是对于低空经济领域,充足的数据要素匹配是开展低空经济业务的基础,对于城市基础数据、空域数据、实时天气等各类数据要求高,敏感度较高。

2. 要素供给情况

舟山现代航空产业链资源要素供给相对充分。航空产业园空间充足,能满足航空产业落地需求;舟山空域条件较好,岛屿低空经济场景充足,已成立舟山低空产业发展有限公司,获中国民航局飞行标准司签发的无人航空器运营合格证,获批2条航线,并谋划4条无人机岛际物流试点航线。低空基础设施相对省内其他地市较为丰富,能支撑大量示范项目落地,但仍需进一步完善。

舟山现代航空产业链人力要素、资本要素、技术要素、制度要素、数据要素供给不足。现代航空产业处于发展早期，尚未形成规模效应，各类要素供给均在探索阶段，呈现出大量要素供给不足的现象。人才要素方面，高层次人才供给缺失，同时缺少专业技术工人培育机制，难以满足行业用工保障。资本要素方面，舟山市缺少专项基金，依托舟山市科创基金难以满足行业巨大的融资需求。技术要素方面，针对无人机领域已联合浙江大学计算机创新技术研究院、新奇点智能科技集团有限公司、深圳市多翼创新科技有限公司等单位，成立了联合勘察工作组，但整体缺少与低空经济相关的技术服务机构。制度要素方面，无论是空域开放或管理的民航、军航、政府还是主导低空经济的政府各部门之间、上下级之间，以及承接具体任务的条块之间尚未形成高效的协调机制，低空空域管理尚未形成统一认识。数据要素方面，围绕低空经济相关数据管理平台未曾搭建。

3. 产业链各环节要素需求情况

（1）产业链共性需求

空域管理规划需求。针对舟山现代航空产业链资源要素的优化配置需求，并考虑到舟山现代航空产业链制度要素供给不充分，通过对领域头部机构、企业调研，发现舟山现代航空产业对完成空域管理规划有较大需求。空域管理规划是发展现代航空，尤其是低空经济的基础。明确的空域管理规划有利于开展军、民、地三方的协调管理，实现飞行审批的日常化、数字化，推动业务开展，可通过制定空域管理规划满足企业需求。

飞行审批需求。考虑到舟山现代航空产业链制度要素供给不充分，通过企业调研，发现舟山现代航空产业对于联合快速的飞行审批平台有较大需求。在完成空域管理规划后，企业进行相关空域使用，仍需完成空域审批工作，需要构建军、民、地三方的协调管理机制，可通过提供空域保障服务满足企业需求。

融资需求。考虑到舟山现代航空产业链资本要素供给不充分，通过企业调研，发现舟山现代航空产业，尤其是低空经济领域以新业态为主，对融资需求较大，可通过形成产业链金融一件事满足企业需求。

（2）航空制造产业特殊需求

研发人才需求。考虑到舟山现代航空产业链人力要素供给不充分，通过企业调研，发现现代航空产业链中，无人机技术作为产业链的前沿领域，其市场对新产品研发的需求日益增长，不仅要求产品具备创新性和技术领先性，还要求研发过程能够快速响应市场变化。这种高节奏、高强度的研发活动对高水平研发人才提出了更高的要求,可通过提供优质人才(项目)招引、人才安居保障等举措满足企业需求。

技术工人需求。考虑到舟山现代航空产业链人力要素供给不充分,通过企业调研,发现现代航空产业链中,在飞机制造环节,出于安全考虑,工人必须通过专业培训和认证,以满足行业标准和安全规范,舟山市该类型技术工人缺失,难以满足后续发展需求,可通过提供高水平技术人员培训满足企业需求。

技术成果转化需求。考虑到舟山现代航空产业链技术要素供给不充分,通过企业调研,发现对于无人机制造企业,技术更新升级换代快,对技术成果的快速转化,提出更高要求,对于围绕产品研发、测试、转化全环节的产学研用合作有较大需求,可通过提供建设低空经济标准厂房,提供惠企政策申报服务满足企业需求。

(3)航空服务产业特殊需求

新场景示范需求。考虑到舟山现代航空产业链制度要素供给不充分,通过企业调研,现代航空产业链在航空服务环节,尤其是低空经济领域,企业对于由政府提供的新场景示范的需求较多。新场景的示范能为低空经济企业提供更多市场机会,并扩大影响力,支撑产业发展,可通过提供城市机会清单满足企业需求。

保险、融资租赁需求。考虑到舟山现代航空产业链资本要素供给不充分,通过企业调研,发现低空经济处于探索阶段,其载物、载人的高风险性需要保险的支撑。同时对于民航服务和低空经济企业,对于设备融资租赁的需求较高,以降低经营成本,可通过提供低空保险服务满足企业需求。

基础设施不断完善的需求。针对舟山现代航空产业链资源要素的优化配置需求进一步分析,发现低空经济企业需要政府提供巨大的低空基础设施配套保障。为加速产业发展,需要尽快开展起降服务网络、管理服务平台、飞行服务平台、低空智联网络等相关基础设施的建设,可通过完善低空基础设施满足企业需求。

飞行数据的使用优化需求。考虑到舟山现代航空产业链数据要素供给不充分,通过企业调研,发现低空经济企业对于飞行数据的使用需求较多,充足的数据对于企业开展飞行策略优化有较大提升,同时能够不断提高飞行的稳定性和效率,为企业发展提供更强支撑,可通过提供智算平台服务满足企业需求。

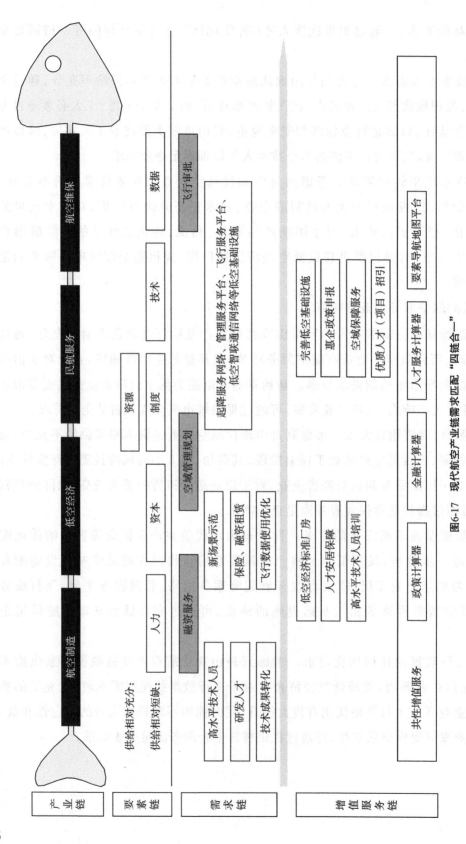

图6-17 现代航空产业链需求匹配"四链合一"

（三）产业链全要素增值服务图谱构建

结合现代航空产业链六大要素敏感度分析，以及舟山市各要素供给情况，通过细致了解本地行业内企业需求，总结产业链各环节要素需求情况，围绕需求链构建产业链全要素增值服务图谱（见图6-18）。

1.内圈：要素层

结合舟山市现代航空产业链的产业体系、地区禀赋、发展重心等特殊性，针对舟山市现代航空产业链的六大要素进行供给情况分析。其中资源要素供给充分，用黑色表示；人力要素供给短缺，用深灰色表示；资本要素供给短缺，用深灰色表示；技术要素供给短缺，用深灰色表示；制度要素供给短缺，用深灰色表示；数据要素供给短缺，用深灰色表示。

2.外圈：服务层

根据舟山市现代航空产业链相关企业需求，从项目、人才、金融、科创、知识产权、政策、法治、开放、数据九大增值服务板块中针对性优化和补充关键要素供给。在项目增值服务板块中提出低空经济标准厂房、完善低空基础设施；在人才增值服务板块中提出人才"服务计算器"增值化服务、优质人才（项目）招引服务、人才安居保障、高水平技术人员培训服务；在金融增值服务板块中提出企业"金融计算器"增值化服务；在科创增值服务板块、知识产权增值服务板块中提出海上试飞基地；在政策增值服务板块中提出产业"政策计算器"增值化服务、惠企政策申报、空域保障服务；在数据增值服务板块中提出要素导航地图平台服务。

3.外层：举措

外层简述了舟山市现代航空产业链全要素增值服务体系在优化和补充关键要素供给方面有亮点的具体举措。

外圈的左侧方框集中展示的是对推动海洋产业链生产要素创新性配置有共性的增值化服务举措，主要包括人才"服务计算器"增值化服务、企业"金融计算器"增值化服务、产业"政策计算器"增值化服务、要素导航地图平台服务。

外圈的右侧方框集中展示的是与现代航空产业链特殊情况相适应的有特色的增值化服务举措，主要包括低空经济标准厂房、完善低空基础设施、空域保障服务、高水平技术人员培训等。

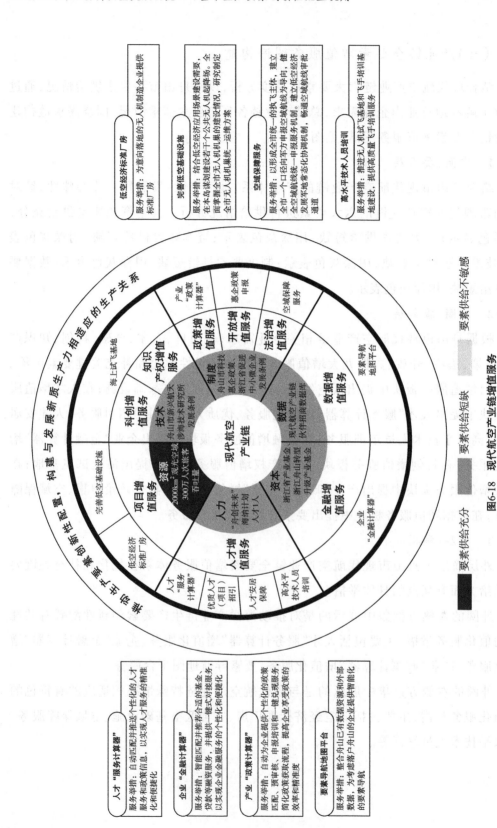

图6-18 现代航空产业链增值服务

第二节　浙江舟山群岛新区九大产业链全要素
增值服务体系分析

围绕舟山九大产业链，从全产业链和产业链专项服务入手，形成九大产业链全要素增值服务体系，为产业链重点生产要素创新性配置提供任务抓手。

一、全产业链增值服务

针对全产业链企业在政策兑付、人才服务、金融服务三大领域关键高频事项，打造三大计算器，全面提升企业与政府事项的对接效率。

构建产业"政策计算器"。舟山市惠企政策兑现系统是由舟山市打造的专为企业提供惠企政策全流程线上兑现、精准计算的服务平台。该平台依托舟山市信息化共性基础能力，通过数据共享、流程再造，融合政策"梳理发布、解读答疑、精准推送、申报兑现、评价跟踪"为一体，实现惠企政策服务"一网通办、一键直达"，具有"惠企政策全、政策推送准、申报兑现快"三大优势。主要功能是通过友好、简捷的操作界面引导企业了解相关政策，帮助企业及时享受到各类优惠扶持政策。该平台整合集成了舟山市各级涉企政策，同时将每一条政策按行业、层级、条线、支持方向等维度进行结构化拆解，企业在使用时，只需选择主体对象并完善相关信息，即可查看政策匹配度及资金奖补额度等内容，彻底解决了企业对各级惠企政策"看不懂、找不到、不会用"的难题。同时，该平台通过创新"免申即享""即申即享"等服务模式，将原先多审批环节优化为最少，仅有"意愿确认、部门兑现"两个环节，实现企业享受政策零等待、零跑腿，有效实现了"企业找政策"向"政策找企业"的转变。

打造人才"服务计算器"。人才"服务计算器"数智服务平台遵循"1335"原则，"1"即贯穿"人才招引、人才培育、人才留用、人才生态"等人才全生命周期主轴线；"3"即推动产业链、人才链、服务链深度融合；"3"即对人才进行全像、群像、个像维度画像，计算研判个性化人才服务；"5"即实现智搜、智算、智配、智推、智办等功能。该平台依托大数据，导入人才工程、人才供需、人才流动、人才平台、人才政策、人才服务6个专题库数据，对人才多维度立体计算画像，分析重点产业对应载体与引才地图，一图查看人才可享政策与热门服务事项，提供个性化的人才服务，实现了人才画像从"千人一面"向"千人千面"的转变。该平台根据产业链布局人才链、服务链，多层次拆分产业链上下游行业，辅助匹配行业相关科研、双创载体，分类绘制产业引才地图,推出多项定制化服务,实现了产业服务从"单一产业"向"三链合一"的转变。该平台以数改逻辑重塑人才服务流程,以人才数据智能应用替代人才材料申请,将线上的"人才申请、部门办理"优化为链上的"数据流转、字段匹配",定向将服务信息自动推送至每位人才,实现了人才服务从"被动问询"向"主动告知"的转变。

打造企业"金融计算器"。舟山企业"金融计算器"平台在浙江省率先探索金融领域电子证照应用改革,丰富金融服务"一件事"场景,根据企业需求,为企业提供智能匹配综合性金融服务。该平台通过梳理电子证照清单、编制金融服务事项、建立业务管理规范等方式健全电子证照应用机制,实现企业电子证照"免携带"、金融机构电子证照"免录入"、电子证照"免验证"。打造智能转贷平台"舟转灵",汇总企业转贷交易数据,形成可视化企业画像,掌握企业融资转贷需求,精准"智算"出最优转贷额度和利率,为企业制定个性化转贷方案,快速智能匹配最佳金融服务,利用数字技术构建转贷资金流转、运行审批、数据统计的金融"云服务",形成高效审批、智能控险和综合服务的闭环流程,实现转贷业务线上数字化统一集成。

打造要素导航地图平台。基于九大产业链的六大要素,整合舟山已有数据资源和外部数据,为考虑落户舟山的企业提供智能化的要素导航。链接三大计算器以及已有的企业服务平台,企业可智能导航到匹配服务对象或对接对象。

二、产业链专项服务

(一)绿色石化与新材料产业链

绿色石化和新材料产业链围绕危化品物流、开工前快速审批、建设期安全监管、专业技术工人培训和招聘、审批备案、知识产权转化、安全环保消防预警等重点需求,形成2大一类事/一件事场景,构建"2+N"增值服务体系。

1. 一类事/一件事

项目开工一件事:针对企业开工前和建设期面临的问题,优化内部工作流程,建立有感服务机制。提供项目方案预审服务,地块出让后,在合同签订准备期由自然资源部门先行对项目设计方案进行实质审查把关,并出具预审查意见,企业真正取得土地成交确认书后不再开展设计方案审查。提供"多评合一"服务,通过"统一告知、统一编制、统一评审、统一送达"方式,建设单位可实现多类涉企评估评价事项统一编制、统一评审,减少时间成本。形成危险化学品建设项目全生命周期安全审批监管一件事,通过"一站式"服务指导推动项目审查关口前移,重点实施项目

"云审查""容缺办理"等举措简化优化审批程序,实行"特事特办、急事急办、常事快办",主动指导企业(项目)规范做好试生产和安全设施竣工验收等非许可类工作及应用危险化学品建设项目安全风险防控一件事系统。实现环境监测数据共享,依托项目环境准入"快车道"应用,提供环境监测数据用于建设单位编制环评报告。实现水电气网联合报装,提前启动水、电、气、网等市政公用基础设施报装手续,实现联合报装、踏勘、验收。提供分阶段施工许可服务,建设单位在确定施工总承包单位并具备满足施工要求的图纸和其他要件后,可选择分阶段申请办理建筑工程施工许可。提供第三方消防技术指导服务,住建部门委托具备相应能力的技术服务机构,开展特殊建设工程现场评定等提前介入服务,指导企业落实工程消防设计、施工质量要求,加快项目消防验收速度。

危化品上岛一件事:针对企业的危化品物流需求,形成跨部门、跨区域、全流程协调机制。提供危化品舟山跨海大桥应急通行"一事一议"服务,指导协调需求企业做好危化品舟山跨海大桥应急通行评估论证等工作。提供船舶载运危险货物进出港口业务快速办理服务,为货物托运人、船方、码头方提供专业的危险货物水路运输业务咨询服务,依托一网通办系统,实现船载危险货物进出港口申报审批的快速办理,保障水上运输安全。推进危化品滚装运输通道建设,密切联系省专班和宁波专班,争取宁波方加快推进镇石物流码头滚装运输危险品改造项目建设,尽快打通镇石至鱼山危化品滚装运输通道。

2. 亮点增值服务

运输仓储服务:提供危化品码头、仓储、管廊一体化共享服务,依托六横危化品码头、仓库储罐、公共管廊,为小郭巨石化拓展区企业提供生产原料及产品运输仓储服务。

合力攻坚能耗排放指标瓶颈:提供污染物排放总量指标交易指导服务,指导建设单位通过跨地市交易形式解决项目所需紧缺污染物排放指标。提供能耗指标指导服务,指导能耗审批企业购买绿证解决项目所需能耗指标。

资本市场服务:提供资本市场辅导服务,提升绿色石化产业金融服务水平,推动符合条件的绿色石化产业企业股改及上市。

基金服务:提供基金投资及对接服务,结合项目需求,协助做好与相关上级基金、市场化基金等资源对接。

优质人才(项目)招引:提供石化新材料创新创业行业赛服务,举办创新创业大赛石化新材料行业赛,为参赛人才(团队)和项目提供全流程指导服务。

产业引才引育:提供石化和新材料产业人才引育,组织开展石化和新材料产业高校毕业生人才招引活动。

人才引育:推动职称企业自主评价改革,在绿色石化产业探索开展职称企业自主评价工作。强化石化技能人才培育,通过培训、竞赛、自主评价认定等方式,加大石化职业(工种)技能人才培养供给。

法律风险防范:提供法治体检服务,根据企业提出的需求,为企业提供合同、用工、规范经营等方面的法治体检服务。

科创供应链服务:支持关键技术攻关,支持产业关键核心技术攻关,聚焦石化新材料产业发展,开展共性关键技术攻关。

知识产权服务:提供知识产权培训服务,组织成员单位参加知识产权交流沙龙、案例研讨、业务辅导、专家会诊、数据分析等多种类型的专业化交流活动。提供专题专利数据库开放服务,建立和开放专题专利数据库,为联盟成员企业提供自助式专利文献信息服务,提供技术创新服务支撑。提供专利池构建及运营服务,围绕产业链上下游核心技术和产品,联合构建若干个细分专利池,制定合理的专利转化运用政策,促进联盟内部成员相互之间开展专利技术许可、转让,支撑联盟成员与产业共同发展。提供产业专利导航服务,组织实施并发布专利导航成果,为企业经营、技术研发和人才管理等活动提供指引。

产业链对接平台:举办供需对接活动,举办产业链对接活动,促进产业链上下游企业之间的合作与交流,优化资源配置,提高产业链协同发展水平。

(二)能源资源农产品消费结算中心产业链

能源资源农产品消费结算中心产业链围绕贸易全流程服务、市场准入和推介、保险服务等重点需求,形成1大一类事/一件事场景,构建"1+N"增值服务体系。

1. 一类事/一件事

准入准营一件事:推动油气行业准入准营一件事联办,串联油气行业前置许可审批及企业登记环节,企业一次填报登记信息和危化品经营许可信息,共享分发至审批部门、登记机关,实现油气行业准入准营"一次申请、一端受理、并联审批、限时办结"。

2. 亮点增值服务

仓储供应信息公开服务:发布仓储综合信息,为市场提供"舟山油品仓储综合价格指数""舟山油品仓储综合价格""舟山液体化工品仓储综合价格""舟山油品仓储可用商业库容""舟山化工品仓储可用商业库容"等信息。

危险化学品相关证书申领一次不跑：通过全程在线办理，实行告知承诺、双向快递、数据共享、电子证照等服务，实现危险化学品经营许可证企业申领零跑腿。

优化油品增值税专票发票管理"五维四分"：推出成品油经销企业"五维四分法"增值税风险防控操作指引，以业务真实性为核心要求，通过对成品油经销企业从经营风险、发票风险、信用风险、上下游风险和综合实力五个方面维度进行分析评价和综合画像，并运用评价结果将成品油经销企业分为一、二、三、四类，共四个类别，实施分类分级监管的风险防控机制，为优质企业提供足额发票，限制风险企业发票额度，有效化解和消除系统性风险隐患。

税务咨询服务：提供税务咨询服务一体化集成服务，依托"一体集成"办税咨询矩阵，通过办问协同智税中心、12366热线、征纳互动服务、征纳沟通平台、税企交流群、办税大厅兜底辅导等渠道，协同"蓝海红帆　六师助企"等社会服务团队，线上线下全方位落实咨询、辅导、办理一体化纳税服务。

优质人才（项目）招引：提供海洋能源创新创业行业赛服务，举办创新创业大赛海洋能源行业赛，为参赛人才（团队）和项目提供全流程指导服务。

人才评价认定：推出自贸试验区人才"四维"评价，突破学历、职称等约束，认定一批能源资源农产品消费结算中心产业链人才。

人才全周期服务：提供人才"一对一"服务，组建人才"一对一""六员"服务团队，为产业链重点企业人才提供专人、专员服务。

高效落实人才安居保障：优化人才周转住房申请，为符合条件的A-F类、青年人才智推周转住房申请，高效办理。对符合条件的E类人才承诺制优先办理配租。优化人才购房补贴申请，为符合条件的A-F类、青年人才智推购房补贴申请，高效办理。加快人才安家补贴兑现，为符合条件的A-E类人才，无感智办安家补贴。

合规预防体系：提供合规管理服务，升级"油气贸易企业智慧管理系统"，开发企业风险体检模块。推广《油气贸易服务平台内控管理制度》，制定《油气贸易企业管理风险清单》。

法律风险防范：提供法治体检，根据企业提出的需求，为企业提供合同、用工、规范经营等方面的法治体检服务。

"三仓"动态调整：推进"三仓"动态调整，在行政许可范围内，探索优质企业开展保税仓、出口监管仓、内贸仓等仓库属性动态调整的便利化工作流程。

保税燃料油加注：提供保税燃料油加注牌照申请服务，为企业提供保税船燃加注牌照政策咨询、申请指导。持续推动保税燃料油加注业务发展，支持以保税物流方式开展以船供为目的的高低硫燃料油混兑调和业务;支持以加工贸易方式开展进口燃料油和生物柴油混兑调和、出口业务。

绿色船燃发展:扩大绿色船燃加注试点,依托保税仓库,加强 LNG 燃料储备。优化完善跨关区供油无纸化审批系统。

燃料油非国有贸易进口资格:支持燃料油非国有贸易进口资格申请,支持符合条件企业申请燃料油非国有贸易进口资格,促进油气贸易市场建设。

大宗商品期现货交易市场建设:支持大豆现货交易,完善进口大豆现货交割配套监管流程及信息化系统建设,简化初审联系单、流向变更申请审核手续。

智慧化一站式口岸监管服务:保税油加注审批事项集成办理服务,支持舟山智慧化一站式口岸监管服务平台建设,实现保税油加注审批事项一站式办理。提供进境粮食口岸智慧监管服务,做优做强进境粮食数智监管,优化升级进境粮食监管在线系统,推动江海直达船舶运输转变为"移动保税船舱",实现长江中下游"直接"提离,大幅提升江海直达船舶中转效率和企业效益。

油气大宗商品价格指数:发布保税燃料油、液化天然气价格指数,为国内外市场主体提供"中国舟山燃料油保税船供卖方报价""中国舟山燃料油保税船供买方报价""浙江地区液化天然气(LNG)消费价格"等信息。

（三）船舶与海工装备产业链

船舶与海工装备产业链围绕企业安全生产、金融等重点需求,形成 2 大一类事/一件事场景,构建"2+N"增值服务体系。

1. 一类事/一件事

船舶修造安全生产一件事:推出视频巡检辅助安全生产检查,聘请专职人员对舟山市船舶修造企业开展视频巡检,排查室外高处作业不落实防护措施,吊装作业不规范,生产区域不佩戴安全帽等违规违章行为,并实时告知企业及属地,落实现场核实,排除隐患。

外轮出入境审批一件事:提供国际航行船舶代理企业培训指导,定期举行国际航行船舶代理企业申报业务培训,通报申报时的常见错误,申报要求,听取企业意见;对申报错误率较高的代理企业,可以提供一对一服务,邀请企业派人到海事局学习交流,进一步提高口岸申报通关效率。提供"船舶进出境一张表"集成办理服务,依托舟山智慧化一站式口岸监管服务平台,推行"船舶进出境一张表",实现一单四报,支持外轮出入境高效通关。

2．亮点增值服务

惠企政策快享：实现企业政策精准匹配，通过"舟企兑"平台，实现产业链企业与政策间的精准匹配。

企业金融服务：提供船舶预付款保函开立服务，鼓励金融机构降低船舶预付款保函业务门槛，支持企业综合运用集团担保、资产抵押、存入保证金等方式开立船舶预付款保函，适当降低预付款保函开立的保证金比例。

技术攻关：提供产业关键核心技术攻关服务，聚焦船舶与海工装备产业发展，开展共性关键技术攻关。

技术技能人才培育：助力船舶技能人才培育，加大相关职业（工种）技能人才培养供给。推动职称企业自主评价改革，在船舶行业探索开展职称企业自主评价工作。

产才对接服务：提供船舶与海工装备产业产才对接服务，定期征求船舶与海工装备相关企业技术需求，精准推送在舟高校专家教授进行破题解难。

法律风险防范：提供法治体检，根据企业提出的需求，为企业提供合同、用工、规范经营等方面的法治体检服务。

船企信息化服务：实现无动力修造船舶防台在线，通过防台在线系统实现船企无动力修造船舶防台信息化管理，减少企业信息填报。

（四）数字海洋产业链

数字海洋产业链围绕金融、数据知识产权等重点需求，形成1大一类事/一件事场景，构建"1+N"增值服务体系。

1．一类事/一件事

数据知识产权服务一件事：推动数据知识产权登记，对接浙江省知识产权研究服务中心专业团队，提供数据知识产权登记点对点辅导服务。对接数据知识产权服务机构，提供数据知识产权登记代办服务。推动数据知识产权质押、保险和许可交易，对接金融机构，开设数据知识产权质押、保险办理绿色通道；对接资源平台，打通数据知识产权许可交易供需对接。提供全面的数据知识产权维权援助服务，加强数据知识产权行政司法保护有效衔接，建立数据知识产权协同保护机制。

2．亮点增值服务

项目全流程服务：提供项目服务，提升算力基础设施建设。

惠企政策服务：实现省、市级数字示范产业园（楼宇）免申即享，鼓励舟山市各区块结合自身特色，开展数字经济产业园、数字楼宇等产业载体平台建设和运营。

推动电子信息企业营收首次规模达标免申即享,引导鼓励企业规模化发展,对年营收首次达标的电子信息企业,给予一定奖励。

数字海洋产业金融服务:提供融资担保服务,根据企业需求,提供融资担保政策咨询及政府性融资担保申请指导服务。提供资本市场辅导服务,提升数字海洋产业链金融服务水平,推动符合条件的数字海洋企业股改上市。

基金服务:提供基金投资及对接服务,围绕项目,做好基金投资相关工作。结合项目需求,协助做好与相关上级基金、市场化基金等资源对接。

数字经济培训服务:提供数字经济培训,为企业提供数字经济相关培训服务。

优质人才(项目)招引:提供智慧科技、智慧海洋创新创业行业赛服务,举办创新创业大赛智慧科技、智慧海洋行业赛,为参赛人才(团队)和项目提供全流程指导服务。

产才对接服务:推动数字海洋产业产才对接,定期征求数字海洋相关企业技术需求,精准推送在舟高校专家教授进行破题解难。推动智慧海洋产业工程师技术攻关,依托智慧海洋产业工程师协同创新中心吸引更多优秀工程师入驻,为产业关键技术进行揭榜挂帅、联合攻关。

人才全周期服务:提供人才"一对一"服务,组建人才"一对一""六员"服务团队,为产业链重点企业人才提供专人专员服务。

技能人才培养:推动数字技能人才培育,加大数字技能人才培养供给。

法律风险防范:提供法治服务,根据企业提出的需求,为企业提供合同、用工、规范经营等方面的法治体检服务。

科技攻关服务:推出科技攻关补助,支持产业关键核心技术攻关,开展共性关键技术攻关。

科创平台服务:支持数字海洋产业园区建设,支持建设数字海洋创新产业园等创新平台,围绕数字海洋产业集聚和数字海洋企业引培等方面给予政策扶持。

技术对接服务:提供产学研对接服务,征集企业技术需求,组织开展产学研对接合作。

公共数据资源供给服务:开展公共数据授权运营,建立公共数据授权体制机制,搭建舟山市公共数据授权运营平台,开展公共数据授权运营试点。

应用场景机会清单:推进港口智慧化,开发AI识别算法,能在包括低照度和对面有强光照射的场景下,对船舶靠离泊动作和其他关键性设备动作进行智能识别,并进行风险预警。推动远洋渔业综合服务平台升级,叠加远洋渔业全球气象服务,开发各类安全预警预报,开展远洋渔船装卸调度、外籍船员服务、自捕鱼交易贸易等增值化服务。

市场推广服务：组织产业链对接推介会，组织开展数字海洋产业链对接、数商推介等相关活动。加大展会信息发布力度，为全市海洋产业企业提供国内外相关展会目录等服务。

（五）"一条鱼"产业链

清洁能源和装备制造产业链围绕远洋渔业全环节需求、用地用海报备和审批、字号审批、水产品品牌打造、线上交易等重点需求，形成5大一类事/一件事场景，构建"4+N"增值服务体系。

1. 一类事/一件事

远洋渔业一类事：围绕远洋渔业全产业链需求，提供相关服务。提供海上医疗服务，投入运营远洋渔业医疗保障船，常态化开展外海紧急救助服务。提供海上加油服务，为在舟山远洋渔业主要生产海域的远洋渔船提供海上加油服务。提供码头调度服务，开发智慧调度应用，协调市内适合船吨位的口岸开放码头供远洋渔船装卸，减少船只等待时间。提供引航申请服务，优化船舶引航调度服务机制，为远洋渔船提供安全、优质、高效引航服务。提供冷库共享服务，依托舟山国家远洋渔业基地小微企业园，为小微远洋渔业企业提供配套冷库。

食品生产许可审批一件事：提供食品经营许可快速审查服务，根据食品生产企业需求，出台海洋食品新兴产品生产许可审查方案，对食品经营许可实施"互联网+核查"办理模式，降低审批成本，提升审批效率，压减开办成本，优化结果送达，帮助产品尽快上市。

产业链金融服务一件事：围绕企业资金需求，提供"一揽子"服务。提供远洋渔业融资租赁服务，开展远洋渔业融资租赁直租及售后回租业务，以支付租赁标的物交易对价的形式使企业获取融资。提供船舶建造期过渡性担保服务，创新过渡性担保贷款，通过先由造船企业保证、新船完工后再进行抵押置换方式，有效解决船东造船与运营期间存在有效抵押物缺乏导致资金短缺的问题。提供远洋水产品仓单质押贷款服务，开展远洋渔业应收账款保理服务，引入渔获仓单质押作为增信措施，融资期间将质押渔获存入指定冷库。提供远洋渔业保险服务，指导保险公司开发远洋冷藏货物保险险种，帮助远洋渔业企业有效应对冷冻海鲜解冻腐烂事故，减少企业损失。提供企业转贷服务，依托"舟转灵"数字化转贷平台，为远洋渔业企业提供转贷服务。

远洋贸易交易一件事:发布鱿鱼价格指数,定期发布"远洋鱿鱼指数",增强远洋渔业企业市场定价权和话语权。提供展会一体化服务,为远洋渔业企业提供国内外相关产业展会目录等服务。提供出口贸易风险预警,指导外贸预警点为远洋渔业企业提供出口贸易风险预警服务。

品牌电商服务一件事:提供电商专业展会服务,组织海产品牌电商企业参加电商相关专业展会。提供电商技能人才培训服务,举办电子商务专业技能培训和人才知识更新。提供品牌电商供应链服务,聚焦优势海产、品牌海产,整合全市生产加工以及贸易企业,形成供应链产品目录,并及时更新。搭建品牌电商对接渠道,提供电商平台、渠道、机构对接服务。

2. 亮点增值服务

养殖用海(海域使用)区域论证:实现区域养殖用海连片集中整体论证,在市级用海审批权限内的养殖用海,实施以各县(区、功能区)或乡镇(街道)为用海论证单元,开展辖区内开放式养殖用海的整体海域使用论证,项目申请用海时,可不再单独逐一开展海域使用论证,通过新的论证模式探索,达到养殖用海项目论证资料优化、报批时间缩短、报批成本缩减的目标。以进一步推进养殖用海项目尽快落地。

惠企政策快享:实现远洋自捕鱼回运政策补助免申即享,提高远洋自捕鱼回运政策补助、远洋捕捞船队建设补助等专项补助发放效率,通过"政策计算器"实现无感兑付。实现远洋渔船更新改造补贴即申即享,鼓励支持远洋渔业企业建造远洋渔船示范引领船、更新换代先进助渔导航设备,对符合标准的渔船或设备予以适当补贴。

船员招聘培训:推动船员跨区域招引,加强与外省劳务合作,拓展劳动力供给渠道,保障远洋渔业企业用工需求。加大船员职业技能培训,开展远洋渔业驾驶类、轮机类等实操技能评估科目培训服务。推出海上安全突发事件应急处置培训,定期组织开展远洋渔业船员安全生产、登检应对、应急处置等专题培训。强化船员心理健康问题预防疏导,开展远洋渔业船员心理健康问题预防和疏导服务。

高层次人才服务:强化高层次人才招引,组织开展高层次人才招引活动,帮助海洋生物医药等高端制造业企业搭建招才引智平台。

法律风险防范:提供法治体检服务,根据企业提出的需求,为企业提供合同、用工、规范经营等方面的法治体检服务。

海洋生物医药创新中心:推动大型仪器设备共享,依托长三角海洋生物医药创新中心,为海洋生物医药企业提供大型仪器设备共享服务。

产业创新服务:推动生物医药概念验证和技术验证对接,依托东海实验室等高能级平台,为海洋生物医药企业提供概念验证、技术验证等相关平台信息,协助企业对接。推出生物医药专利导航,发布"一条鱼"产业专利导航成果,为海洋生物医药企业经营、技术研发和人才管理等提供指引。提供生物医药高价值专利培育指导,为海洋生物医药企业提供高价值专利培育相关政策咨询、解读、指导服务。

水产品精深加工全流程自动化改造提升公共服务平台:实现科技成果转化对接,加强产学研对接,依托水产品精深加工全流程自动化改造提升公共服务平台,推动智能鱿鱼切片机、预制菜超低温保鲜技术等成果推广应用。

预制菜公共服务平台:强化创新联合体打造,围绕远洋渔业捕捞、精深加工、冷链物流等领域重大技术需求,帮助龙头企业寻找产业链上下游企业和高校院所,组建创新联合体。

智能化专家诊断服务:推动加工装备以旧换新诊断,由专家团队为远洋水产品加工企业提供加工装备更新诊断服务。推出病害检测与防控服务,由专家团队通过在线和临床诊断进行水产养殖苗种、产品的产地检疫与病害防控。

水产品检测检验:推出水产品及加工品检验检测服务,依托舟山市食品药品检验检测研究院,为远洋水产品精深加工提供产品检测全流程技术服务。以舟山国家远洋渔业基地检验检测中心为平台,为远洋渔业相关企业提供水产品及制品检测全流程技术服务。

一站式口岸业务办理:提供船舶进出口审批事项集成办理服务,依托舟山智慧化一站式口岸监管服务平台,推行船舶进出境一张表、"一单四报"并联办理,提高远洋渔船整体通关申报效率。提供外籍船员进出境审批事项集成办理服务,成立出入境边检移民管理工作专班,设立国际船员服务专窗,集成临时入境许可、停留证件办理、离船手续等事项。提供保税油加注审批事项集成办理服务,依托舟山智慧化一站式口岸监管服务平台,实现远洋渔船保税油加注核注清单申报、报关单申报一站式办理。

远洋渔业产业大脑:提供远洋自捕鱼回运交易免申即享政策奖励数据认证服务,政策奖励所涉主体企业、船舶、海关报关单、提单的数据认证服务。

渔业品牌宣传推介打造:提供地理标志品牌培育指导服务,加强海洋地理标志品牌培育、管理、保护、运用工作,提升地理标志、商标品牌影响力和产品附加值。强化渔业品牌推介,通过组织水产企业参加渔业展会和水产品推介,展示我市渔业品牌发展成果,推介我市渔业品牌。

（六）清洁能源和装备制造产业链

清洁能源和装备制造产业链围绕示范场景建设、用地用海报备和审批等重点需求，形成2大一类事/一件事场景，构建"2+N"增值服务体系。

1. 一类事/一件事

项目开工一件事：提供"多评合一"服务，通过"统一告知、统一编制、统一评审、统一送达"方式，建设单位可实现多类涉企评估评价事项统一编制、统一评审，减少时间成本。提供分阶段施工许可服务，建设单位在确定施工总承包单位并具备满足施工要求的图纸和其他要件后，可选择分阶段申请办理建筑工程施工许可。实现水电气网联合报装，提前启动水、电、气、网等市政公用基础设施报装手续，实现联合报装、踏勘、验收。实现环境监测数据共享，依托项目环境准入"快车道"应用，提供环境监测数据用于建设单位编制环评报告。提供项目方案预审服务，地块出让后，在合同签订准备期由自然资源部门先行对项目设计方案进行实质审查把关，并出具预审查意见，企业真正取得土地成交确认书后不再开展设计方案审查。提供涉水项目联合审批服务，对同一项目不同涉水审批事项，推行"同步受理、同步审查、同步办结"，提高项目审批效率。

海域立体空间审批一件事：推进清洁能源与其他兼容用海立体分层设权审批，对不同用海主体或同一用海主体的不同用海项目，通过同步论证或整体论证，同步审批或整体审批方式，采用海域立体分层设权，协调用海矛盾、提高空间利用率、缩短用海审批时间。

2. 亮点增值服务

探索余电上网：推动新能源项目发电并网，加快电力基础设施建设，提高舟山电网新能源承载规模。

合力攻坚能耗排放指标瓶颈：提供污染物排放总量指标交易指导服务，指导建设单位通过跨地市交易形式解决项目所需紧缺污染物排放指标。

资本市场对接：提供企业上市辅导、咨询服务，加强清洁能源和装备制造企业对接多层次资本市场上市辅导和政策服务，支持符合条件的企业拓宽直接融资渠道。

优质人才（项目）招引：提供先进制造创新创业行业赛服务，举办创新创业大赛先进制造行业赛，为参赛人才（团队）和项目提供全流程指导服务。

产才对接服务：提供清洁能源和装备制造产业产才对接服务，定期征求清洁能源和装备制造相关企业技术需求，精准推送在舟高校专家教授进行破题解难。

做好企业人力资源合规指引：开展劳动法律法规培训，劳动法律法规应用和企业协调劳动关系工作实务。

法律风险防范：提供法治体检服务，根据企业提出的需求，为企业提供合同、用工、规范经营等方面的法治体检服务。

科创供应链服务：支持关键技术攻关，支持产业关键核心技术攻关，聚焦清洁能源产业发展，开展共性关键技术攻关。

技术对接服务：提供产学研对接服务，组织高校院所与企业开展产学研对接服务。

（七）海洋文旅产业链

海洋文旅产业链围绕金融等重点需求，形成1个一类事/一件事场景，构建"1+N"增值服务体系。

1. 一类事/一件事

项目开工一件事：提供项目方案预审服务，地块出让后，在合同签订准备期由自然资源部门先行对项目设计方案进行实质审查把关，并出具预审查意见，企业真正取得土地成交确认书后不再开展设计方案审查。

2. 亮点增值服务

惠企政策快享：实现海洋文旅产业高质量发展政策奖补免审即享，加快海洋旅游市场主体培育、旅游新业态开发、海洋旅游市场拓展、海洋旅游品牌创建、海洋体育产业发展。

人才评价认定：推出民宿人才评价认定，通过培训认定、比赛认定、举荐认定和贡献认定等方式评定民宿人才，配套推出专项服务保障举措。

乡创客全流程服务：推进乡创客能力提升培训，对有意向的人员开展SYB、电商直播等创业培训，提升乡创客创业意识。组织乡创服务活动，组织乡村创业示范点评选，宣传先进乡创项目，发挥示范带头作用；组织创业大赛，为乡创客搭建交流学习平台。

贷款服务：提供人才信贷服务，推出"人才共富贷""人才青创贷"等金融产品，为海洋文旅产业链相关人才提供金融支持服务。提供民宿信贷服务，为民宿经营主体提供个性化"信用贷""民宿保"产品。

抵押服务：推动休闲渔船抵押登记，为符合申请条件的申请人办理渔船抵押登记。

海岛民宿服务提升行动：提供"海岛e间房"民宿全周期服务，集成"线上交易""证照办理"等功能场景，归集闲置农房与民宿数据，打造"海岛e间房"民宿全周期服务应用。加大民宿经营主体合法权益保护力度,针对民宿行业消费纠纷中消费者不合理诉求问题,制定出台《舟山市民宿行业常见消费纠纷处置指引》,切实保护民宿经营主体合法权益。

交通出行服务:优化旅游公交线路接驳,根据游客前往景区、景点的交通出行需求,优化调整公交线路对接。

(八)港航物流和海事服务产业链

港航物流和海事服务产业链围绕江海联运、海事综合服务、保税燃料油加注配套服务、海员综合服务等重点需求,形成8大一类事/一件事场景,构建"8+N"增值服务体系。

1. 一类事/一件事

外轮维修一件事:提升外轮修造水平,推动船舶修造企业根据发展实际,强化技术改造和人才储备,拓展高端高附加值船舶修造。

江海直达物流组织一件事:壮大江海直达船队,推动出台江海直达船舶规范,形成船舶研发设计与建造运营全产业链,建成全国首支最大规模江海直达船队。贯通长江上中下游物流节点,与沿江30多个港口开展物流合作,联运业务由江苏、安徽等下游纵深推进至江西、湖南、湖北等中游港口及内陆川渝地区,实现上中下游串联成线。

江海联运货源组织一件事:拓展江海联运回程货源,推动江出海物流企业与周边水泥加工、建材贸易、钢厂等企业合作,做大石灰石、水泥熟料、砂子等江出海回程货,提升回程货匹配率。增强"运力池"物流组织能力,优化江海直达"运力池"运营规则,提升市场化运营能力。

保税船燃加注一件事:为国际航行船舶加注保税船燃提供调度服务,依托国际船油加注智能监管服务系统,对锚地加油船只进行统一线上调度,简化业务流程,提高加注效率,实现远程监管。优化保税船燃加注牌照申请,为企业提供保税船燃加注牌照政策咨询、申请指导、资质审批等服务。推出"白名单"驳船申请,为企业提供保税船燃加注"白名单"驳船申请的政策咨询、申请指导。

船舶交易一件事:推动船舶交易产业链拓展,扩大船舶交易市场业务覆盖范围,形成集船舶产权交易、船舶拍卖、船舶评估、船舶经纪、船舶进出口、船价指数等功能于一体的产业链。

国际船员服务一件事:加快推进船员评估中心建设,为长三角地区的海事船员考试、培训、会务等提供一站式服务。提供船员到港综合服务,探索开发国际船员到港服务系统,在购物、餐饮、休闲等方面为到港船员提供便利服务。

船舶进出境一件事:提供船舶进出口审批事项集成办理服务,依托舟山智慧化一站式口岸监管服务平台,推行船舶进出境一张表、"一单四报"并联办理,提高国际船舶整体通关申报效率。

船员入出境一件事:提供外籍船员入出境审批事项集成办理服务,成立出入境边检移民管理工作专班,设立国际船舶服务专窗,集成临时入境许可、停留证件办理、离船手续等事项。

2. 亮点增值服务

提升基础设施:优化锚位设置,研究论证缩小加油船间距,增加加注锚位数量。增设"修理船舶清舱""保税油加注"等优先锚位以及潮汐锚位。

培育壮大航运龙头企业:支持航运龙头、专精特"小巨人"企业发展,支持企业在系列国家战略建设中发挥示范引领作用,在大宗散货、油品、化工品、液化气体等运输领域做优做强,开展航运龙头、专精特"小巨人"企业评选。

惠企直达快享:实现现代航运业及国际海事服务业高质量发展产业补助免申即享,支持现代航运和海事服务企业发展新质生产力,提高专项资金补助发放效率,推动惠企政策落地、惠企资金到位。

"一揽子"航运金融保险服务:提升航运保险保障能力,推动保险机构拓展航运保险险种,积极探索海事责任险、港口码头综合险、海上能源险、新能源船舶险等新型险种。支持保险机构为符合条件的航运产业链相关企业提供增信服务。提供船舶预付款保函融资服务,引导银行机构降低船舶预付款保函业务全额保证金要求,扩大以信用方式开立船舶预付款保函的规模,支持企业运用集团担保、资产抵押、存入保证金等组合方式开立船舶预付款保函。提供舟山航运金融创新试验服务,推动银行机构为航运产业链相关企业提供差异化信贷产品服务,拓展抵押物范围,加大对航运业龙头、专精特新"小巨人"航运企业、港口码头基础设施、国际海事服务基地等重点领域的授信支持。

船员教育培训:推动特定航线江海直达船舶船员行驶资格培训,依托舟山江海直达船员培训中心对江海直达船员进行培训,适配江海直达运输船舶。

船员业务咨询:开办全国船员业务咨询热线,建立"一号接听、分类处理、统筹保障、限时答复"的工作机制,对业务咨询实时接听解答,打造一个集答疑解惑、安全引导、履职保障等为一体的综合性服务平台,争创海事服务船员的"发声地"和全国船员政策的"集聚地"。

人才招引服务:实现海事服务人力资源要素集聚,依托舟山海洋经济人力资源服务产业园,加大船员管理机构招引力度,构建联动招引机制,组建产业引才专群,提升人力资源要素保障能力。

国际海事纠纷处理服务:建设"一站式"海事商事法律服务中心,优化海事商事调解、仲裁、诉讼等法律服务,融合经贸预警、海损理算、法律咨询等工作,探索构建海事商事争端解决"一站受理、多元服务"新平台,创新培塑海事商事争端"事前、事中、事后"全链条法律服务新业态。

绿色船燃发展:开拓新型船燃加注市场,加快布局多元化新型燃料供应能力,形成LNG、生物燃料等加注能力。

船舶物料供应服务:提升国际航行船舶物料供应效率,探索开展保税仓内专用于国际航行船舶的保税货物"先供船、后报关"试点,实施物料添加申报"自动审核"模式,不断提高船供效率。

智慧港口监管服务:迭代升级智慧化一站式口岸监管服务平台,做强港航口岸数据底座,迭代"政府侧、企业端、海关端"功能,上线口岸业务预约办理、船舶监管一件事、海事服务一件事等一批实用管用场景。

锚位智能预约服务:创新推出海上锚位智能预约机制,依托海事通App等数字化服务体系,打造锚地资源要素导航地图,整合集成锚泊预约措施,创新出台锚位预约制度。

航运会展文化服务:打响"世界油商大会""中国海员大比武"等会展、比赛品牌,打造国际航运领域重大问题交流平台、重大政策发布平台,加强航运文化国内外交流与合作。

(九)现代航空产业链

现代航空产业链围绕金融、低空经济新场景示范等重点需求,推出7大亮点增值服务。

低空经济标准厂房:为意向落地的无人机制造企业提供标准厂房。

完善低空基础设施:建设无人机起降场,结合低空经济应用场景建设需要,在本岛谋划建设若干个公共无人机起降场。全面掌握全市无人机机巢的建设情况,研究制定全市无人机机巢统一运维方案。

惠企政策申报:推出惠企政策申报指导,根据企业运营情况,分析研判各类惠企政策,协助评估申报条件,及时分享对口政策,并提供政策咨询服务和申报指导。

空域保障服务:提供空域航线统一申报服务,以形成全市统一的执飞主体,建立全市一个口径向军方申报空域航线为导向,健全空域航线统一申报服务机制。畅通空域航线审批通道,建立低空经济发展军地常态化协调机制,畅通空域航线审批通道。

优质人才(项目)招引:提供先进制造创新创业行业赛服务,举办创新创业大赛先进制造行业赛,为参赛人才(团队)和项目提供全流程指导服务。

人才安居保障:优化人才周转住房申请,为符合条件的A–F类、青年人才智推周转住房申请,高效办理。对符合条件的E类人才承诺制优先办理配租。优化人才购房补贴申请,为符合条件的A–F类人才、青年人才智推购房补贴申请,高效办理。优化人才安家补贴兑现,为符合条件的A–E类人才,无感智办安家补贴。

高水平技术人员培训:提供无人机飞手培训服务,推进无人机试飞基地和飞手培训基地建设,提供高质量飞手培训服务。

海上试飞基地:针对技术成果转化需求,打造试飞验证、海岛场景示范,模拟各种可能的海上操作环境。为无人机在搜索救援、海洋监测、货物运输等实际应用场景中的表现提供预研和演示。与行业协会、企业充分合作,吸引企业产品研发、验证、测试,共同推动相关法规和标准的建立,为无人机的海上应用提供规范和指导,加速技术的商业化进程。

第三节　浙江舟山群岛新区
产业链全要素增值服务典型案例

2023年以来,浙江舟山群岛新区在全省率先探索全要素增值服务体系,在海事服务、"一条鱼"、船舶修造等领域推进产业链、要素链、需求链、服务链"四链合一",探索形成了一批典型经验,为精准赋能海洋特色产业高质量发展提供了现实路径。

一、舟山市整合"三侧"资源　探索全要素增值服务航运产业体系

(一)改革需求

宁波舟山港是我国国家综合运输体系的重要枢纽,但是,现代高端航运服务业一直是宁波舟山港的短板,主要存在统筹推进机制和高能级政策尚需进一步突破、

全链条产业体系尚未完整形成、高层次人才不足、国际话语权有待进一步提升等问题。为进一步深入落实建设海洋强省、三个"一号工程"、世界一流强港建设、政务服务增值化改革等要求,舟山市将港航物流和海事服务产业链列为九大现代海洋产业链之一,成立工作专班,协同省市单位,聚焦政府侧、市场侧、社会侧资源优化配置,全面发力、集成创新、多点突破,全要素赋能打造国际海事服务基地,走出了一条极具舟山辨识度的产业发展新路,为浙江省高质量发展现代航运服务业贡献舟山经验。

(二)破题举措

政府侧汇聚资源,形成"一站集成"服务。一是设立开放特色专区。率先打造浙江省首个港航以及海关、海事、边检3家口岸查验单位为一体的对外综合服务开放中心,提供通关服务与增值服务一口受理、业务通办,实现"一站式""一条龙""全天候"口岸通关模式。运行"企呼我应"工作机制,做好涉企问题闭环管理。二是上线综合服务平台。打造智慧化一站式口岸监管服务平台,建设"油气一件事""船供一件事""保健预约一件事"等智能审批系统,通过物联网、无人机、远程视频监控等"组合式"智能采集感知,自动关联各系统业务,自动审批合规数据,数字化赋能保税燃料油加注、物料供应、船员换班等一件事改革。三是深化制度集成创新。坚持问题导向,探索实践,出台全国首个保税燃料油供应业务操作规范,为供油企业提供了统一的加注全流程标准;出台国际航行船舶物料供应管理办法,创新将锚地纳入供应区域;发布海上油品加注气象灾害风险指数,将全球范围内的锚地数据与气象数据融合创新为行业服务,保障锚地供应作业安全。

市场侧叠加功能,推进"综合赋能"服务。一是创建海上综合服务区。全国首创锚地综合海事服务,将锚地海事服务功能从单一保税船用燃料油供应整合拓展至物料供应、检验检测、船员换班、船舶技术服务等一站式服务,服务效率对标新加坡等国际先进水平。二是打造海事服务产业岛。投运小干岛海事服务产业园,加快建设国家级船员评估中心、国际船东商会大厦等一批标志性项目,加快形成"前店后园"产业格局,推动海事服务从"一"向"多"、从"散"到"集"、从"一件事"向"一类事"转变,累计集聚海事服务企业200余家。三是拓展高价值海事服务。聚焦突破"绿色修造",创新发展双燃料船舶改装、高端海工装备等高附加值产业,进发大型集装箱船、豪华邮轮等修理领域,推动形成集船舶产权交易、拍卖、评估、经纪等功能于一体的产业链。

社会侧创新机制,完善"海事衍生"服务。一是整合法律服务资源。成立全国首个"一站式"海事商事法律服务中心,全天候受理社会各界海事商事相关法律咨询。与境内外调解、仲裁、律所等海事商事法律服务机构建立合作机制,提供法律服务的共享处理空间。二是降低金融信贷门槛。制定金融支持航运业发展措施,促进银企精准对接,15家银行保险机构和航运企业签订合作协议,创新推出"船易贷""船贷通"等港航金融典型产品,解决企业融资难问题。优化授信政策,支持造船企业船舶预付款保函开立,推动港口码头、海上责任保险产品开发。三是搭建聚才育才平台。举办中国航海日引航学术交流会、"海之魂"海员文化沙龙等活动,畅通人才交流合作渠道。精准匹配企业技培需求,定向提供人才培训服务,整合资源为港航技能人才提供"培训—考证—就业"便利化服务。

（三）改革成效

行业政策样板首创。舟山市形成了《国际航行船舶保税船用燃料油供应管理办法》(浙自贸舟委发〔2023〕8号)、《国际航行船舶物料供应管理办法》《国际航行船舶物料供应监管操作规程》(浙自贸舟委发〔2023〕7号)、《国际航行船舶保税LNG加注试点管理办法》(修订)(浙自贸舟委发〔2024〕1号)等制度及标准10余项,填补了国内相关制度的空白。

降本增效成效显著。发挥数据要素乘数效益,保税燃料油加注办结时间缩短1/3,加油锚地利用率提升20%,物料供应申报时间缩短至5分钟,船员换班审批时间从原来的1天以上缩短至2小时内。外轮供应"线上线下"联动发展,为企业减少综合物流成本30%以上,物流效率提升近50%。

增值服务优化升级。促进银行与企业精准对接,截至目前,航运产业链银行融资余额超310亿元,同比增长10%。为造船企业提供保函授信88.85亿元。海事商事服务中心2024年以来共受理海商事仲裁、调解案件64起。通过提供船员换班、信息采集等增值服务,2024年上半年共办理24小时临时过境许可超2800份,累计服务1.2万余人次,为船员节省相关开支超100万元。

二、舟山市优化多元要素配置　赋能打造远洋渔业产业链"一类事"

（一）改革需求

贯彻落实上级重大决策部署的需求。远洋渔业是实施国家"走出去"战略和

"一带一路"倡议的重要组成部分,推动远洋渔业政务服务增值化改革、谋划打造具有舟山特色的远洋渔业"一类事"服务场景,势必助力贯彻营商环境优化提升"一号改革工程"决策部署,提升产业核心竞争力,推动外向型海洋经济高质量发展。

精准化解决企业发展堵点的需求。当前舟山市远洋渔业企业面临产业配套不强、科技水平滞后、保障能力短缺等多重挑战,通过创新服务模式,提升服务能级,增强产业链要素供给,能切实帮助企业解决痛点、难点、堵点问题,进一步激发民营经济的发展活力。

推动传统产业转型升级的需求。远洋渔业产业链长、环节多,长期以来存在上下游供应链衔接不畅、价值链效益不高等问题。通过以一站集成为核心的远洋渔业产业服务平台建设,加强产业链全要素整合配置,推动上下游协同发展,构建更加紧密、高效的产业链发展体系,将实现从传统渔业向现代渔业、从资源依赖型向创新驱动型的转变。

（二）破题举措

建强服务平台,构筑"一站集成"服务体系。一是实现"一站式"服务汇集。在舟山国家远洋渔业基地核心区域建成远洋渔业综合服务中心,与市企服中心建立联动通办机制。该中心内设立远洋企业服务驿站,统筹海洋经济、海关、海事等6家部门资源整合,引入涉海类高校、科研院所、律师机构等社会力量支持,叠加物流、金融、中介、贸易等上下游市场供应企业,围绕远洋渔业企业全生命周期、全产业链条提供"一站式"专业服务,推动增值服务由"一件事"向"一类事"迭代优化。二是落实"一体化"管理机制。远洋渔业服务驿站根据产业发展特点设置产业综合服务、科技创新服务和园区企业服务三个特色板块,派遣"服务专员"精准对接企业需求,接待线上线下企业服务申请,提供咨询答疑、派单流转、限时办理、跟踪反馈等全过程服务,协调解决供热、污水处理、水电气等企业需求。2023年,21家企业进驻园区,中水金枪鱼研发中心、深圳荣恒现代海洋智造等过亿级重点项目开工,投资12亿元的大洋世家优品园全线投产。三是推动"一张屏"平台上线。以舟山市远洋渔船"一件事"监管平台为基础载体,升级打造全市远洋渔业产业链"一类事"线上综合服务平台,通过"一张屏"汇集展示船舶船员动态、水产品交易量、码头使用状态、优惠政策发放等10余类实时数据,方便企业掌握市场信息以提前安排生产、仓储、销售。发挥平台数字集成功能,对渔获进关、码头、运输车、仓库、贸易商等供应端资源整合配置,高效对接全周期企业需求,实现数据资源的智搜、智推、智算、智配。

坚持强链补链，梳理"三链合一"服务图谱。一是细梳产业链。聚焦远洋渔业全产业链关键环节，深入排摸重点企业、重要项目、核心平台以及关键共性技术情况，详细梳理从上游捕捞、运输、加油、码头装卸等，到中游原料收购、冷库仓储、水产加工，再到下游交易贸易、文化旅游等11项产业链细分节点，主动发现产业链中的堵点难题，推进强链延链补链。如针对产业链中码头装卸能力不足问题，开发智慧调度指挥平台，2023年保障477艘远洋渔船装卸调度，码头作业时间由7~10天缩减至2~3天。二是深挖需求链。畅通政企沟通平台，通过深入企业走访、开展政企座谈会等形式，主动上门问需，制定企业问题清单，梳理形成产业链需求鱼骨图，涵盖船员培训招引、政策补助兑付、先进技术研发等13种服务。如针对低温金枪鱼滞库难题，建立内陆市场拓展计划，2023年以来已开展5场专题推介会，贸易订单拓展至成都、重庆、吉林等，新增客户数95家，贸易商规模增长23%。三是谋实服务链。紧扣产业链和需求链问题，构建"1+7+N"特色服务链清单，围绕远洋渔业综合服务中心建设，覆盖口岸业务、码头装卸、仓储运输、交易贸易、金融服务、船员服务、配套服务7个"一件事"服务事项，拓展共性技术攻关、人力资源服务、科技型企业培育等102项具体服务功能，制定32项服务流程图，形成舟山特色的远洋渔业"一类事"集成服务网络。2023年以来，收集并制定企业诉求服务内容40项，企业诉求办结率达100%。

提升服务能级，构建"全链贯通"服务机制。一是建立惠企资金直达机制。全面梳理产业链优惠政策，依托"舟企兑"数字平台建设，完善"政策计算器"功能，通过免去企业申报材料、精简各部门审批流程，推动远洋自捕鱼回运、远洋捕捞船队建设、龙头企业创建等多项惠企政策补助实现"免申即享"，实现各项惠企政策从"年度发放"到"即时发放"的转变。二是完善科技成果转化机制。针对远洋渔业捕捞、加工和配套环节面临的技术瓶颈，制定产业链共性技术推广奖补办法，建立远洋渔业企业研究中心和项目成果转移转化平台，向企业提供知识产权代理认证和科技成果指导应用等服务，加速科技成果落地转化。已组织浙江兴业集团有限公司、大洋世家（浙江）股份公司等公司开展合作项目30项，建成全市首批水产品精深加工全流程自动化生产线3条，助企提升生产效率达30%以上。三是创新公海后勤保障服务机制。开设"海上加油""海外补给""海上医疗"专属通道，为远洋渔船提供公海加油船、公海物资补给、公海医疗等服务，提高公海保障能力，提升产业链韧性和安全水平。2023年，舟山市首艘公海加油船"溢洋润6"投入运营，累计提供加注服务250艘次，供应油品2万余吨，医疗保障船"浙普远98"完成伤员救治等服务20艘次。

（三）改革成效

示范引领效应显著。深入推进舟山市远洋渔业产业链"一类事"改革，围绕产业链打造服务链，为远洋渔业企业提供全生命周期、全链条、全方位、多层次的一站式专业服务体系，助力企业充分释放发展活力，推动全产业链高水平发展。2023年，舟山市自捕鱼进关量达69万吨，创历史新高，占全国的25%和全省的90%以上，全产业链总产出达443亿元，同比增长16.9%，改革引领成效显著。

企业需求精准对接。积极响应企业诉求，制定六大码头装卸工作机制，彻底扭转渔船长期滞港的难题，2023年保障了477艘远洋渔船装卸调度。为企业资金周转减负，推动远洋自捕鱼回运补助发放"免申即享"，省去层层审核及冗长公示环节，2023年共计超9000万元补助资金直达企业。强化公海供应保障体系建设，完成首艘中国籍远洋供油船公海航行服务，新建4艘万吨级冷藏运输船提供物资补给转运。

产业能级加速提升。积极推动科创要素与产业深度融合，形成创新"链主"聚合带动效应，引进10余所高等院校、科研院所，协同针对远洋水产品高值化开发利用、全流程自动化等关键问题探索破题，推进全市首批水产品精深加工全流程自动化生产线、智能鱿鱼切片机等科研成果投产应用。加速水产品销售数字化转型，拓展"远洋云+"平台功能服务，开展以仓单为凭证在线交易，2023年交易额突破63.3亿元。

三、农商银行系统汇聚优质资本要素　探索智慧金融增值服务"一条鱼"产业链

（一）改革背景

海洋渔业是舟山市传统优势产业，推动现代海洋渔业提能升级、实现渔区共同富裕，是舟山市发展海洋新质生产力的重要任务。自2023年以来，舟山市把构建"一条鱼"产业链作为九大现代海洋产业链之一，海洋渔业发展迎来重大机遇。但目前，"一条鱼"产业链面临融资信息不对称、资金需求密集且周期性强、业态分散多节点等难题。为此，舟山农商银行系统汇集优质资本要素，探索开展金融增值服务"一条鱼"产业链工作，满足各类创业主体融资需求。

（二）破题举措

构建三大机制，在优质服务上下功夫。一是建立政府、企业、银行多部门联动

机制。浙江农商银行舟山管理部第一时间成立工作专班,制定行动方案,走访基层行社及相关产业客户50余次。联动中共舟山市委全面深化改革委员会办公室、海洋渔业主管部门、国家远洋渔业基地等多家单位,搭建政府、企业、银行合作平台,以座谈会、沙龙等形式共同梳理涉及"一条鱼"产业链各类型企业、各经营阶段的个性化金融服务需求30余项。二是实施"一条鱼"产业服务标准化清单制度。结合"一条鱼"产业链发展需求,精准梳理农商银行系统内船舶建造贷款、船东创业卡、小微政担贷等16类适配产品,围绕适用对象、准入门槛、办理流程与时长、利率费率与收费标准、抵质押担保方式5大方面,形成产业服务标准化清单,开展定制化服务。通过重塑业务流程、加强线上数字贷款应用、丰富客户标签、完善客户画像等方式,实现线上"秒受理""秒准入""秒审核""秒办理"。三是谋划打造闭环评价反馈机制。围绕走访调研中发现的问题和诉求,形成问题需求清单,建立"销号"台账,以线上问卷与线下回访等方式掌握涉企事项处理成效与客户体验度,形成工作闭环。如普陀农商银行了解到一家远洋渔业公司因打造5条冷冻船而面临资金挑战后,第一时间形成"动态跟进"台账,定制综合金融服务方案,发放7000万元贷款,赢得客户好评。

谋实"三链合一",在精准服务上见真章。一是细梳产业链。舟山农商银行系统围绕"一条鱼"产业链供给主体、服务产品、服务阶段,全面融合政务、金融与增值元素,详细梳理从上游近远洋捕捞、水产养殖、进口,到中游收购、加工、仓储、运输,再到下游终端销售的24个细分节点,对冷冻水产、腌制食品、休闲零食的粗加工与精深加工等重点环节加强金融要素保障。如岱山农商银行在产业链梳理中了解到处于精深加工产业延伸链点、主营鱼油提取的舟山市岱山县添益海洋食品有限公司存在水产品收购资金缺口,开展上门对接,发放信用贷款300万元。二是明晰需求链。梳理企业扩大再生产、先进技术转化、降本增效等核心需求链条,聚焦"一条鱼"企业水产高质化利用、废弃物回收利用、异地运单质押、现代商贸终端构建等个性需求,提供订单融资、仓单质押等精准服务,实现直接融资供需匹配。如定海海洋农商银行针对水产品仓储贸易特性和行业资金需求周转时滞,创新推出以合作监管冷库仓单为质押的贷款产品,缓解部分船东亟须资金的燃眉之急,避免企业因渔货价格波动造成损失,实现银企双赢。三是集成增值服务链。在提供基本金融服务事项基础上,聚焦企业初创期、成长期、成熟期等全生命周期梳理出22类增值服务事项,以向企业提供"全链条、全天候、全过程"金融服务为目标,谋划形成一批金融增值服务应用新场景。如联合保险经纪公司上门助企保险团办,对接咨询公司提供上市筹划、证券协助服务等。创新开辟第三方合作渠道,协同各海岛乡镇渔业管理办公室、渔业养殖协会为各养殖户、渔业合作社提供育苗指导、养殖技术交流。2023年嵊泗农商银行助力嵊泗县团结贻贝养殖专业合作社提产增收超1500万元。

深化应用创新,在特色服务上出实招。一是深化电子证照应用。助力地方党委政府深化打造"金融计算器",客户侧通过"浙里办"(我的数据管家)选择对应"金融场景"与信贷产品认证授权生成二维码,银行端通过企微工作台等工具扫码获取、调用所需的电子证照即可进行业务办理。二是深化船舶建造期过渡性担保应用。舟山市首创过渡性保证贷款,通过先由造船企业保证,待新船完工后再进行抵押置换的方式,有效解决船东造船与运营期间存在缺乏有效抵押物导致资金短缺的问题,形成全市唯一、辨识度强、好评率高、体验度佳的农商特色产品。截至2024年3月,该类贷款余额达13.08亿元。三是深化浙企智管财务管理系统应用。依托浙江省农商银行浙企智管体系的强力支撑,充分发挥"六宝一生态"独特优势,为企业提供"一站式"金融管家服务,形成"政务+财资+支付"等多场景融合的数字生态金融服务体系,落地应用财资宝296户,票据宝439户等,累计为企业减少管理成本超300万元。

(三)改革成效

满足了"一条鱼"产业融资需求。积极满足水产加工企业、航运企业、船东个人、远洋客户等"一条鱼"各类型创业主体融资需求,截至2024年3月,农商银行系统已累计支持辖内渔业捕捞及养殖经营主体6250户56.24亿元。

拓展了"金融计算器"应用场景。农商银行结合"一条鱼"产业链发展需求,精准梳理船舶建造贷款等16类适配产品,形成产业服务标准化清单,重塑业务流程、加强线上数字贷款应用、丰富客户标签、完善客户画像,推动金融服务实现智搜、智推、智配、智算、智办,进一步丰富和拓展"金融计算器"应用场景。截至2024年3月,实现"一条鱼"产业客户办理金融事项申请材料压缩43%,办理时限压缩62%,力争在2024年年末将电子证照的应用种类增加至35项。

推动了从解决个别企业融资问题到解决行业融资难题的转变。农商银行系统聚焦"一条鱼"产业链的客群特征与共性需求,对产业链上游、中游、下游各细分节点加强金融要素保障,推动从解决个别问题向解决行业共性问题、办成智慧金融"一件事"转变,降低"一条鱼"市场主体获取金融服务成本。农商银行系统通过打造"连续贷+灵活贷"机制、提供无还本续贷服务等,帮助"一条鱼"企业每年减少转贷成本680万元。

四、舟山市探索海洋立体赋权模式改革　着力优化海洋空间资源要素配置

（一）改革需求

海洋立体赋权是指在同一海域存在可兼容的不同用海活动情形下，分层分别设置海域使用权。舟山市是我国第一个以群岛建制的地级市，海洋资源丰富。随着海洋经济的快速发展，海洋资源开发利用的深度和广度不断拓展，用海需求持续增加，海域资源稀缺性日益凸显，不同项目出现交叉用海、重叠用海的问题。为进一步推进和规范海域使用权立体分层设权工作，满足企业用海需求，保障用海主体产权的独立性，结合中共中央办公厅　国务院办公厅于 2019 年印发的《关于统筹推进自然资源资产产权制度改革的指导意见》（中办发〔2019〕25 号）和浙江自然资源厅于 2022 年印发的《关于推进海域使用权立体分层设权的通知》（浙自然资规〔2022〕3 号）等文件要求，舟山市在浙江省率先探索海洋立体赋权模式改革，向各类用海主体提供海洋空间资源要素增值服务，为充分发挥海洋资源效益，统筹推进海洋高质量发展和高水平保护提供舟山样板。

（二）破题举措

注重顶层设计，搭建全流程要素服务体系。一是注重政策创新。结合舟山海洋资源实际，浙江省率先制定市域层面海域立体管理政策文件，舟山市自然资源和规划局于 2023 年印发的《关于推进和规范海域使用权立体分层设权工作的通知》，明确海洋立体分层设权适用范围、基本原则，细化海域空间立体分层配置的管理规定和实施原则。二是深化政策引导。聚焦海域分层设权的新模式，通过"四下基层""大走访大调研大服务大解题"活动等渠道，主动做好政策解读、发布，主动服务、靠前服务，推动从"企业找政策"向"政策找企业"转变，引导解决用海主体间产权重叠纠纷，指导企业优化项目用海布局，为基层和企业解决涉海类问题 14 件。三是坚持数字赋能。升级改造"不动产智治"应用，增设海域分层信息，新增海域分层管理功能，对海域登记模块进行全流程升级，进一步优化登记程序和要求，破解交叉重叠用海登记难题。

注重导向引领，探索多元化资源供给模式。一是推行"光伏+养殖"立体分层设权模式。结合海域资源环境承载力和立体用海需求，在企业用海需求旺盛的渔光

互补❶等项目中开展先行先试,利用水面层建设光伏电站,水体层用于养殖,推行"光伏+养殖"确权模式,将具有互补效应的用海项目放在同一海域,达到功能互补和产业链协同,实现水面和水体之间不同空间的分层设权。二是推行"管道+排水口"立体分层设权模式。针对不同项目出现海底电缆管道和取排水口交叉重叠用海问题,通过对水面、水体、海床不同空间分层设权,厘清三维产权的界定方式,推行"管道+排水口"确权模式,解决企业多种用海冲突,避免多层次用海主体间产权重叠纠纷,保障用海主体产权独立性。三是推行"海塘+平台"立体分层设权模式。利用海床层建设海塘镇压层,水面层建设景观平台,推行"海塘+平台"确权模式,通过海塘镇压层和景观工程之间存在的空间兼容性,实现水面和海床之间不同空间的分层设权,既实现区域防灾减灾,又满足"安全+"功能融合。朱家尖连心海塘安澜工程镇压层与景观工程采用"海塘+平台"确权模式,在提高综合减灾能力的同时,也为沿海居民和游客体验多彩滨海文化塑造空间,助力推进和美海岛建设。

注重规范监管,提供增值化配套支持政策。一是完善用海全生命周期监管机制。统筹海洋资源开发与保护,加强对立体分层设权项目用海监管,舟山市自然资源和规划局于2020年出台《舟山市建设项目用海用岛全周期监督管理意见》、舟山市海洋行政执法局2022年出台《关于建立资源规划与海洋执法部门联动协作工作机制的实施意见》,结合"智慧海洋"数字化手段,建立"服务+监管"模式,开展海洋资源联合监管和执法巡查,杜绝多头重复检查,做到"无事不扰"。二是构建海洋资源资产配置体系。按照边实践、边总结的要求,梳理构建海洋资源资产配置体系,逐步规范海域立体分层设权项目,按照分层利用、区别用途的原则分别计征海域使用金,对因权属重叠而退让海域重叠面积的原有项目,及时对原有项目重叠部分海域开展立体分层设权。相关做法得到自然资源部充分肯定,为沿海地区提供制度借鉴。三是建立海域分层设权登记制度。进一步规范海域分层设权工作流程和技术标准,突破现有登记技术限制,不动产登记系统实现海域纵向空间分层数据分别录入,证书分别核发,不动产权证中载明实际使用的水面、水体、海床或底土等空间分层信息,使海域不动产登记更加精细化和规范化,满足海域立体管理与综合开发利用新模式的要求。

（三）改革成效

节约集约落地见效。自2022年以来,稳妥推进海域使用权立体分层设权管理

---

❶ 渔光互补指海洋表层进行光伏发电、中层底层进行海洋养殖的一种海洋综合利用模式。

实践,解决了多种用海重叠问题,保障用海主体产权的独立性,平衡了开发需求,提高了海域使用效率,舟山市相关部门共批复以岱山县双剑涂渔光互补发电项目为典型的6个立体用海项目,成功登记发证6本,登记面积约4平方千米,共节约用海约1.85平方千米,增收海域使用金3295万元。

创新打造"舟山模式"。探索建立具有舟山特色的海洋资源资产立体赋权新模式,实现"光伏+养殖""管道+排水口""海塘+平台"等不同用海类型组合设权,规范了水面、水体、海床、底土等多层海域空间立体化利用,实现海域管理从"二维平面化"向"三维立体化"转变,持续彰显海洋空间资源增值服务的稀缺价值。

增值服务实现"三赢"。完善了增值化配套政策,积极靠前服务,为浙能六横电厂二期工程用海项目解决与浙江舟山煤炭中转码头用海重叠问题,节约用海约0.05平方千米,增加海域使用金180万元。为岱山县双剑涂渔光互补发电项目提供可行路径,节约用海约0.75平方千米,增收海域使用金3096万元,一期项目平均年发电量1.26亿千瓦时,减排二氧化碳10.6万吨,实现企业效益增加、海洋权益增值与海洋生态保护"三赢"。

五、浙江舟山群岛新区六横管委会深化船舶修造产业要素保障改革积极抢占绿色修造船"新赛道"

(一)改革背景

船舶修造产业是舟山市支柱产业。近年来面对严峻的国际航运形势和船舶行业转型升级的困境,浙江舟山群岛新区六横管委会找准绿色修造船这一突破口,加快推进船舶修造产业链增值服务改革,支持企业向高技术、高附加值船舶进发。但目前,仍存在涉企增值服务多线多面、绿色转型服务力不足、企业新质需求增加等问题。为此,浙江舟山群岛新区六横管委会以服务载体集成、服务能级提升、服务要素保障为增值化改革抓手,助推船企开拓市场、抢抓订单,促进船舶修造产业高质量发展。

(二)破题举措

整合服务载体,推动服务一站集成。一是优化线下服务专区。基于六横船舶企业众多的实际情况,在原政务服务大厅布局基础上,打造"企业一站式服务"专区,设立企业综合服务区海关专区、边检专区和矛盾调解专区,集成综合受理、项目服务、法治、开放、政策、知识产权六大板块功能,提供从船舶合同订单、施工组织设计、修理制造到交付售后的船舶修造全生命周期服务。2023年11月,服务专区设立以来,累计受理办结相关服务事项266项。二是丰富线上服务场景。借助"舟到助企"线上服务平台,搭建六横船舶修造服务增值"一类事"应用板块,为企业提供法人登记、环评、技改备案等基本事项服务和政策解读、融资渠道支持、产业工人培训等特色增值服务。2023年,线上平台累计解决企业申诉求决类、增值服务类事项95件。三是加大服务力量配置。成立由六横管委会分管领导牵头,经发、投促、资规等部门组成的重点产业定制化服务专班,抽调业务骨干成立企业服务专员队伍,为每个新建投资项目企业配备一名企业服务专员。目前,共有6名专员持续跟进11个项目,协助企业办理注册登记、备案等前期各项手续,协调涉企服务单位与企业面对面会商答疑解难,提高了建设用地规划许可证、建设工程规划许可证等相关证件的审批效率,项目得以加速推进。

统筹要素保障,拓展服务深度广度。一是加快惠企政策兑现。紧扣高端造船、绿色修船、精益制造等领域,在企业技术改造、上规纳统、转型升级等方面给予重点支持。协助企业争取国家政策性、开发性金融工具和中长期贷款,缓解企业资金困难。2023年累计协助企业申请上级各类资金1000余万元,落地政策性金融工具2亿元,申报国家中长期贷款13亿元。二是加强骨干人才培养。与浙江海洋大学等高校签订产学研合作协议,成立舟山工匠学院普陀教育培训基地(六横站),将"学历学位提升""技能大赛和技术发明"等列入引育范围,实现产业工人向技能人才"破壁"转型。2023年开展技能比武1183人次,新增行业高技能人才233人,招引200余名大学生到船企就业。三是推进技术创新应用。推进绿色修船工艺技术改造,推行便携式机器臂、移动式喷涂回收、激光切割等绿色修船技术研发应用。舟山中远海运重工"智慧船厂"研发中心研制的船舶外板超高压水除锈坞底车,除锈效率达50~80平方米/小时,可替代原本10~16把砂枪或4~6台爬壁机器人,改变船舶10米以下区域传统人工作业方式,绿色修船能力再上新台阶。

聚焦产业赋能,提升增值服务能级。一是编制绿色修船标准体系。编制超高压水喷射处理工艺、余料回收利用等14项绿色修船标准,获全国复制推广。舟山中远海运重工有限公司被评为"国家绿色修船示范企业",舟山中远海运重工20954TEU集装箱船船艏挡风墙节能装置改装新技术,可减少燃料有效降低船舶碳排放;舟山市鑫亚船舶修造有限公司全球首艘集装箱船甲醇双燃料改装,可助力船东马士基实现2040年净零排放目标。二是优化设备就近检测服务。针对困扰船企的特种设备检测需"车载、船运、人带"的出岛检测问题,推动成立舟山市质检院、舟山市特检院六横工作站,在"家门口"对特种设备开展压力、长度、重量等16个项目8000余种设备计量检定校准及压力容器、电梯、起重机械、安全阀等相关产品的检验检测。三是深入实施定制服务改革。确定舟山中远海运重工有限公司为重点产业定制化服务试点,聚焦船舶接单、船舶进厂手续办理、船舶引航、技术攻关、安全监管、数字赋能、节能减碳等船舶修理重点领域,梳理船舶修造企业在产业配套、要素、资源、金融等方面的共性问题,推动问题高效闭环解决。目前,受理5条重点企业问题诉求,其中锚位紧张、人才引进、银行保函等问题已协调市级部门解决。

（三）改革成效

形成"企业一站式服务"闭环机制。为企业提供一站式便捷的问题反馈渠道,配备专业过硬的服务队伍,搭建接收企业问题、梳理问题原因、部门联动会商、制定解决方案、细化高效落实的闭环机制,把点多面广的增值化服务拧成"一条绳",稳步、高效解决船舶企业诉求,提升了企业办事效率和获得感。

聚焦重点产业特点助企排忧解难。对准绿色船舶修造跑道,针对性协助企业解决编制绿色修船标准体系、设备就近检测服务等专业领域难题,为六横镇绿色船舶修造产业发展注入了强劲动力。同时,以行业龙头企业为抓手,全面梳理船舶修造产业共性问题,深入开展定制化服务,成为解决特定产业"一类事"的生动体现。

多要素赋能增值化改革做到企呼我应。在企业重点关注的惠企政策、人才培养、技术创新等领域充分发挥政府的统筹协调和要素配置功能,在解决企业专业领域问题的基础上关怀企业发展,搭建产学研"人才通道",助力企业升级转型,由表及里、由浅入深推动政务服务增值化改革,为企业的高质量发展提供了坚实保障。

六、舟山市推动资源要素创新性配置　有力保障海洋经济高质量发展

（一）改革需求

自然资源是经济发展的基础性保障。随着海洋经济产业项目高质量发展形势的变化,传统的资源要素配置方式已经很难满足企业降本增效提质的多元化诉求,迫切需要通过进一步全面深化改革,创新转变自然资源要素配置模式,实现自然资源要素的集约配置、高效配置、精准配置。2024年,舟山市自然资源和规划局围绕

服务九大现代海洋产业链和企业全生命周期,聚焦地、海、矿、林等资源要素生产效率提升,探索构建全要素项目增值服务体系,推动各类资源要素创新性配置,精准赋能海洋经济高质量发展。

（二）破解举措

聚焦需求,构建全要素增值体系。一是坚持问题导向,主动对接摸清底数。制定企服中心项目板块要素保障年度计划,通过召开舟山市重点企业要素保障对接会、"32条"进民企自然资源要素保障政策解读会、助企专员"四下基层"调研等多种途径,主动了解企业对项目要素保障的需求,让"部门多跑步,企业少问路"。二是坚持目标导向,"三张清单"厘清方向。围绕项目单位和企业诉求,提前摸排企业要素需求,梳理形成国家省市重点项目报批计划表、省百大攻坚项目申报表和省政府重大项目用地指标申请表"三张清单",全面嵌入企服中心项目板块日常增值服务事项。目前,已排摸产业项目用地需求约6.2平方千米、用海需求约2.6平方千米、用林需求约0.9平方千米。三是坚持需求导向,多方争取追加指标。吃透上级相关政策精神,最大限度地发挥"8+4"经济政策效能。会同企业积极向上争取用地用林指标省统筹、跨县域异地调剂等政策支持,有效缓解市内指标瓶颈制约,保障产业项目落地。

提升效能,优化全链条增值服务。一是"一队人马"管审批。实施舟山市领导领衔推进重大项目机制、舟山市自然资源和规划局负责人领衔推进企业项目工作机制,抽调地、海、矿、林审批人员,组建工作专班,建立定期会商、通报、督导模式,分层、分类、分级协调解决项目推进全过程中的难点堵点,避免原来分头审批可能发生的审批空档期和材料重复提交问题。二是多方联动提效率。依托舟山市企服中心项目服务板块,统筹优化审批事项多部门联动机制,如金塘新材料产业园项目在确定选址范围后,提前开展概念性设计方案设计,并组织联合审查,最终通过带方案出让的形式进行挂牌成交,在交地后1个工作日即完成开工前许可,实现"即报即批"。三是流程重塑优服务。深化海陆联合招拍挂"一件事"改革,探索实施码头和后方土地"一次挂牌、一并取得、一体开发"模式。开展建设项目规划用地"多审合一、多证合一、多验合一、多测合一"改革,2024年上半年合并办理各类企业规划用地审批事项100余项。

深化创新,推动集约化资源配置。一是灵活供地降成本。开展产业链供地,实行整体实施、按宗供应,2024年已供地46宗,面积约2.6平方千米。支持差异化供地,根据项目所属行业的生命周期特点,合理确定土地供应方式和使用年限,如岱山1宗工业项目通过先租赁后协议出让土地约0.097平方千米,初始拿地成本下降80%。二是"退二优二"扩空间。指导工业企业在不改变土地用途的前提下,在自有工业用地上通过加高扩建、地下开发和利用空闲地新建生产性用房等进行改造,且不增收土地价款,有效缓解企业扩大经营面临的用地问题。三是海洋立体赋权增效益。浙江省率先探索建立海洋资源资产立体赋权模式改革,推行"光伏+养殖""管道+排水口""海塘+平台"多元化利用模式,为企业立体用海项目提供可行路径,也为沿海地区提供制度创新借鉴。

（三）改革成效

政策兑现更加精准。主动推送资源要素相关支持政策,发放"自然资源要素审批手册"200余册,解决企业关于规划调整优化、临时用地使用等方面问题20余个。用好用活重大项目支持政策,帮助金塘新材料项目首次获省调剂年度节余计划指标约0.2平方千米,并预支省特别重大产业项目用地指标约0.67平方千米。

要素配置更加集约。实施"精准化、预算式"配置,促进资源要素更多向优势产业集聚,2024年上半年舟山市审批用海约5.33平方千米,同比增长60%;供应土地约6.99平方千米,同比增长43%,增速浙江省第一。深化陆海资源统筹开发利用,甬泰2万吨级通用码头工程通过海陆联合招拍挂,一次性取得出让土地约0.02平方千米、海域约0.04平方千米,较原模式缩短30天以上。

资源利用更加高效。大力度推进资源要素增量提质和存量挖潜,2024年上半年已批准"零地技改"工业项目14个,增加建筑面积约21.4万平方米。引导海上光伏等项目在已开发利用海域分层立体设权,节约用海约1.85平方千米,增收海域使用金3295万元,实现了企业效益增加、海洋权益增值与海洋生态保护"三赢"。

七、舟山市创新打造人才"服务计算器" 探索构建人才全生命周期数智服务体系

（一）改革背景

人才队伍是舟山市"三支队伍"建设的重要着力点,也是加快打造新时代海洋特色人才港、高水平建设现代海洋城市的有力支撑。但随着人才队伍的不断壮大,人才服务智能化水平稍显不足,面临人才服务信息不对称、服务不精准等瓶颈难

题,政策找人、事项智推程度还不高。为此,舟山市围绕人才招引、培育、留用、服务全生命周期"四个环节",创新打造集政策查询、服务推送、数据监测为一体的人才"服务计算器",探索构建"一站式"人才数智增值服务体系,实现人才服务智搜、智算、智配、智推、智办,推动板块服务内容与人力资源增值化改革紧密结合,持续提升人才归属感、满意度和留舟率。

（二）破题举措

注重顶层设计,完善人才数智服务体系。一是搭建人才数智服务新架构。搭建"1335"人才服务工作架构,"1"即一条贯穿"人才招引、人才培育、人才留用、人才生态"的人才全生命周期主轴线,第一个"3"即推动人才链与产业链、服务链、数据链三链深度融合,第二个"3"即对人才进行全像、群像、个像三维度画像,"5"即实现人才服务事项智搜、智算、智配、智推、智办五大数智功能。二是探索人才增值服务新机制。以舟山市企业综合服务中心人才服务板块为依托,全面梳理各级各类人才政策,构建集招引、培育、留用、服务"四位一体"的人才全生命周期服务机制,打造助企服务数字阵地,实现企业涉人才办事事项和问题"一站式"解决。三是开发人才政策智能新平台。开发舟山人才"政策计算器",根据年龄、学历、职称、荣誉等信息,自动生成人才类别数据画像,推动服务事项从"被动问询"向"主动告知"、从"经验判断"向"数智分析"转变,实现人才政策一端通查、一键匹配。

重塑人才画像,描绘人才特征"千人千面"。一是聚焦供需平衡,刻画好舟山市总像。建立定期人才供需分析机制,比对舟山市"九大现代海洋产业链"的人才引进与招聘数量,分析舟山市引进国内高校人才来源以及各县（区）、各功能平台人才对应需求分布情况,导入人才工程、供需、流动、平台、政策、服务等数据,实时呈现舟山市人才留舟趋势、培育倾向。目前,已导入6个专题库数据,形成覆盖30余家职能部门、300余项数据需求的数据资源清单和数源系统清单。二是聚焦各就其业,刻画好人才群像。针对高学历人才群体、产业人才群体智能匹配对应学历标签、对应产业标签,根据标签特征智能计算契合人才的培育平台,分析重点产业人才适配的研发与生产载体,最终以定制化鱼骨图形式为不同类别人才群体智能计算可享受的政策与服务,加强产业人才、平台、服务等多要素保障。比如,筛选学历标签可智算青年博士人才政策,筛选绿色石化和新材料产业可智算产业招引地图、产业定制服务等。目前,已落地人才学历、所属产业两大类共11项标签。三是聚焦精准触达,刻画好人才个像。建立"特征—服务匹配"智能推送模型,综合比对人才类别、专业特长、兴趣爱好、考虑购置房产等多维度特征信息,智能研判人才当前所处关键时间节点和相应服务需求,精准绘制人才个性画像,有针对性地向人才推送科创平台、科创项目、人才免租房、专属服务等事项,助力人才在舟成长安居。

精准赋能产业,实现人才服务实战实效。一是紧盯产业链布局人才链。聚焦九大产业链上下游行业,为每条产业链匹配行业相关科研、双创载体,同步分析产业人才招引重点高校,突出产业—高校点对点招引倾向,推进产学研深度融合。同时,从供给侧和需求侧分析产业人才招引情况,分类绘制产业引才地图,助力破解企业人才招引来源不明确的难题。二是紧盯人才链做实服务链。深入分析人才与企业核心需求,整合汇集面向人才的普适性服务,以及推出定制化、个性化服务,加强产业全流程人才服务要素保障。比如,针对"一条鱼"全产业链,从上游养殖、捕捞到下游精深加工,推出海洋生物育种育苗"人才保险"、设施设备共享、智慧海洋创新创业大赛等多项配套服务。三是紧盯服务链应用数据链。充分应用人才类别、补贴申请、购房分布、交友趋势、兴趣偏好等个性化数据,优化服务推送机制,智能预测人才需求,构建人才周转住房、婚恋联谊等重点服务场景,通过"数据流转、字段匹配"实现"人才找服务"到"服务找人才",推动人才工作科学决策。

(三)改革成效

赋能人才服务智算智办。归集梳理全领域、全市域、全口径人才相关数据,目前,人才"服务计算器"已整合11.4万人共350万条数据,实现75%以上服务内容"服务智推、事项智办";人才"政策计算器"已在舟山人才码、群岛先锋微信公众号两大公共平台上线,为超过10 700位人才提供政策便利查询服务。

一站集成破解急难愁盼。集成人才服务事项,全面更新入职到岗、婚恋交友、医疗保健、子女就学、双创扶持等15个人才领域、102项个人服务,推出覆盖九大产业链涉企人才服务45项。目前,人才板块通过舟到助企平台中"企呼我应"模块收集企业诉求242个,办结满意率100%,推送服务进入测试阶段,服务人才81人(次)。

助力人才工作科学决策。用数据支撑人才服务,分析监测重点服务场景。目前,已构建青年人才婚恋特色场景,推动婚恋增值服务向石化产业倾斜,2024年以来,226名石化青年人才在舟山市购房安居,石化青年人才流失率同比下降4%,有力确保了石化人才队伍的稳定性。

第七章 对我国海洋经济高质量发展的启示

习近平总书记在党的二十大报告中强调,"发展海洋经济,保护海洋生态环境,加快建设海洋强国",将海洋强国建设作为推动中国式现代化的有机组成部分和重要任务,这是以习近平同志为核心的党中央对海洋强国建设作出的明确战略部署。当前我国正处于由海洋大国迈向海洋强国的关键时期,我们要善于把握大局、着眼长远,深刻理解新时代海洋经济高质量发展的主攻方向,加强海洋产业规划和指导,优化海洋产业结构,培育壮大海洋战略性新兴产业,着力构建创新驱动、绿色智能、协同高效的现代海洋产业体系,推动海洋经济高质量发展,不断夯实海洋强国建设的基础。

第一节 目标任务:加快培育发展海洋新质生产力

2012—2023年,我国海洋生产总值从5万亿元增长到9.9万亿元,占国内生产总值的比重保持在9%左右,在国民经济稳增长和保障经济安全方面发挥了重要作用。海洋传统产业转型升级加速,港口规模稳居世界第一,海产品产量多年位居世界第一,海运量超过全球的1/3,海上油气成为国家能源重要增长极。海洋新兴产业增加值年均增速超过10%,海洋工程装备总装建造能力进入世界第一方阵。三大海洋经济圈发展特色逐步显现,北部新旧动能转换提速,东部一体化步伐加快,南部集聚带动力明显提升。在充分肯定成绩的同时,我们也要认识到,当前我国海洋科技实力总体上与世界主要海洋强国相比还存在一定差距,创新驱动远不能适应海洋经济发展新趋势的需要。例如,西方国家海洋科技对海洋经济增长的贡献率已达到60%以上,海洋科技已经实质性地表现为海洋开发的主导力量,但我国海洋科技对海洋经济的贡献率相对较低,海洋科技创新引领和支撑能力相对不足[1]。同时,我国海洋领域科技投入、科研人员数量,占总体科研规模的比重均在10%左右,与西方海洋强国相比处于偏低的水平。

以习近平同志为核心的党中央高度重视创新驱动发展,首创性地提出"创新是

---

[1] 韩增林,等.我国海洋经济高质量发展的问题及调控路径探析[J].海洋经济,2021,11(3):13-19.

引领发展的第一动力"，"科技创新是提高社会生产力和综合国力的战略支撑"。2024 年 1 月，习近平总书记在二十届中央政治局集体学习时强调，"要加快形成新质生产力，增强发展新动能"。发展新质生产力，就是要通过科技创新推动产业创新，从而在激烈的国际竞争中开辟发展新领域、新赛道，塑造发展新动能、新优势，推动并支撑我国经济高质量发展。对于海洋经济而言，加快培育发展海洋新质生产力，就是要在优化海洋资源配置、加快海洋产业转型、提升海洋科技创新能力和集聚高水平海洋人才上下功夫，推动海洋产业高质量发展❶。

一、聚焦产业焕新，建立海洋产业新赛道

海洋新质生产力形成的核心在于构建现代化的海洋产业体系，大力培育新兴产业。一方面，要大力推动海洋产业结构的现代化。在现代海洋产业体系下，海洋经济发展主要由海洋战略新兴产业拉动。从全球海洋强国之间的国际竞争来看，海洋生物医药、海工装备制造、海洋新能源、海洋新材料、海水淡化及综合利用等现代产业单元在海洋产业体系中的作用和地位日益凸显，这些新兴海洋产业将成为未来决定一国海洋综合竞争力的关键因素。涉海企业作为推进海洋产业结构现代化的主体，必须要在其中发挥关键作用。尤其是要加强龙头企业、中小企业和"专精特新"企业之间的联合和协调，依托产业链和供应链布局，借助龙头企业的带动作用，促进民营企业和中小企业进行协同合作，加快形成优势企业，从而带动整个产业结构的优化升级。另一方面，要推动传统海洋产业的转型升级，探索海洋高新技术产业发展路径。渔业、船舶制造等作为海洋经济重要组成部分，尽管历史悠久但仍可以与时俱进，拥抱新质生产力的变革。例如，通过科技创新和产业转型，重新组合和升级渔业生产要素，大幅提升渔业的全要素生产率，从而孕育出强大的新质生产力。当然，新质生产力的催生并非一蹴而就，它需要创新链与产业链的深度融合。在渔业领域，这意味着需要在种质资源保护、养殖技术创新、渔具装备升级、加工流通等方面取得重大突破，并将这些科技成果迅速转化为实际生产力。同时，船舶修造也是传统海洋经济产业，可通过构建船舶修造企业绿色标准体系，鼓励船舶企业升级改造生产设备及设施，广泛应用爬壁机器人、便携式机器臂等绿色修船技术，有效降低船舶燃料使用和碳排放，推动船舶修造产业的绿色化转型；可借助于先进传感器、通信技术和互联网技术、自动控制技术和大数据处理与分析技术，

---

❶ 邱鸿雨.加快构建海洋新质生产力[J].时事报告，2024(3)：26-27.

加快完善船舶自动感知、航行环境监测、物流管理、港口运输等功能，推动船舶制造向智能化转型。

二、聚焦科技创新，积蓄海洋经济新动能

海洋新质生产力形成的动力在于推进科技创新。其一，要在全国范围内打造一批世界一流的海洋科技创新高地。强化以产业关键核心技术需求为导向的基础研究组织体系，鼓励前沿导向的探索性基础研究和市场导向的应用性基础研究，鼓励设立科技"联合基金"。充分利用龙头企业、科研机构、高校的品牌号召力，推广"企业出题、高校科研机构解题、政府助题"的产学研协同创新机制，支持高校、科研机构与企业共同围绕产业关键共性问题开展联合科技攻关，放大科研平台的集聚效应。其二，要与时俱进地推动海洋科研模式创新。进入21世纪这个"海洋的世纪"，经略海洋的广度和深度层层递进。在此背景下，仅进行相对自由、自主的海洋基础研究远远不能满足社会发展需求，因而要围绕目标导向推进"有组织的科研"，围绕重大战略需求，以成体系建制化模式，聚力基础研究、关键核心技术攻关以及科技成果转移转化等工作实现重大突破。在这一模式中，科技工作者不再"单打独斗"或"小团队作战"，而是跨部门、多学科组建大科研团队，从不同的学科背景更好地开展海洋基础研究并促进科研成果的多元转化。其三，要大力解决科技、产业"两张皮"的问题。沿海城市应结合本地产业结构优势部署实施重大科技项目，开展原创性、引领性科技攻关，采用主动布局、公开竞争、定向委托等方式，每年遴选支持一批产业攻关项目，争取形成具有优势竞争力的产业集群，与海洋科技创新高地形成相辅相成的良性格局。

三、聚焦人才出新，营造海洋科创新优势

加快形成新质生产力，必然需要集聚一大批高水平创新型人才，构建起以人才链支撑产业链、创新链、资金链的关键路径，从而为新质生产力的形成注入人才动能，提供人才支撑，发挥人才红利。因此，发展海洋新质生产力也必须要加快培育符合海洋能源、海洋产业、海洋战略要求的人才队伍。首先，要打通海洋人才培养发展的"快车道"，沿海城市之间应强化外部高能级平台协同联动，打造人才集聚活跃、资源开放共享的载体联盟，按照项目化方式、市场化运作机制，支持科研院所与当地优势企业、高层次人才开展科研联合攻关，拓展人才发展空间。其次，要优化

海洋人才培育引进的政策措施,增强人才培育的自主性,避免人才引进的盲目性,提升人才引进的针对性、科学性、实用性。要完善海洋产业人才科技研发创新的分层激励机制,有效破除人才评价"四唯"[1]现象,实现海洋人才资源的优化配置和价值的最大发挥,完善容错纠错机制,为科研人员提供适当的自主空间。最后,要加强海洋产业人才的定向培养,增强校企联合培养的针对性,尤其是国内重点涉海类高校应加快实现专业设置与产业结构、课程内容与从业能力、教学过程与生产实践、科技研发与企业技术创新的有效对接,建立行业企业深度参与学校专业建设和人才培养的新机制,有效将创新链、教育链嵌入产业链,打通海洋创新人才培养"全链条",全面提升海洋人才队伍建设的校企合作水平。要加强信息数字化、海洋能源勘探开发、海洋化学等领域的复合型人才培养,打造一支既具有数字化能力又了解海洋科学的专业化人才队伍。

第二节　重要基础:科学布局海洋产业发展

随着我国海洋资源挖掘的纵深发展,当前我国在海洋资源的开发利用上已经具备了良好的基础。《2022年中国海洋经济统计公报》数据显示,2022年我国海洋第一产业、第二产业和第三产业增加值分别占海洋生产总值的4.6%、36.5%和58.9%;海洋渔业、海洋水产品加工业实现平稳发展;海洋油气业、海洋船舶工业、海洋工程建筑业、海洋交通运输业以及海洋矿业均实现了5%以上的较快发展;海洋电力业、海洋药物和生物制品业、海水淡化等海洋新兴产业继续保持较快增长势头。尤其是2022年海上风电发电量比上年增长116.2%,海水淡化日产能力比上年增加50万吨,凸显了我国对海洋资源的开发利用能力逐步增强。海洋装备业在全球市场的份额占比由2010年的9%快速增长到2021年的41%,已经进入全球海洋装备业的第一方阵。与此同时,海洋开发具有高难度、高科技、高风险属性,这对于海洋生产力要素的配置整合和海洋产业布局等都提出了更高要求。

一、产业结构与城市发展相得益彰

现代海洋城市的建设要与海洋产业的结构相互融合。从实践来看,有的地方依托当地特色资源禀赋,在不断壮大产业的基础上集聚人口、形成城市,实现以产兴城;也有的地方依托城市集聚人口,继而推动产业不断发展壮大,实现以城聚产。

---

[1] 四唯指唯论文、唯职称、唯学历、唯奖项。

从全球各国现代海洋城市建设的实践来看,促进产业结构与城市建设同频共振是一个普遍规律。对于我国主要沿海城市而言,首先,要做大做优做强港口经济。港口是参与区域竞争的重要战略资源,是推动港产城融合的关键。从世界港口城市发展历程看,大多数遵循以港聚产、以产兴城、以城促港,进而实现港产城融合的客观规律和实践路径。沿海城市要全面加强港口基础设施建设,努力提升港口核心竞争力,尤其是要推进港区由单一装卸功能向综合物流服务功能转变,培育新兴业态,进一步为产业和城市发展提供强劲的发展动力。其次,要积极促进临港产业快速发展。临港产业是促进港产城深度融合、推动通道经济升级为港口经济的有力支撑。充分发挥港口优势,通过提供货物装卸、航运贸易、现代物流等综合服务,加快集聚临港制造业、临港物流业与港口海洋文旅产业的多重合力,做大做强临港产业,带动产业转型升级和产业链延伸拓展。临港产业的高质量发展,又对城市的综合服务功能提出更高要求,在很大程度上"倒逼"城市提升服务能级、增强保障能力,加快推动绿色低碳高质量发展,全力打造区域经济增长极。最后,要依托滨海魅力释放城市发展品质活力。滨海城市要充分发挥"山、海、林"资源禀赋,整合全域旅游资源,做好相融相衬文章,因地制宜打造区域级的休闲旅游中心。同时,要以完善公共服务、改善人居环境为重点,提升高端要素、优质产业、先进功能、规模人口集聚承载能力。加强城市基础设施建设,在精细化、智能化管理上下功夫,加快补齐城市发展短板,提升综合承载和服务保障能力,以打造"宜居宜业宜游"滨海生态空间为目标不断提升城市发展的品质。

二、新兴产业与未来产业齐头并进

构建现代化海洋产业体系是实现海洋经济高质量发展的关键,在促进传统海洋产业转型升级的同时,要不断培育壮大战略性海洋新兴产业,抢先布局未来海洋产业,实现双轮驱动同向发力。一方面,《中华人民共和国国民经济和社会发展第十四个五年规划和2035年远景目标纲要》中强调要发展壮大战略性新兴产业,加快关键核心技术创新应用,增强要素保障能力,培育壮大产业发展新动能。海洋战略性新兴产业是以海洋高新技术为支撑,以海洋高科技成果产业化为核心,具有高技术引领性和创新驱动性的新兴产业群体,包括海洋生物医药业、海洋可再生能源产业、海水综合利用业、海洋高端装备制造业、海洋现代服务业等产业,面向人工智能、第三代半导体、元宇宙等前沿领域的海洋新兴产业,以及智能船联网、数字医疗、无人船等融合型的新兴产业,这些产业都是海洋经济的重要组成部分,是拓展蓝色经济空间、推动海洋经济转型发展的重要着力点。另一方面,在新一轮科技革命和产业变革加速演进的时代背景下,要紧跟重大前沿技术和颠覆性技术的最新成果,牢牢把握未来海洋产业的发展趋势,抢占产业发展的制高点。近年来,我国海洋科技创新实力不断提升,特色创新体系不断完善,海洋产业规模庞大,应用场景丰富,这些都为未来海洋产业的发展提供了肥沃土壤。尤其要聚焦高技术船舶、海洋牧场、深海潜水器、深海感知装备等前沿技术,扶持光芯片、空天信息、区块链等一批具备带动效应的未来产业,进一步引领带动海洋相关产业的转型升级,萌发海洋经济新的增长点,为海洋经济的可持续发展注入新动能。

三、地区发展与国家战略互为支撑

不谋全局者,不足谋一域。各沿海地区在推进海洋强国战略的过程中,必须牢牢把握自身在国家发展大局中的战略定位,坚持全国一盘棋,放眼全局谋一域,产业链的布局要实现各展所长、优势互补。早在"十二五"时期,我国就提出了要推进形成北部、东部、南部三个海洋经济圈。在国家战略的定位指导下,三大海洋经济圈将形成各有侧重、分工明确的产业发展布局。首先,北部海洋经济圈将以海洋科技创新引领海洋经济转型发展。辽宁半岛沿岸及海域主要借助装备制造业基础优势,积极建设高技术船舶和海洋工程产业,加强海洋生物技术研发与成果转化;渤海湾沿岸及海域将依托京津冀协同发展的建设优势,加快现代航运服务业以及海洋高端船舶和装备制造业发展;山东半岛沿岸及海域重点定位于海洋科技教育核心区,打造海洋高新技术产业基地。其次,东部海洋经济圈将重点发展港口航运业,打造高端现代航运服务体系。江苏沿岸及海域以连云港、南通港等主要港口为主枢纽,大力推进覆盖投融资、航运交易服务、调度功能的航运服务体系建设;上海沿岸及海域依托上海自贸区的改革创新先进经验,不断完善船舶融资租赁、航运保险、海事仲裁、航运咨询和航运信息服务等航运现代服务业体系,建成国际航运中心;浙江沿岸及海域以大宗商品储备加工交易为中心,以舟山自由贸易港区为枢纽,探索提升大宗商品资源配置能力,同时加快海洋海岛开发,大力发展远洋渔业。最后,南部海洋经济圈主要依托南海丰富的海洋资源和战略地位,发展成为与东盟等国家合作的前沿阵地。福建沿岸及海域是海峡两岸交流合作的窗口,将深化两岸在渔业、港口、航运等领域的海洋经济合作;珠江口及其两翼沿岸及海域是改革开放的先行地,将以粤港澳大湾区城市群建设为契机,打造世界级港口群,构建现代航运服务体系;广西北部湾沿岸及海域是西南地区对外开放的重要门户,重点是积极探索与东盟国家的交通物流、经济贸易、海洋产业合作,建成区域性国际航运枢纽;海南岛沿岸及海域则重点建设自由贸易港和世界一流的海岛休闲度假旅游目的地。因此,各沿海城市和相关城市群之间要实现海洋产业布局的协调发展与功能互补,减少同质化竞争,立足本地特色优势加快形成现代海洋产业标志性项目,不断厚植我国海洋经济发展的新优势。

第三节 关键环节:聚力提升产业链核心竞争力

产业链是保障工业经济平稳高效运行的关键,是做大做强做优实体经济的必然路径,是保障国家经济韧性和竞争力的底线。当前从总体上看,我国产业链仍存在循环不畅、基础不牢、水平不高的问题,关键材料、核心零部件、元器件等基础产品和技术仍面临较大的安全风险,一些重要领域高端产品质量性能、可靠性、稳定性与国际先进水平还存在一定差距。而在海洋产业领域,目前,大部分产业仍存在产业链条的低端部分,新兴产业或业态发展的新动力和培育机制尚未成形,高端海洋装备制造、海洋化工、海上风电、海洋生物、海洋信息等新兴产业仍存在"卡脖子"的问题,一些高端原材料和关键零部件仍然主要依赖进口。因此,必须从锻造长板、补齐短板和增强韧性等几个方面综合施策,加快形成我国海洋产业链的核心竞争力,为我国海洋强国建设和海洋经济高质量发展提供硬核支撑。

一、锻造长板,持续放大海洋经济新优势

近年来,随着海洋高新技术的发展和国际市场需求的带动,我国新兴海洋产业实现突飞猛进的发展。一方面,应当以数字科技为驱动,持续培育壮大我国海洋新兴产业,继续发挥海洋新兴产业的经济引擎效应,加快海洋科技创新步伐,推动海洋新兴产业高质量发展。紧紧把握近年来全球船舶需求量呈有所上升的态势,积极推动海洋工程装备制造业绿色化、高端化、智能化转型,争取在市场份额和技术储备上均保持国际领先地位,进一步提升海洋装备自主研发制造水平。在我国海洋工程建筑业持续稳定发展和新型海洋基础设施建设进一步加快的背景下,大力推进"5G+海洋牧场"、智慧港口及一系列海洋大型工程的建设步伐,持续创新迭代我国跨海桥梁、海底隧道、沿海港口、海上油气等重大工程建设中的关键技术,继续强化海洋工程建筑业对于海洋经济高速发展的引领带动作用。另一方面,在能源转型和应对全球气候变化的压力下,海洋可再生能源以其不占用土地空间、资源分

布广泛、开发潜力大、可持续利用、绿色清洁等优势,成为全球可再生能源发展的重要组成部分和当前国际能源领域研究开发的热点和前沿。在此背景下,我国当前温差能、波浪能也相继进入工程化运行或发电试验,相关技术走在世界前列。因而要持续稳妥推进海洋可再生能源示范化开发,始终坚持"引进来"和"走出去"相结合的技术创新发展战略,争取在海洋可再生能源开发利用领域持续取得突破性进展。此外,我国在海洋新材料领域的研发也已取得令人瞩目的成就,尤其是在大型船舶、跨海大桥、深海潜航器、钻井平台和岛礁建设中,国产新材料都发挥了重要的支撑作用,要不断加强海洋新材料的科学技术创新,为建设海洋强国提供关键物质基础和技术支撑。

二、补齐短板,全力攻克"卡脖子"关键技术

关键技术创新突破是带动海洋产业链大发展、大繁荣的关键。未来海洋产业发展应当继续面向产业发展需求,重视关键技术创新,加快突破"卡脖子"技术,整体推动我国海洋产业发展向中高端稳步迈进。其一,政府需要设立创新激励机制,增加海洋创新科技投入,增加政府投资创新项目,增强政府支持海洋新兴产业政策引导。通过设立海洋专项支持资金项目,鼓励新兴产业创新跨越式发展,集中优势团队开展交叉学科研究,突破核心关键技术,保持产业竞争力。重视技术创新商业化应用,鼓励产学研一体化应用,扩大创新要素在海洋新兴产业发展中的作用。其二,要依托产业优势健全海洋人才培育机制,尤其是涉海高校应依托当地产业发展特色,与涉海企业合作创新人才培养模式,重视应用型海洋人才培养,加快产学研深度融合,为新兴海洋产业发展输送专业化人才。同时应及时适应海洋新兴产业发展需求,广泛开展国际人才培养合作,加快培养产业发展急需的高端人才。其三,要鼓励多元主体参与新兴海洋产业投资,政府应当重视政策引导作用,明晰海洋资源使用权、开发权归属,确定海洋资源的用益物权,降低投资的不确定性。创新涉海项目的投融资模式,选用PPP、REITs等模式盘活政府存量资产,放大政府涉海投资的杠杆效应,扩大投资的有效性,为新兴海洋产业基础设施项目提供有效投资。政府方与社会资本方合理设计新兴海洋产业投资合作模式,风险由最有能力规避的一方承担,按照风险承担的比例分享收益,扩大海洋新兴产业投资规模,为关键技术研发提供强有力的资金支持❶。

---

❶ 黄冲,等.中国主要海洋产业发展形势分析[M]//殷克东,李雪梅,关洪军.中国海洋经济发展报告(2021—2022)[M].北京:社会科学文献出版社,2022.

三、增强韧性,全面提升抗风险能力水平

一方面,我国传统海洋产业脆弱性强,易受到外部干扰因素影响,产业生产总值和增长率异变性较强。这一脆弱性反映了传统海洋产业大部分仍然处于初级发展阶段,依赖初级生产技术和人员密集型投入,面对外生要素干扰时波动性较强。因而,我国传统海洋产业发展应当重视增强产业韧性,促进传统海洋产业和数字经济相结合,加快数字化转型,运用数字化、智能化技术推进数字经济与传统海洋产业深度融合,提高传统海洋产业的韧性。同时,应当加快龙头企业与中小微企业协同共生的创新网络构建,以龙头企业为主导引领产业链发展,鼓励中小微企业在细分市场寻找发力点,在细分市场创造优势竞争力并不断聚集产业发展要素,合力解决产业发展面临的难题,共同提升传统海洋经济产业抵抗风险的能力水平。另一方面,新兴海洋产业的发展同样也会面临着技术创新、经济周期、国际环境、政策支持等一系列风险与挑战,因而要加速海洋科技成果的转移转化,突出涉海企业的创新主体地位,打造海洋科技创新高地和现代海洋科技产业集聚区,从源头提高海洋科技成果转化率,强化海洋科技创新对海洋经济韧性的促进作用❶。在政策上要持续支持海洋传统产业升级改造和提质增效,支持和引导海洋高新技术产业、海洋环保等新兴产业快速成长,构建高质量的现代海洋产业体系。此外,还要加强海洋生态环境保护,强化海洋生态环境智能监测监管体系,健全海洋生态环境损害赔偿制度,不断提升海洋经济发展的环境韧性。

第四节　直接发力点:推动生产要素创新性配置

《中共中央关于进一步全面深化改革、推进中国式现代化的决定》指出:"推动技术革命性突破、生产要素创新性配置、产业深度转型升级,推动劳动者、劳动资料、劳动对象优化组合和更新跃升,催生新产业、新模式、新动能,发展以高技术、高效能、高质量为特征的生产力"。这一重要论述为生产要素创新性配置指明了方向,提供了总体遵循。近年来,我国要素领域改革步伐明显加快,但各要素供给配置水平与新质生产力发展的要求、与经济高质量发展的要求相比,仍不同程度地存在质量不优、配置效率不高、制度体系不健全等问题。为此,需要从政府和市场两方面共同作用推动,推动生产要素的创新性配置:一方面,需要企业加大自主创新

❶ 汪永生,等.海洋科技创新、蓝色经济韧性与海洋产业结构升级[J].科技与经济,2023(3):106-110.

和转型升级的力度,以创造性的方式组合和利用各种资源、资本、人力、技术、制度、数据等要素,以达到提高生产效率、创造新价值的目的;另一方面,需要政府部门通过增值化政务服务的供给来助力产业链转型升级,通过生产要素的创新性配置来推动企业高质量发展,达成政府治理的善治和地方营商环境的改善。

一、理解生产要素创新性配置的内涵

生产要素创新性配置是催生新质生产力的重要途径。当前,我国海洋经济的转型升级正在面临一系列困难与挑战,例如,涉海高素质人才和高精尖技术供给不足、资源能源要素配置效率不高、数据等新型生产要素价值有待进一步发掘和激活等,这些因素也是制约我国从海洋大国走向海洋强国的重要"瓶颈"。纵观人类社会的现代化进程可以得出一个基本的判断,那就是推动生产力发展的基础要素会随着时代发展和技术进步而发生显著的改变。在工业化时代,物质生产力占据主导地位;劳动力、资本和土地等成为生产力的基础要素,尤其是资本和劳动力被视为是生产力的核心要素,而在数字化和智能化时代,数字技术的飞速发展催生出以数据为代表的新型生产要素,它们充分渗透到经济社会发展的各个行业,从而在很大程度上影响着经济发展和生产力的提升。现代创新理论的奠基人——经济学家熊彼特(Joseph Alois Schumpeter)在《经济发展理论》这本著作中曾经对"创新"给予了一个经典的解释。创新就是要建立一种新的生产函数,让生产要素重新组合,生产技术的革新和生产方法的变革在经济发展中起着重要作用。按照这一理论,所谓的生产要素创新性配置,就可以理解为在生产要素一定的条件下,通过科技创新扩展要素类型(例如数据可以成为经济发展中的新型生产要素)、提高生产要素质量(例如通过加强对劳动者劳动技能的培训来提升人力资本要素)、改进生产要素组合方式(例如通过体制机制改革和制度创新来降低市场主体交易成本、使用数字工具来推动企业的数字化转型)。因此,新质生产力体现的是生产要素的融合跃升,并且遵循一定的规律机制和发展模式,所以如何更好地推进生产要素优化配置来提升全要素生产率,从而赋予生产力新的跃升源泉就成为了当下亟须解决的现实问题。在这一过程中,我们既要发挥市场在资源配置中的决定性作用,推动涉海生产要素的自由流动、协同共享和高效利用,也要更好发挥政府作用,加快要素区域间流动,促进海洋新质生产力在空间分布上趋向平衡,从而有效发挥市场与政府的合力优势,加快形成同海洋新质生产力更相适应的生产关系。

二、优化生产要素创新性配置的方式

从各地政府推动生产要素创新性配置的实践来看,优化创新生产要素配置可以通过以下几种方式:一是提升统筹配置的水平。在明确相关生产力项目布局的总体目标与优先级的前提下,坚持集中资源办大事这一原则,统筹调配辖区内资源、资本、技术、制度等各类要素,尤其是要推动土地、能耗等指标要素按照产业链整体布局以及投资项目的不同行业生命周期进行差异化、灵活性配置,着力破解空间资源等要素传统上按行政区划配置所导致的一系列错配问题。二是提升集约配置的水平。一方面,沿海地区应积极探索海洋资源资产立体赋权模式改革,推行高端人才柔性流动、海域多元化立体利用、高端仪器设备与实验室共享等模式,为企业提供可行路径;另一方面,要建立产业园区和产业集群等推动生产要素集聚的载体,以项目的集聚来实现政策的集成、要素的集合和服务的集中,从而构建形成以各类生产要素的集约化配置推动产业提档升级、提质增效的实践路径。三是提升高效配置的水平。建立完善辖区领导领衔推进重大项目机制、资源规划部门负责人领衔推进企业项目工作机制,同时组建联合审批工作专班,优化审批事项多部门联动机制,构建起分层、分类、分级协调解决项目推进过程中难点堵点问题的常态化机制,结合各地实际探索推进“多审合一、多证合一、多验合一、多测合一”改革,全面提升政府部门审批效率。四是提升精准配置的水平。在生产要素的配置过程中要始终坚持问题导向,建立“政企面对面”“政企直通车”等渠道主动了解企业对项目要素保障的需求,真正实现让“部门多跑步,企业少问路”。尤其是要围绕项目单位和企业诉求,提前排摸企业对相关生产要素的需求,梳理形成重点项目报批计划表、重大攻坚项目申报表和重大项目用地指标申请表等清单,以生产要素的精准配置助力产业项目的快速落地。五是提升智能配置水平。智能化是驱动产业技术升级、效率变革和价值再造的重要途径,要鼓励推动传统海洋制造业项目的数智化转型,加大机器人加工、柔性排产、智能设备监测、智能仓储物流等技术的应用,通过各类生产要素的智能配置来助推生产效率的提升。同时,政府部门也要积极创新政策、人才、金融产品等要素的配置方式,利用大数据画像、算法识别、智能推送等途径赋能产业链、服务链、数据链三链深度融合。

三、提升生产要素创新性配置的实效

首先,应当坚持因地制宜的原则。一个地方要实现高质量、可持续发展,必须找准定位、明确方向,整合资源、精准发力,下大力培育各自的优势特色产业。这就要求我们在配置生产要素的过程中要找准位置,立足资源禀赋和产业基础,推动相关生产要素向优势项目、特色项目集聚,助推本地特色产业在立足地方实际的基础上着力开辟发展新领域新赛道,塑造发展新动能新优势。其次,应当灵活优化创新性配置的具体路径。对于一些重点产业和重大项目,要注重生产要素配置的通盘考虑和统筹优化,发挥集聚优势,形成竞争优势;对于一些"专精特新"和"单项冠军"项目,要增强主动对接靠前服务的意识,通过科创、人才、资本等生产要素的智能精准配置,来助力破解企业在强链补链和参与国际市场竞争中所面临的堵点难点,夯实提升产业链供应链稳定性和竞争力的基础,推动海洋制造业中小企业群体性崛起;而对于一些常规性项目,要提高生产要素集约高效配置的水平,通过机制创新和流程优化,建立起为企服务的常态化机制。最后,要注重协同联动、建章立制。在推进生产要素创新性配置的过程中,政府部门要注重完善问题闭环解决的工作机制和责任落实机制,实现企业诉求问题"一口"受理、流转、督办、反馈等全过程闭环管理。同时,政府职能部门也要加强与立法部门的协作,加快涉企服务领域法律法规、政府部门规章和规范性文件的"立、改、废、释"工作,构建与推动生产要素创新性配置相适应的政策法规体系。

第五节　裂变效应:持续推进制度创新

《中共中央关于进一步全面深化改革、推进中国式现代化的决定》强调,要完善促进海洋经济发展体制机制。近年来,在建设海洋强国、"21世纪海上丝绸之路"、海洋生态文明建设等国家战略的指引下,海洋经济不仅成为一个独立的经济体系,在拓展发展空间、建设生态文明、加快新旧动能转换等方面发挥了重要作用,而且越来越成为我国增强经济发展活力和后劲的重要源泉。海洋产业已成为促进国民经济发展新的增长点,发展海洋产业对推动海洋经济向质量效益型转变、促进区域经济协调可持续发展具有重大深远的意义。但与此同时,我们也必须认识到当前海洋经济领域"官产学研"之间创新合作的机制还不完善、融资机制与海洋产业的契合程度还需要进一步提高、海陆联动协同发展的体制机制还需要进一步强化、海洋生态环境保护的体制机制还有待健全等。因此,推进海洋经济高质量发展必须构建与之相适应的制度供给和制度创新,尤其应当在涉海要素保障、科技联合攻关、海洋人才发展等领域大力推进制度创新[1],加快构建完善与海洋经济高质量发展相适应的体制机制。

一、依托重大项目推进制度创新

重大项目是海洋经济高质量发展的重要牵引,通过重大项目的落地和推进来破除海洋经济高质量发展过程中的体制机制障碍,是推动海洋经济领域制度创新的重要路径。各沿海地区在招引落地绿色石化、新能源新材料、海工装备制造等涉海类重大项目的同时,必须要同步做好"保"和"服"的文章,既要实现重大产业项目提质增效,又要确保制度创新硕果累累。一方面,要降低制度性交易成本,保障产业项目顺利落地。应当在谋划重大项目的同时加强顶层制度设计,统筹考虑重点区域和重大项目用地、用能等需求以及行政审批、要素配置过程中的堵点难点,本着"项目为王"理念,坚持"项目跟着规划走、要素跟着项目走",在项目规划、预审选址、用地报批、土地供应、规划许可和不动产登记等多个领域谋划创新举措及配套方案,重点解决制约项目落地的体制机制障碍,为项目落地按下"快进键"。另一方面,要不断提升服务水平,保障产业项目平稳有序运行。历史遗留问题是影响和阻碍产业项目发展的重要因素,应当以解决这些"老大难"问题为突破口,研究制定一揽子政策,积极填补制度空白,打造更加高效便利的政务环境、公平公正的法治环境、利企惠企的市场环境和保障有力的要素环境,进一步激发市场主体的投资活力。

二、扩大对外开放引领制度创新

过去40多年,我国经济发展的巨大成就是在对外开放的条件下实现的,未来中国经济高质量发展同样离不开高水平对外开放。习近平总书记强调,要加快推进规则标准等制度型开放,完善自由贸易试验区布局,建设更高水平开放型经济新体制。在构筑高水平对外开放新高地中,沿海自由贸易试验区将发挥先行先试的示范作用。因此,通过持续扩大对外开放来倒逼制度创新水平的提升是一条有效的路径。截至2023年年末,我国一共建立了22个自由贸易试验区及71个下属片区,其中一半位于沿海地区。作为新时期全面深化改革和扩大开放的"试验田",自由贸易试验区的主要任务在于对标国际高标准经贸规则,以对外开放倒逼国内改革,

---

[1] 杨林,等.自贸试验区制度创新如何赋能海洋产业发展——以山东为例[J].开放导报,2023(4):87-92.

转变政府职能和创新管理模式,通过探索可复制、可推广的改革经验,构建更高水平的开放型经济新体制,进而为经济社会高质量发展注入强劲动力❶。这些自由贸易试验区作为特殊的经济功能区,承担着推进制度创新的重要使命,要通过各地自由贸易试验区的建设打造制度创新"新高地",强调通过市场竞争机制推动经济发展,尤其是在行政管理制度、投资管理体制、贸易便利化、金融服务与法治创新等方面加快形成制度创新的标志性成果,并以因地制宜、循序渐进为原则在全国复制推广,从而在更大范围、更深程度推进经济领域各项体制机制改革,进一步打破区域性制度壁垒,从整体上提高我国营商环境的市场化、法治化和国际化水平。

三、持续深化改革撬动制度创新

推动海洋高质量发展,改革创新是"关键一招",而在全面深化改革的过程中,制度创新又尤为关键。制度创新是确保海洋经济提质增效和海洋事业更快起势的重要保障,也是构建大海洋工作格局、建设现代化海洋城市的必由之路。党的二十届三中全会为我们擘画了进一步全面深化改革、推进中国式现代化的宏伟蓝图,尤其在构建高水平社会主义市场经济体制,健全宏观经济治理体系和推动高质量发展体制机制,进一步解放和发展社会生产力、增强社会活力,推动生产关系和生产力、上层建筑和经济基础更好相适应等方面提出了一系列重大改革任务。各地在推进海洋经济高质量发展的实践中,不同程度上都会面临着来自机制协同、产业升级、平台建设、生态治理、国际交流等方面的制度束缚,这些问题只能用改革的办法来解决。因而,在新一轮全面深化改革的过程中,沿海省份和沿海城市应当因地制宜地谋划一批重大改革项目、打造一批重大改革的标志性成果,以改革的不断深化撬动制度创新的不断突破,从而进一步破除妨碍海洋经济高质量发展的体制机制弊端,最大限度地释放海洋经济发展的动力和活力,使我国海洋经济的发展更加适应新时代的发展要求、更加适应新质生产力的发展要求。

---

❶ 孙伟增,等.自贸区建设彰显高水平制度创新[N].中国社会科学报,2024-04-09.

参考文献

英文文献

[1]COLGAN C S. The ocean economy of the United States:Measurement,distribution,&trends[J]. Ocean Coastal Management,2013(71):334-343.

[2]BRUN J F, COMBES J L, RENARD M F. Are there spillover effect between coastal and noncoastal regions in China?[J].China Economic Review,2002,13(2-3):161-169.

[3]LAURA RECUERO VIRTO. A preliminary assessment of the indicators for Sustainable Development Goal (SDG) 14 "Conserve and sustainably use the oceans,seas and marine resources for sustainable development"[J]. Marine Policy,2018(98):47-57.

[4]PETER EHLERS. Blue growth and ocean governance—how to balance the use and the protection of the seas[J]. WMU Journal of Maritime Affairs,2016(15):187-203.

[5]PONTECORVO G. Contribution of the ocean sector to the US economy[J]. Marine Technology Society Joural,1988,23(2):7-14.

[6]PORTER HOAGLAND, DI JIN. Accounting for marine economic activities in large marine ecosystems[J]. Ocean and Coastal Management,2008,51(3):246-258.

[7]ROBERT COSTANZA. The ecological, economic, and social importance of the oceans[J]. Ecological Economics,1999,31(2):199-213.

中文文献

[1]曹阳春,宁凌.基于熵权TOPSIS模型的海洋资源环境承载力评价研究——以湛江市为例[J].海洋通报,2019,38(3):266-272.

[2]常玉苗.我国海洋经济发展的影响因素——基于沿海省市面板数据的实证研究[J].资源与产业,2011,13(5):95-99.

[3]陈建奇.必须把坚持高质量发展作为新时代的硬道理[N].四川日报,2023-12-28.

[4]陈建业.泉州市海洋经济发展现状、问题与对策[J].海峡科学,2023(12):117-120.

[5]陈明宝.海洋经济高质量发展的制度创新逻辑[J].中国海洋大学学报(社会科学版),2019(5):15-18.

[6]陈烨.沿海三大经济区海洋产业与区域经济联动关系比较研究[D].青岛:中国海洋大学,2014.

[7]崔文婧,闫晶晶,沙景华,等.基于熵权TOPSIS模型的天津市海洋资源环境承载力评价[J].资源与产业,2020,22(6):9-17.

[8]狄乾斌,高广悦,於哲.中国海洋经济高质量发展评价与影响因素研究[J].地理科学,2022(4):650-661.

[9]狄乾斌,张买铃,王敏.中国三大海洋经济圈产业结构升级与外贸高质量发展研究[J].海洋开发与管理,2023(2):18-28.

[10]丁黎黎,刘少博,王晨,等.偏向性技术进步与海洋经济绿色全要素生产率研究[J].海洋经济,2019,9(4):12-19.

[11]董伟.美国海洋经济相关理论和方法[J].海洋信息,2005(4):11-13.

[12]杜军,鄢波.基于PVAR模型的我国海洋经济高质量发展的动力因素研究[J].中国海洋大学学报(社会科学版),2021(4):46-58.

[13]傅倩,邱力生.我国海洋经济发展示范区规划设计与发展路径[J].社会科学家,2020(4):43-47.

[14]盖美,何亚宁,柯丽娜.中国海洋经济发展质量研究[J].自然资源学报,2022(4):942-965.

[15]盖美,韦文杰,郑秀霞.中国海洋资源环境压力空间演化及影响因素研究[J].海洋经济,2021,11(1):43-54.

[16]苟露峰,汪艳涛,金炜博.基于熵权TOPSIS模型的青岛市海洋资源环境承载力评价研究[J].海洋环境科学,2018,37(4):586-594.

[17]国家海洋局.海洋及相关产业分类(GB/T 20794—2006)[M].北京:中国标准出版社,2006.

[18]郭占恒.发挥山海资源优势　打造新的经济增长点[N].浙江日报,2018-06-15.

[19]韩增林,李博.海洋经济高质量发展的意涵及对策探讨[J].中国海洋大学学报(社会科学版),2019(5):13-15.

[20]韩增林,周高波,李博,等.我国海洋经济高质量发展的问题及调控路径探析[J].海洋经济,2021,11(3):13-19.

[21]何广顺.海洋经济核算体系与核算方法研究[D].青岛:中国海洋大学,2006.

[22]洪伟东.促进我国海洋经济绿色发展[J].宏观经济管理,2016(1):64-66.

[23]黄冲,等.中国主要海洋产业发展形势分析[M]//殷克东,李雪梅,关洪军.中国海洋经济发展报告(2021—2022)[M].北京:社会科学文献出版社,2022.

[24]姜文彬."两先区"建设背景下大连沿海经济高质量发展对策研究[J].中国集体经济,2024(9):45-48.

[25]金昶.托起蓝色的希望——我国海洋事业改革发展40年综述[N].中国自然资源报,2018-12-18.

[26]兰圣伟.中国海洋事业改革开放40年系列报道之规划篇[N].人民日报,2018-04-18.

[27]李博,田闯,庞淑予,等.中国海洋经济高质量发展的类型识别及动力机制[J].海洋经济,2021,11(1):30-42.

[28]李大海.以科技创新推动海洋经济高质量发展[J].中国海洋大学学报(社会科学版),2019(5):18-21.

[29]李大海,翟璐,刘康,等.以海洋新旧动能转换推动海洋经济高质量发展研究——以山东省青岛市为例[J].海洋经济,2018,8(3):20-29.

[30]李俊葶.中国海洋经济战略探索——基于马克思主义政治经济学视角[D].北京:中共中央党校(国家行政学院),2020.

[31]李佩瑾,栾维新.我国沿海地区海洋经济发展水平初步研究[J].海洋开发与管理,2005(2):26-30.

[32]李帅帅,施晓铭,沈体雁.海洋经济系统构建与蓝色经济空间拓展路径研究[J].海洋经济,2019,9(1):3-7.

[33]李旭辉,何金玉,严晗.中国三大海洋经济圈海洋经济发展区域差异与分布动态及影响因素[J].自然资源学报,2022(4):966-984.

[34]林香红.面向2030:全球海洋经济发展的影响因素、趋势及对策建议[J].太平洋学报,2020,28(1):50-63.

[35]林晓,施晓丽.海洋经济高质量发展的动力机制与实现路径——基于厦门市的研究[J].集美大学学报(哲学社会科学版),2024(1):41-50.

[36]刘丹丹.环渤海地区海洋经济发展比较研究[D].沈阳:辽宁师范大学,2018.

[37]刘俐娜.海洋经济发展质量评价指标体系构建及实证分析[J].中共青岛市委党校·青岛政治学院学报,2019(5):49-54.

[38]刘茗沁.湛江县域经济高质量发展评价分析[J].南方论刊,2024(4):31-33,46.

[39]刘万辉,李爱.山东省"蓝色经济区"背景下,胶东半岛海洋经济发展比较分析——以烟台、青岛、威海三地区为例[J].科技经济市场,2014(10):35-37.

[41]陆根尧,曹林红.沿海省域海洋经济发展及其对经济增长贡献的比较研究[J].浙江理工大学学报(社会科学版),2017(2):91-97.

[41]鲁亚运,原峰,李杏筠.我国海洋经济高质量发展评价指标体系构建及应用研究——基于五大发展理念的视角[J].企业经济,2019(12):122-130.

[42]马克思恩格斯文集(第一卷)[M].北京:人民出版社,2009.

[43]马克思恩格斯文集(第五卷)[M].北京:人民出版社,2009.

[44]马仁锋,张悦,王江,等.中国沿海地区海洋产业结构演进及其增长效应[M].北京:经济科学出版社,2022.

[45]马苹,李靖宇.中国海洋经济创新发展路径研究[J].学术交流,2014(6):106-111.

[46]覃雄合,孙才志,王泽宇.代谢循环视角下的环渤海地区海洋经济可持续发展测度[J].资源科学,2014(12):2647-2656.

[47]沈佳强,叶芳.海洋经济示范区的浙江样本[N].浙江日报,2017-05-24.

[48]孙才志,王泽宇,李博,等.中国海洋经济可持续发展基础理论及实证研究[M].北京:科学出版社,2022.

[49]孙伟增,等.自贸区建设彰显高水平制度创新[N].中国社会科学报,2024-04-09.

[50]陶贵丹.国家海洋经济创新发展示范城市竞争力比较研究[J].山西农经,2020(13):38-39,107.

[51]王迪,陈松洲.汕尾发展海洋经济的现状、问题和对策[J].特区经济,2023(12):66-70.

[52]王东祥."十一五"浙江海洋经济发展思考[J].浙江经济,2005(16):21-24.

[53]王刚.中国海洋治理体系建设的发展历程与内在逻辑[J].人民论坛·学术前沿,2022(17):42-50.

[54]王宏.以建设海洋强国新作为推进中国式现代化[N].学习时报,2023-09-22.

[55]王琪,等.新中国成立以来中国海洋战略的制度轨迹及变迁形态:海洋战略的"变"与"不变"[EB/OL].(2023-03-03)[2024-03-07].http://aoc.ouc.edu.cn/2023/0303/c9821a424921/page.htm.

[56]汪永生,李宇航,刘嘉玥.海洋科技创新、蓝色经济韧性与海洋产业结构升级[J].科技与经济,2023(3):106-110.

[57]吴梵,高强,刘韬.海洋科技创新对海洋经济增长的效率测度[J].统计与决策,2019(23):119-122.

[58]习近平.发挥海洋资源优势 建设海洋经济强省——在全省海洋经济工作会议上的讲话[J].浙江经济,2003(16):6-10.

[59]习近平.干在实处 走在前列——推进浙江新发展的思考与实践[M].北京:中共中央党校出版社,2013.

[60]习近平经济思想研究中心.新质生产力的内涵特征和发展重点[N].人民日报,2024-03-01.

[61]中央党校采访实录编辑部.习近平在浙江(下)[M].北京:中共中央党校出版社,2021.

[62]向晓梅,张拴虎,吴伟萍.广东海洋经济发展水平省际比较及可持续发展的政策建议[J].改革与战略,2017(4):113-115,121.

[63]谢宝剑,李庆雯.新质生产力驱动海洋经济高质量发展的逻辑与路径[J].东南学术,2024(3):107-118,247.

[65]许爱萍,成文.天津海洋经济高质量发展路径研究[J].环渤海经济瞭望,2024(3):45-47.

[65]徐从春,李先杰,胡洁,等.沿海地区海洋经济综合竞争力评价研究[J].海洋经济,2021,11(3):95-102.

[66]徐敬俊,韩立民."海洋经济"基本概念解析[J].太平洋学报,2007(11):79-85.

[67]徐胜,施嘉锼.海洋蓝碳与海洋经济高质量发展耦合协调研究[J].中国海洋大学学报(社会科学版),2024(3):1-11.

[68]徐质斌.海洋经济与海洋经济科学[J].海洋科学,1995(2):21-23.

[69]徐质斌,牛福增.海洋经济学教程[M].北京:经济科学出版社,2003.

[70]闫晓露,魏彩霞.中国海洋经济高质量发展风险预警研究[J].海洋经济,2021,11(1):55-67.

[71]杨程玲,黄淋榜,朱健齐.海洋经济增长质量时空特征及驱动因素研究——以南部海洋经济圈为例[J].经济视角,2020(5):45-55.

[72]杨林,于延桢,沈春蕾.自贸试验区制度创新如何赋能海洋产业发展——以山东为例[J].开放导报,2023(4):87-92.

[73]叶芳,曹猛,高鹏.陆海统筹:"八八战略"引领浙江海洋经济发展的历程、成就与经验[J].浙江海洋大学学报(人文科学版),2023(6):23-30.

[74]叶芳,石媛媛.国家经略海洋实践先行区建设的战略思路与路径选择———以浙江为例[J].长春师范大学学报,2023(11):32-36.

[75]苑清敏,张文龙,冯冬.资源环境约束下我国海洋经济效率变化及生产效率变化分析[J].经济经纬,2016,33(3):13-18.

[76]赵晖,张文亮,张靖苓,等.天津海洋经济高质量发展内涵与指标体系研究[J].中国国土资源经济,2020,33(6):34-42,62.

[77]张丽淑.山东海洋经济演化发展的区域比较分析[J].山东工商学院学报,2018(6):37-45.

[78]赵昕.海洋经济发展现状、挑战及趋势[J].人民论坛,2022(18):80-83.

[79]郑鹏,胡亚琼.海陆经济一体化对海洋产业高质量发展影响研究[J].中国国土资源经济,2020,33(6):18-24.

[80]郑栅洁.牢牢把握高质量发展首要任务　积极培育和发展新质生产力[J].习近平经济思想研究,2024(3):10-14.

[81]中共中央　国务院关于建立更加有效的区域协调发展新机制的意见[J].中华人民共和国国务院公报,2018(35):11-17.

[82]朱坚真.海洋经济学[M].二版.北京:高等教育出版社,2016.

[83]自然资源部海洋发展战略研究所课题组.中国海洋发展报告(2023)[M].北京:海洋出版社,2023.

[84]邹玮,孙才志,覃雄合.基于Bootstrap-DEA模型环渤海地区海洋经济效率空间演化与影响因素分析[J].地理科学,2017,37(6):859-867.